传统乡村美学研究

王　伟　田博文——著

中国书籍出版社
China Book Press

随着历史的车轮滚滚向前，人类改造自然的实践范围不断扩大，社会化交往进一步拓展，在不断改造自然界面貌的同时，人类也在改造着自身。乡村文化产生和发展的过程，是乡野群众日益丰富自身人生观、世界观和价值观，并由此确立了属于乡土百姓的思想观念、情感认知、行为态度以及审美趣味的过程。中国传统乡村文化是在农耕文明大背景下产生和发展起来的，它所呈现的诸种特质表现为历史的稳定性与连续性。本书尝试对传统乡村的美展开探索与阐述。

前　言

乡村美学作为人类对乡村与城市二元对立极端发展可能导致的世界性灾难的理性考量，及对原始村庄深切向往的美学理想的体现形式，其核心内容和学术宗旨的根本点是立足威廉斯关于文化之作为理想的、文献的、社会的三种分类及定义阐释，广泛搜集罗列和呈现基于动物性本能的衣食住行，基于文明发展最核心课题的生老病死，及基于见素抱朴、复归自然的春夏秋冬之乡村生活的本来面目，继而关注乡村民间文学尤其谚语这一基本文化载体，发掘和表现一个民族最基本生活方式，及谚语歌谣等民间文学之中最根深蒂固的集体无意识。如中国乡村美学的学术宗旨便在于揭示以因果报应、积善成德作为主要内容的乡村民间信仰等，引导人们重新认识这一看似封建迷信的民间信仰，也为中华民族的繁衍生息、经久不衰提供了最强力的精神动力和最原始的精神慰藉。

作为中国美学的重要构成，传统乡村美学有着独特的审美趣味。中国文化是建立在农业经济之上的文化，中国美学也是建立在农业文明基础上的美学。作为中国美学的重要构成，传统乡村美学有着独特的审美趣味。在当下的现代化进程背景下，审视乡村美学及其存在状态，我们不难发现，传统乡村美学目前正随着现代化进程的日益加速不断消逝。面对这一消逝，我们十分有必要透过表象来进行深入的分析和思考，无论对中国传统文化建构还是对城镇化的推进，都具有较强的理论和现实的意义。

本书共分为五个章节，总的来说，第一章从乡村的历史演变、乡村与自然的关系、乡村与人的关系三方面来讨论何谓传统乡村；第二章主要通过论述自然之美、结构之美、建筑之美、生活之美四方面内容来阐述传统乡村的美；第三章的内容为乡村美的伦理观，主要从道法自然与无为而为、比德之情与自然之美、山水之情与乡村世界四方面进行了深入探索；

第四章主要通过研究农耕文化与美学现象、乡土叙事与乡愁情结、诗意乡土与故土情趣等来对乡村叙事美学进行论述；第五章着重从乡村生态美学意义、乡村风土审美情趣、乡村艺术美的承载三个方面入手来展开对乡村美的展望。

本书在撰写过程中曾向多位专家学者进行请教，也多次就书中内容展开讨论，在此对多方的支持与帮助示以诚挚的谢意。另外，还参考了大量的文献资料。希望本书能够为相关专业工作者在学习和工作中带来帮助和启发。然而限于作者知识储备和写作水平，书中难免会有疏漏之处，欢迎广大读者能够积极地对本书进行批评和指正。

作者

2021 年 7 月

目 录

第一章　何谓传统乡村

本章从乡村的历史演变、乡村与自然关系、乡村与人的关系三方面来讨论何谓传统乡村。

第一节　乡村的历史演变

"振兴"与"衰落"是反义词。人类文明史上，乡的"兴"和"衰"是一对矛盾，又互为转化。城市化和工业化是乡村衰落的诱因。这里欣赏一首描述乡村贫困生活的诗篇。

从人类文明史来看，乡村衰落是一个世界性的问题，是城市化和工业化驱动的必然结果。它在我国和欧美国家、日本、韩国等呈现不同的发展特征和发展时期。

从我国乡村的演变来看，从无到有，从繁荣再到逐步衰退。中华人民共和国成立后，乡村经历了体制改革、资产重组、逐步发展、有所衰退和乡村重新振兴的发展历程。

一、原始社会

原始社会初期，人类主要依靠采集、渔猎为生，这时，没有真正意义的村落。原始社会中期，约在新石器时代，人类使用农业技术种地、饲养畜禽等，出现了最早的村落。原始村落以血缘关系形成了氏族部落，实行原始公有制，按自然分工进行生产活动，平均分配。原始社会末期，物物交换开始出现，发展成为集市。

二、奴隶社会

随着生产力的发展，乡村出现了独立于农业的手工业和商业。大的村落，集中了手工业者和商人，形成了交易市场，逐步成为当地政治、经济、文化中心，后来，逐渐出现了城市。城市主要由商人、奴隶主、官吏等聚居，农村主要由奴隶、小农、少数小奴隶主等居住。

三、封建社会

这时的农村，主要由农民（雇农、佃农、自耕农）或农奴、中小地主等组成。土地等生产资料主要由封建地主阶级（或封建农奴主阶级）控制，少量由农民占有。我国乡土社会的兴盛时期是"唐宋时期"，以孔孟之道和程朱理学为核心价值的社会思想成为乡村文明的主流。元明清时期，我国乡村逐步走向衰败。资本主义初期，农村居民主要是经营农业的小土地所有者和农业资本家。随着资本主义的发展，破产农民进城成为工人。在发达的资本主义阶段，农村居民主要是农场主和农业工人，以及少量城市迁入农村的居民、农村工商业从业人员。

四、半殖民地半封建社会时期

鸦片战争开始，农村进一步衰败，乡村逐渐演化为半封建、半殖民地的经济，大部分土地由地主和富农控制，通过地租、高利贷和商业资本等剥削农民。西方发达国家的工业品开始进入中国，或者在中国办厂，逐步改变了传统农村经济结构。资本大量控制我国农产品的贸易和对外进出口。20世纪30年代，由晏阳初、梁漱溟、卢作孚等人为代表发起了"乡村建设运动"，希望推动乡村经济发展。

五、新中国成立到改革开放初期

1949—1978年，中华人民共和国成立之后，农村社会经济关系不断变化。1949—1952年，全国绝大部分农村进行了土地改革，农民有了土地，个体农民经济成为最主要的经济成分。1953—1957 年农业合作化改革，土地等主要生产资料实行集体所有制和按劳分配制。1958—1978 年，实行人民公社化，建设农田水利基础设施，促进了农业生产发展，但"左"的政策和"以农养城"方针使农村经济发展受阻。从 1979 年开始，家庭承包经营，从减少农村征派购到"放活、少取多予"和"工业反哺农业、城市带动农村"，农村面貌有了变化。

六、农业改革推进阶段

1979 年到 2013 年前后，国家实施农业土地所有制改革，释放了农民的活力和积极性，农业逐步发展。20 世纪 80 年代，农村家庭联产承包责任制改革和乡镇企业发展，一度使我国农村出现加快发展的势头。随后，我国城镇化和城市化吸引了大量农民进城。农民工持续进城打工，造成了城乡人口的大量流动，农村青壮年劳动力向城市转移，逐步改变了中国农村和社会结构，空巢村、老人村、留守儿童村和贫困村等问题大量出现。2007 年，党的十七大提出"要统筹城乡发展，推进社会主义新农村建设"。国家和地方政府意识到农村发展的问题，逐步推动农业产业发展，但效果并不理想，总体上，城乡收入差别不断拉大，农村发展质量和效率降低，城乡矛盾尖锐。

七、乡村振兴战略实施

1998 年，中共十五届三中全会报告就提出了"小城镇、大战略"的方针。2014 年及以后，特别是党的十九大以来，党中央、国务院和各级政府更加重视和推动农业农村投入，实施了乡村振兴战略，解决我国农业农村长期积累的各种矛盾和农民普遍关注的农村人均收入增长、精准扶贫和农业振兴、乡村文明等敏感问题。2014 年 3 月 5 日，李克强总理在政府工作报告中提出了新型城镇化战略，坚持以人为本、四化同步、优化布局、生态文明、传承文化。3 月 16 日，中共中央、国务院印发《国家新型城镇化规划（2014—2020 年）》，全面解答了新型城镇化的新思路、新主线和新举措。2016 年，《国务院关于深入推进新型城镇化的若干意见》提出：充分发挥市场主体作用，推动小城镇发展与疏解大城市中心城区功能相结合、与特色产业发展相结合、与服务"三农"相结合。发展具有特色优势的休闲旅游、商贸物流、信息产业、先进制造、民俗文化传承、科技教育等魅力小镇。住建部、发改委、财政部等部委出台系列文件推动新型城镇化和特色小镇建设。2017年中央1号文件指出：支持有条件的乡村建设以农民合作社为主要载体、让农民充分参与和受益，集循环农业、创业农业、农事体验于一体的田园综合体。2018年中央1号文件提出乡村振兴战略的实施意见，全面推动乡村振兴工作。

八、欧美国家的乡村发展

全球的乡村衰落主要有英国"羊吃人"式和拉美超前城市化式两种形式。英国在17世纪强迫农民破产变为工人，导致乡村衰败。拉美国家以过度城市化和超前城市化，使大量农民涌入城市，导致了乡村衰败，城市存在大量贫民窟。英国、美国等工业化国家在基本实现工业化、城镇化之后，为解决城市发展中的人口密度高、交通拥堵等"城市病"问题而进行乡村建设。20世纪60年代，美国进行新城镇开发、英国进行中心村建设、法国进行"农村振兴计划"等。相关国家通过农村社区基础设施建设，盘活利用农村土地资源与资产，改善农村生产生活环境，实施补贴政策，吸引人口回流农村，进而改变农村萧条。日本、韩国等国家在工业化、城市化进程中，也出现过农村资源流入城市、农业农村衰退、城乡差距扩大问题，20世纪70年代，韩国实行了"新农村运动"，日本实行了"村镇综合建设示范工程"，促进了农业农村振兴。

第二节　乡村与自然关系

作为与人类社会相对应的物质世界，大自然以一种独立的、安然静默的存在状态出现在世人面前，自然是人类赖以生存的母体，它哺育众生、滋养万物，为人类文明的延续和社会的发展提供可能。刘勰《文心雕龙》云："龙凤以藻绘呈瑞，虎豹以炳蔚凝姿；云霞雕色，有逾画工之妙；草木贲华，无待锦匠之奇。夫岂外饰，盖自然耳。"[1] 龙凤的祥瑞纹理、虎豹

---

① 周振甫．文心雕龙今译 [M]．北京：中华书局，1986.

的斑斓花纹、云霞的缤纷华彩等皆胜过人工的雕饰，自然而然，因而具有了无上的美感。爱默生（Ralph Emerson）说："自然却纯然以它的动人的外观，不掺杂任何物质的利益而令我们感到愉悦。"① 对自然美而言，它具有美的一般形式。自然景物匀称的线条、多彩的外表、成比例的结构或和谐的旋律等都可凸显其与众不同的特质，因而合乎美的一般规律，"林籁结响，调如竽瑟；泉石激韵，和若球锽"②。泰山以雄伟著称，黄山以俊秀流芳，华山以奇险闻名，这些峻峰怪石、云海山泉、松涛竹浪无不具有美的一般形式。大卫·洛温塞尔（David Lowenthal）说："自然……被认为优于人工。"约翰·缪尔（John Muir）说："野生状态下，没有哪一片土地是丑陋的。"只要我们凝神观察周遭的自然环境，仔细品味进入我们眼帘的自然事物，如小桥流水、草长莺飞、大漠孤烟、天边落霞等皆有着无与伦比的美。再者，我们经常使用的形容自然美的词语，如无边风月、春和景明、层峦叠翠、姹紫嫣红等，均把自然事物美的特征揭示得生动传神。自然是美的象征，恰如罗丹告诫秘书葛塞尔的那样："你不要忘了我最喜欢的一句箴言：'自然永远是美的'。"

19世纪末20世纪初以来，西方美学界出现了一种自然全美论。这种观点认为，自然中的一切事物均可带给人以积极的情感反应，艾伦·卡尔松（Allen Carlson）说："尚未为人所染指的自然环境主要拥有积极的审美品质，它们主要体现为优雅、精致、强烈、统一和秩序，而非乏味、迟钝、平淡、混乱和无序。简言之，所有野生自然物，本质上均有审美之善。"威廉姆·莫里斯（William Morris）说："地球上凡宜居之地，只要我们人类不对大地进行可怕的破坏活动，自然状态的地球没有哪一平方公里不美。"③ 主张自然全美，不过是现代学人痛心于人类文明对生态环境的破坏所产生的矫枉过正之见，实则经不起理论和实践的检验。从形式上看，自然事物也有许多令人不快的丑陋之处，如干枯的树木、凋零的花朵、光秃秃的山丘、漫天飞舞的沙尘暴。布封（Buffon）在论及未开化的自然时说：在这些荒野的地方，没有道路，没有交通，没有任何人类智慧的痕迹；人要想走进这些荒野，就只有循着野兽闯开的窄径；并且要随时提心吊胆免得变成野兽的粮食；荒野的吼声使他震惊，那一片冷落凄凉的

---

① 爱默生. 自然沉思录［M］. 博凡，译. 天津：天津人民出版社，2009.

② 周振甫. 文心雕龙今译［M］. 北京：中华书局，1986.

③ 卡尔松. 从自然到人文：艾伦·卡尔松环境美学文选［M］. 薛富兴，译. 桂林：广西师范大学出版社，2012.

沉寂又使他心悸，他只好往回跑了，说：野生的自然是丑恶的，死沉沉的。① 美和丑皆存在于自然事物中，主张自然全美或自然全丑的观点都是有失公允的偏激之见。

人类社会发展到一定程度后，出现了乡村与城市的分野，乡村又称非城市化地区，是人类社会相对独立的，具有特定经济、社会和自然景观特点的地域综合体。《辞源》中对"乡"的解释是"城市以外的地方"②，如谢灵运《石室山》诗云："乡村绝闻见，樵苏限风霄。"③ 在英文中，乡村（country）一词的词根为"contra"（相对、相反之意），指在观察者的眼前铺展开去的土地。16 世纪晚期，西方世界把乡村和城市两词对立使用的做法越来越普遍，乡村意义上的"乡下人"（country man）和"乡村居民"（country people）的说法从此得以广泛流行，而"乡野的"（country fied）和"乡巴佬"（country pumpkin）等词的使用则出现在后期。大约在 16 世纪，"农村的"（rural）一词开始获得了社会文化性的含义，表现为质朴和素朴等特性。有意思的是，"村"在汉语中除了具有村庄、村落等含义之外，也可理解为朴实，如苏轼《答王巩》："连车载酒来，不饮外酒嫌其村。"④ 以及粗俗或土气之意，如戴复古《望江南》词云："贾岛形模元自瘦，杜陵言语不妨村。"⑤

朴实的乡村更接近于自然的原初面貌，与大自然的积极互动或友好相处远非城市社会可比。人类城市的建立和发展改变了自然原初的生态秩序，随着城市化进程的加快，人类对自然的征服和侵夺越来越严重，自然回馈给城市居民的不仅仅有"城市，让生活更美好"的虚幻梦想，更有诸多难以忽视的"城市病症"：交通拥堵、空气污染、资源紧张、犯罪增加等，人类生活在这样的水泥牢笼中，似乎感触不到所谓的现代性审美。诗人詹姆斯·汤姆森（James Thomson）认为：

城市里糟糕的生活压抑着我的灵魂；空气也不再自由，

而是变得浓厚、闷热，被人们呼出的气体牢牢掌控着，

从形状怪异的房子和丑陋的船只中散发出的雷云，能够遮蔽白天灼热的太阳。⑥

① 布封.布封文钞［M］.任典，译.北京：人民文学出版社，1958.

② 辞源（第四册）［M］.北京：商务印书馆，1983.

③ 谢灵运.谢灵运集校注［M］.郑州：中州古籍出版社，1987.

④ 苏轼.苏轼诗集［M］.北京：中华书局，1982.

⑤ 戴复古.戴复古诗集［M］.杭州：浙江古籍出版社，1992.

⑥ 雷蒙·威廉斯［M］.韩子满等，译.北京：商务印书馆，2013.

　　相比城市居民而言，农民生活在一种与自然环境亲密接触的状态中，山水花草、晨曦晚霞、溪流飞瀑、虫鱼鸟兽等不但成为农民群众朝夕相处的物象或景象，而且与人们的生产生活和精神审美发生着密切的关系。举凡鸟飞兽走、虫鸣鱼跃、花开花落等寻常的景观，处处皆有美的影踪。我们品读古人创作的田园诗，如"桃红复含宿雨，柳绿更带朝烟"①"雨里鸡鸣一两家，竹溪村路板桥斜"②"独出前门望野田，月明荞麦花如雪"③，这些诗句语言清丽，风格恬淡，意境隽永，特别是诗中描绘的自然风貌、农村景物以及安逸祥和的村居生活等，无不昭示着美的深刻内涵。学者杨懋春对自己年少目睹过的村庄美景深有感情，他后来回忆道："殷实的人家沿着河岸修筑了几段河堤，上面种着成排的杨柳……在到达河边以前，南来的行客几乎看不到村子，因为有一道浓密的绿树挡着。但继续往前走，村子便突然出现在他眼前。接下来的一刻，他就在村民们眼光的注视下行走，同时他也可以看到农夫在菜园里锄地，或在打谷场上劳作；妇女在河堤上洗衣服；孩子们在周围玩耍；人们在高柳树下闲坐或劳作；还有高大的牛和骡站在河岸上。"④

　　爱默生说："自然是由本质上相通甚至相同的种种形式汇成的一个海洋。一片叶子，一线阳光，一片风景，一个海洋，在心灵上留下的印痕都是相似的。这些印痕共同具备的那种东西——完满与和谐——就是美。"⑤乡土自然之所以表现出丰富的美感，一个突出的原因在于其天然的形式契合了人的感受，令人感到愉快、舒适。换言之，乡土事物以其动听的声音、沁鼻的芬芳或悦目的外衣等形式特征使人的感官产生了宜人的快感。康德把这种自然事物外在形式符合人感官愉快的审美规律称为"自由美"，他说："花是自由的自然美。"⑥而黑格尔认为："我们还可以说自然美……摆在我们面前的并不是有机的有生命的形体……而是一方面只有一系列的复杂的对象和外表联系在一起的许多不同的有机的或是无机的形体，例如山峰的轮廓、蜿蜒的河流、树林、草棚、民房、宫殿、道路、船只、天和海、谷和壑之类；另一方面在这种万象纷呈之中却现出一种愉快的动人的

①　陈铁民．王维集校注［M］．北京：中华书局，1997.
②　王建．全唐诗卷［M］．北京：中华书局，1960.
③　白居易诗选［M］．谢思炜，选注．北京：中华书局，2005.
④　杨懋春．一个中国村庄：山东台头［M］．张雄等，译．南京：江苏人民出版社，2001.
⑤　爱默生．自然沉思录［M］．博凡，译．天津：天津人民出版社，2009.
⑥　康德．判断力批判（上卷）［M］．宗白华，译．北京：商务印书馆，1964.

外在和谐，引人入胜。"① 乡村自然事物的形式美，在古人的诗文中有明显的写照，翁卷《乡村四月》："绿遍山原白满川，子规声里雨如烟。"② 范成大诗云："梅子金黄杏子肥，麦花雪白菜花稀。"③ 柳宗元在《钴鉧潭西小丘记》中道："梁之上有丘焉，生竹树。其石之突怒偃蹇，负土而出，争为奇状者，殆不可数。其嵚然相累而下者，若牛马之饮于溪。其冲然角列而上者，若熊罴之登于山。丘之小不能一亩，可以笼而有之。"④ 不过短短数十字，却把山的形状、土的外貌、树的轮廓等形象地描绘出来。作者通过自己的善于观察美、发现美的眼睛，用长短适宜、满含深情的诗性语言，客观巧妙地描绘出自然景物的生动美感。

雷蒙·威廉斯说："在很多地方，乡村依然是个美丽之处，我们中的许多人也能够以不同的方式努力保持并发扬它的美丽。"⑤ 为使自己的乡村园林显得更美，威廉斯对自然景物进行了一番形式化处理，"砍掉了一些树木，看着九轮草、风信子和毛地黄一点点长回来"⑥。乡村景物的美源自它朴实自然的外形与和谐成趣的表象，有时一两亩田地，三五间农舍，数只鸡豚狗彘，就描绘出一幅优美的田园生活画卷，如普希金的诗歌《乡村》：

> 我的眼前啊，到处是一幅幅生动的画面：
> 在这里，我看到两面如镜的平湖碧蓝碧蓝，
> 湖面上，渔夫的风帆有时泛着熠熠白光，
> 湖后边，是连绵起伏的山冈和阡陌纵横的稻田，
> 远处，农家的茅舍星星点点，
> 牛羊成群放牧在湿润的湖岸边，
> 谷物干燥房轻烟袅袅，磨坊风车旋转；
> 富庶和劳动的景象到处呈现……⑦

再如屠格涅夫笔下的乡村景象：

① 黑格尔．美学（第一卷）［M］．朱光潜，译．北京：商务印书馆，1979.
② 钱锺书．宋诗选注［M］．上海：三联书店，2002.
③ 范成大．范石湖集［M］．上海：上海古籍出版社，1981.
④ 柳宗元．柳宗元集［M］．北京：中华书局，1979.
⑤ 威廉斯．乡村与城市［M］．韩子满等，译．北京：商务印书馆，2013.
⑥ 威廉斯．乡村与城市［M］．韩子满等，译．北京：商务印书馆，2013.
⑦ 普希金．普希金全集（第一卷）［M］．杭州：浙江文艺出版社，1997.

> 在村子外面，大车一辆接着一辆
> 慢悠悠摇晃晃从小丘上鱼贯而下，
> 满载富饶田地的贡物。
> 在那绿色的浓密的大麻田的后边，
> 草原上汪汪泛滥的洪水正在奔腾，
> 蒙着一层深蓝色的雾。①

还有华兹华斯眼中的湖乡之美：

> 小舟从侧面接得斜阳光线，
> 再投到颤抖着的湖面，幻出波光璀璨；
> 那边羊群扬起云一般的尘土，
> 在路上升腾，漫向远处；
> 牧人仿佛被卷入光环火影，
> 时而消失，时而现出模糊身形。②

　　作为美的一种范畴，形式美既指客观事物合目的性的外观形式，也指由人工按照美的规律创造出来的结构形式。人类对形式美的发掘和认识是一个历史的、相对的过程。在人类漫长的发展历程中，开发荒野、征服自然始终是人类生活的重要内容，上古先民以各种方式从事着改造自然的实践活动。在这一过程中，人类逐渐掌握了基本的生存技能，并通过自身的智慧和能力书写着认识与改造自然的故事。一部分原始先民把动物的牙齿串起来挂在脖子上，开始只是作为一种征服自然或乞求神灵赐予力量的标志，久而久之，这种形式渐渐脱离开它原始的实用内容，积淀为社会行为上的无意识之举。当人再看到它时就产生了一种非实用的愉快情感，即形式美感。

　　随着人类实践活动的发展，大自然的每处地方都打上了人类的烙印。在人类足迹踏至的每一个角落，在农人抚摸过的广袤大地，处处皆有美的影踪。一座座高低起伏的丘陵，绿油油的禾苗在水田里茁壮成长，稻田一阶接着一阶，一直蔓延到丘陵顶部，宛若生机盎然的空中花园。而且随着季节的变化，梯田也表现出不同的美：春天来临，梯田青翠如画，摇曳的禾苗随风轻舞；盛夏时节，夕阳的余晖将梯田层层映染，清澈的水波在阳光映照下粼粼泛光；金秋到来，潇潇秋雨轻轻拍打着火红的树叶，漫山遍

---

①　屠格涅夫. 屠格涅夫全集（第十卷）[M]. 石家庄：河北教育出版社，2000.
②　华兹华斯. 华兹华斯抒情诗选 [M]. 谢耀文，译. 南京：译林出版社，1991.

野的金黄抵挡不住农民丰收的喜悦；冬季时分，层层的洁白一眼望不到边际，淡淡雾霭笼罩在梯田上空，银装素裹，分外空灵。

第三节　乡村与人的关系

我国农业历史悠久，享誉世界。早在先秦时期，就有关于农业生产的"天时""地力""人功"的"三才"理论。所谓"天时"，即指庄稼生长的气候规律；"地利"，乃是水土条件；"人功"，是指生产者按规律和条件要求，适时、尽力地进行耕作。尽管"人功"是主要的，但"天时"不可逆、"地力"不可违，否则人类付出再多，亦难得所愿。

一、对"天时"的认知和遵循

上古时期的农民，若不知一年中春、夏、秋、冬的循环以及春生、夏长、秋收、冬藏的规律，五谷种植将难以有效进行，人们的衣食就无以接济。所以在农业发展的早期，人们通过仰望天象，俯瞰生物变化，就已获得农业种植的"天时"知识。相传约成书于传说时代的《尚书》，即有"平秩东作"的记载。"平"通"辨"；"秩"为秩序，或顺序；"东作"意指春天到了，开始耕作。所以直到今天，我们都把具体的物品叫"东西"（西方人泛称"thing"），却不叫"南北"。大概是只有"东作"才有"西成"的缘故，亦即只有春耕才有秋收的果实，所以叫"东西"。那么古人是怎么知道春耕、秋收的时节？或者为什么将"春耕"叫"东作""秋收"叫"西成"？他们是凭肉眼在长期的观察中，发现勺形的北斗七星，一年按顺时针方向绕转一周。当斗柄指向东方，天下皆春，所以古人谓"东作"；指向南方皆夏；指向西方皆秋，所以叫"西成"；指向北方皆冬。后来在长期的农业生产实践中，人们发现春、夏、秋、冬还不能较好地反映万物生长枯荣的循环规律，于是总结出更为具体的"二十四节气"，乃至更为精细灵活的"七十二候"，用来作为农业生产的气候或物候指标。由于气候亦有反常，加以我国南北气候存在一定的差异，以致"二十四节气"未能准确反映实际的物候，所以古代农民往往以物候来指导农事。明代农学家袁黄就五谷种植，对此有较好的说明："古今气候有推迁，南北寒温有先后，不可执一。如《吕氏春秋》曰：'冬至后五十七日，菖始生。菖者，百草之先生也，于是始耕。今北方地寒，有冬至六七旬，而菖蒲未生者矣。但俟菖生而耕，则南北皆宜，不必拘日数也。故种稷者，不拘二月上旬，但视杨柳生，为上时；不拘三月上旬，但视桃始花，为中时；不拘四月上旬，但视枣叶生、桑叶落，为下时。则气候无不齐矣。"以上农耕的"天时"知识，对于今天农业生产的指导，仍不失为优良遗产。

二、对水土环境的适应和改造

我国幅员辽阔，不仅气候丰富多样，而且地貌水土等环境亦复杂多样，在历史的长河中，历代人民因地制宜地创造了辉煌多样的农业文明，积累了渊博的农业知识。人类繁衍生息所需的物质资料，有赖农业生产的直接提供，由此农业发展必须遵循其社会功能的要求。然而农业生产的发展不是任人类随心所欲进行，因为它具有自己的特点和固有规律，李根蟠将之称作"农业生态系统"，并认为它与自然生态系统具有本质的统一性。尽管两者在本质上是统一的，但并非等同。因为"农业生态系统"是由人类在适应和改造自然的基础上形成的，其生态平衡的保持，既要求农业生产活动遵循其平衡的法则，同时还有赖人工的实时修护，否则农业生产难以持续健康发展，甚至会遭到自然的报复，造成无法预料的恶果。世传由西周周公旦所著之《周礼》，其中就有关于农业生产事宜的记载，诸如"遂人掌邦之野……凡治野，夫间有遂，遂上有径；十夫有沟，沟上有畛；百夫有洫，洫上有涂；千夫有浍，浍上有道；万夫有川，川上有路，以达于畿"，这就是上古时期关中平原地区的沟洫之制；而稻人"掌稼下地，以猪畜水，以防止水，以沟荡水，以遂均水，以列舍水，以浍泻水，以涉扬其芟"，此为地势相对低洼的水乡水利。由此清楚说明，农业起源与发展，自始至终与水利建设密不可分，不论是旱地耕作还是水田种植，皆有赖农田水利的保障。纵观中国农业发展的大历史，勤劳而富有智慧的先民，根据不同的地貌和水文环境，因势制宜地创造了与其农耕相宜的水利。平原有沟洫，丘陵山地有陂塘堰坝，低洼水乡有圩岸。诸如关中盆地，南临秦岭，西北为黄土高原，东为北折的黄河。起初高原森林葱郁，流经的渭、泾河流水源丰富，盆地内计有渭、浐、泾、灞、沣、滈、涝、潏八支河流分布，亦即西汉司马相如《上林赋》所谓"八水分流"之地。该盆地实由这些河流冲积而成，可谓水土肥美，经过上古先民营建沟洫，开渠引河，垦辟耕种，至迟在西周就已奠定了良好的农业基础。下至战国末年，在渭河下游北面，兴建了大型引泾淤灌水利工程郑匡渠，由此下游大片沮洳泽卤之地得以开发，关中亦随之号称"天府之国"，成为兵家必争之地；西汉武帝时，白渠水利工程的兴建，其农业越发兴旺。时人歌道："田于何所，池阳谷口。郑国在前，白渠起后。举锸为云，决渠为雨。水流灶下，鱼跳入釜。泾水一石。其泥数斗。且溉且粪，长我禾黍，衣食京师，亿万之口。"（《汉书》卷二十九《河渠志》）关中作为"天府之国"的农业经济地位，一直延续到唐代；可自此以后。因生态环境的不断恶化，其农业日渐式微。关中农业兴衰的历史清楚地告诉我们。农业生态系统是以自然生态系统为基础的，一旦自然生态系统遭到破坏，其农业生态的平衡是难以维持的，农业的衰败乃是必然。另一典型事例则是太湖流域，它与关中平原地理环境有所不同，中间低四周高，犹如碟形，最低的底盘为太湖。该区原本是"厥土惟涂泥，厥田唯下下"，农业生产的自然条件可谓很差。然而历经晚唐五代的有效治理和开发，其农业经济迅速崛起，并在相当长的时期担当天下粮仓的重任。其"塘浦圩田"是于低洼沼泽区依托主要河流开发而成，在主河两侧以五到七里的距离挖筑纵浦，再横贯纵浦以七到十里的间隔挖筑横塘，塘浦内是开垦的圩田。塘浦实为纵横交错的人工河渠的别称，亦是河道与河堤的合称，其功用不仅在于河道引水灌溉和排水泄涝，更为重要的是河堤要高厚，方可有效护卫堤外的良田。"塘浦圩田"可谓是创造性地开发低洼沼泽区的典范，其布局基本上遵循了水系灌排平衡的地学原理。然而这一平衡并非自然经久，而是有赖于人工适时的有效修护。由于晚唐五代能够积极地修建水利，所以其水旱灾害较少，其后因水利建设日渐懈怠，加以盲目围垦，水旱灾害亦渐多，给农业生产造成了不应有的损失和影响。时至明清时期，尽管太湖地区农业经济的综合实力仍名列全国前茅，但其主粮水稻生产却出现了衰退的现象，不仅造成了前所未有的粮食不能自给的恶果，同时耕地亦有一定程度的退化。以上事例较好地说明了农业开发和持续健康发展，不仅要遵循大自然的法则，同时还要遵循农业自身的生态系统规律。

三、对地力的保持

中国农业最为突出的成就则是地力的保持，其地力能在两千多年的耕作历程中仍能保持长盛不衰，可谓是世界绝无仅有。据梁家勉先生研究，最初我国先农采取的原始耕作方式是"畅耕"和"爰田"。所谓"畅耕"，是指在同一块田地不加施肥地连续耕种，直到地力耗尽，耕作得不偿失时，另辟荒地耕种；"爰田"即是"休耕"。大约到战国时期，才开始了用养结合的"连耕"制，亦即在同一块土地上年复一年地连续不断耕种，一直延续到当今仍无变更。这种耕作方式之所以能保持地力长盛不衰，主要在于三个方面：精耕细作，有机肥料的合理利用，科学的轮作。尤其是合理轮作，不仅可以减少对地力的消耗，还可以增加复种指数，提高亩产量。中国传统农业，豆科作物种植较为普及，并以此与其他作物轮作为多，这对地力的保持尤为重要。一方面，是因为豆科植物能吸收空气中的氮来生长，所以消耗地力较少；另一方面，广泛种植的大豆，榨油后的豆饼肥力很高，可以直接用作肥料，还可以用来饲养家畜家禽，后者粪便又是很好的肥料，可谓是循环利用。

中国传统农业，在与西方高度机械化的单一栽培农业及石化农业比较中，虽有诸多不足，尤其是生产率，但无论在地力保持还是环保等方面，仍不失为优良。今天石化农业以及反季节农业所带来的一系列问题，进一步证明了中国传统农业优秀遗产的宝贵。

第二章　传统乡村的美

本章内容主要通过论述自然之美、结构之美、建筑之美、生活之美四方面内容来阐述传统乡村的美。

第一节　自然之美

什么是"美"呢?《说文解字》云："美，甘也。从羊从大，羊在六畜主给膳，美与善同意。"段玉裁注解说："甘者，五味之一，而五味之美皆曰甘。"① 羊大为美，"大羊"可满足人的味觉享受。从汉字"美"的字源意思上，我们即可发现"美"与"感觉"千丝万缕的联系。柏拉图认为，美之所以产生，根本上是由于美的"理念"。美的理念是一种所有美的事物所共有的本质规定或内在本性，不以人的主观意志为转移，个别具体事物之所以表现出美不过是"分有"了美的理念。在此，美的"理念"被柏拉图赋予了形上本体的意涵，是一种先验的存在②。亚里士多德认为，美是客观的，即美的事物之所以成为美，并不在于人们的主观描述或评价，而是客观的特定的"关系"，是事物内在的和外在的客观关系构成的总和决定的。这种"关系"通常表现为适当的比例和一定的秩序。亚里士多德说：

我们说任何优都取决于一定的关系，例如我们把健康和身体好等事物的优归因于热和冷在体内相互间的或和外界环境的交流和比例得当；优美、有力，以及其他的优或劣也同样。因为它们都是凭一定的关系存在

---

① 段玉裁. 说文解字注［M］. 南京：凤凰出版社，2007.
② 柏拉图认为"绝对的美、善、正直、神圣，以及所有在我们讨论中可以冠以'绝对'这个术语的事物，所以，我们必定是在出生前就已经获得了有关所有这些性质的知识。"

着，并且把自己的持有者置于与固有的影响相关的好或坏的状况下。①

在亚里士多德看来，"若要显得美，就必须符合以下两个条件，即不仅本体各部分的排列要适当，而且要有一定的、不是得之于偶然的体积，因为美取决于体积和顺序"。② 而这种"体积"和"顺序"是客观呈现出来的，维持在一定的限度之内，因而，我们都可以直观地感受某事物所独有的美。

黑格尔认为，美包括两个客观因素，一是理念和概念，二是它的感性和个别的形象显现，二者缺一不可。黑格尔说："正是概念在它的客观存在里与它本身的这种协调一致才形成美的本质。"③ "正是这概念与个别现象的统一才是美的本质和通过艺术所进行的美的创造的本质。"④ 所以，美的本质体现于外在的客观现实或客观形式与内在的概念或理念的二致性，理念的感性显现造就了美。

事实上，关于美的定位，千百年来人们一直争执不休，相继诞生了客观说、主观说、主客观统一说等多种理论。客观说认为，美在物质对象的形式规律，或美体现着某种客观的理念。如毕达哥拉斯的"数的和谐"说，苏格拉底的"美自身"观点，蔡仪的"美的本质就是事物的典型性"⑤，李泽厚的美来源于"人类总体的社会历史实践"等。主观说强调，美的产生是由于外在对象表现了人的主观情感。如阿奎那所说的美是"使人愉悦的东西"⑥，桑塔亚那的"美是被当成一种事物的属性的那种快乐"等。主客观统一论强调，美产生于客观事物的性质与主观情感的统一。如朱光潜所讲的"美是客观事物的性质合乎于主观方面的规定"⑦。

为美下定义是一件困难的事，从不同角度观之，美有着不同的规定性，它可以指美好的事物、良好或完美的性状、美的艺术品，也可以指人的身心愉悦的感觉、非功利的审美活动等。审美活动是人类独有的精神活动，是动物所不具备的。康德认为，审美的快感和实际利害、具体概念无关，"一个关于美的判断，只要夹杂着极少的利害感在里面，就会有偏爱而不是纯粹的欣赏判断了"。因为人类大都具有想象力和理解力，在欣赏

---

① 亚里士多德. 物理学 [M]. 北京：商务印书馆，1982.

② 亚里士多德. 诗学 [M]. 北京：商务印书馆，1996.

③ 黑格尔. 美学（第一卷）[M]. 朱光潜，译. 北京：商务印书馆，1979.

④ 黑格尔. 美学（第一卷）[M]. 朱光潜，译. 北京：商务印书馆，1979.

⑤ 蔡仪. 蔡仪文集（第一卷）[M]. 北京：中国文联出版社，2002.

⑥ 朱光潜. 朱光潜全集（第六卷）[M]. 合肥：安徽教育出版社，1990.

⑦ 朱光潜. 朱光潜全集（第五卷）[M]. 合肥：安徽教育出版社，1989.

美的事物的时候，人们会建立"普遍的赞同"，是"普遍的赞同"使美具有了普遍性。

当代美学家杜书赢认为，审美活动是一种价值行为，审美活动与价值活动、审美现象与价值现象具有同形同构关系。作为价值活动的审美现象，其最直观、最显著的特质即它的"愉悦性"无论是领略自然风光、品味社会生活还是欣赏文学艺术，愉悦性始终是审美价值活动最为显著的标志。譬如，我们置身人自然，欣赏松林明月、闪烁繁星、蝶舞鸟鸣或七彩云霞时，会有心旷神怡、如沐春风之感。孔子云："知者乐水，仁者乐山。"朱熹注解说："知者达于事理而周流无滞，有似于水，故乐水；仁者安于义理而厚重不迁，有似于山，故乐山。"其实，不只自然能引起人的审美愉悦，欣赏艺术作品、品读文学作品又何尝不是如此？观看《蒙娜丽莎》，你会为这五百年解不开的神秘微笑而着迷，乃至痴痴遥望、不能忘怀；品读《神雕侠侣》，你会为杨过和小龙女历经曲折悲欢、饮尽世间冷暖而依然坚贞不渝、海枯石烂的痴情绝恋所触动，乃至潸然泪下。

审美价值活动不但是感性的，而且是有意味性的。这里的"意味"指的是审美主体在审美价值活动中所获得的美的内容。毕加索《格尔尼卡》的"意味"即对法西斯暴行的控诉和谴责，杜尚《泉》的"意味"即对传统艺术观念的反叛，蒙德里安《红蓝黄的构图》的"意味"即形状和色彩的动势平衡。所以，形式与意味是辩证统一的矛盾体，二者共同寓于审美价值活动中。杜书瀛曾说：

那艺术作品中作为审美价值载体的感性形式，总是渗透着"意味"（内容）；而那"意味"（内容），也完全融化为感性形式。因此，审美价值载体的感性形式不可能是没有"意味"的"纯形式"，那审美的内容也不可能是不具有感性形式的"意味"（内容）。总之，内容，即是其感性形式的"意味"；感性形式，即是表现那"意味"的"形式"。

审美价值的感性形态不但是有意味的，而且还具有独特性与创造性。审美价值形态的独特性，即某一审美价值形象所展现给世人的、区别于其他审美价值形象的独一无二性。黄山的俊秀，华山的高险，泰山的雄伟；太白的洒脱，子美的沉郁，东坡的旷达——世界上没有两片完全相同的树叶，成功的审美形象都以其鲜明的独特性著称。金圣叹在《读第五才子书法》中说："《水浒传》写一百八个人性格，真是一百八样。若别一部书，任他写一千个人，也只是一样；便只写得两个人，也只是一样。"其实，这与中国古典美学历来提倡的"犯""避"之法相吻合，"犯"即敢于写看似相同的东西，"避"即善于在同中见异，写出个性。张竹坡说："《金瓶梅》妙在善于用犯笔而不犯也……写一金莲，更写一瓶儿，可谓犯矣，然又始终聚散，其言语举动，又各各不乱一丝。"

与审美相比，美学的内涵和外延要更为宽广。美学作为一门学科源自西方，从诞生至今不到三百年的时间。20世纪初叶，西方美学思想被引荐到国内，当时以王国维、梁启超、蔡元培等为代表的知识分子扛起了传播、介绍西方美学的大旗，并自觉地应用到中国本土的文化艺术实践中。王国维用康德的"审美无利害"观点研究《红楼梦》，梁启超把西方美学的零星思想融进他所倡导的诗界革命、小说革命中，蔡元培在呼吁"以美育代宗教"的同时，有目的地介绍了康德、席勒等人的美学思想。中国知识分子在传播西方美学理论、研究本土文艺作品的过程中，援西入中，以西证中，从而造就了中国美学研究的复杂景观：既有着西方美学本体性的理论范畴，又具有中国文本特殊的民族艺术色彩；既透示着哲学、美学的一般价值和规律，又流露出中华传统文艺的思维符码。

古往今来的美学理论，无论是以美和美的本质为主要研究对象（如柏拉图的"美本身"），或以艺术和艺术美作为美学的考察对象（如黑格尔的"艺术哲学"），还是侧重分析美感和审美经验（如英国经验派），抑或各种审美心理结构和内在机制（如移情说、距离说、格式塔心理学派等），皆带有一定程度的片面性和局限性，因为它们忽略了人的审美活动中主客观之间密不可分的、相互依存的内在关系，忽视了美学作为一门日益多元、动态发展的学科所具有的无限可能性与未来创造性。当代美学家蒋孔阳从主客体之间的审美关系出发，在立足于马克思主义的实践观点的基础上，提出了"美在创造中"的思想，认为："美不是单一的、固定的某种实体，而是一种时空复合的结构，一种处于不断创造的开放系统。""美在创造中"的思想既扬弃了推究"美是什么"的形而上学思维，同时也变相批驳了追问"什么是美"这一带有经验论色彩的研究范式，而是以一种过程性的认知态度和开放性的容纳精神，将美视为一种恒新恒异的、永远生成的理论范畴。在这样一种动态发展、持续开放的过程中，人类的一切社会实践、存在形态、精神活动等皆可成为美的生成的一种因素，自由自在，包容一切，从而诱导出某种美的无限自由表征。

20世纪末特别是21世纪初以来，中国美学的研究逐渐淡化或舍弃美的本质传统，而注重考察具体的审美问题与艺术现象，开始关注审美与语言及更广泛的文化、人生、生活等方面的联系。诸多学人以一种跨学科或交叉学科式的研究视角，着力探究美学作为精神传统在我们内心或精神层面所发挥的作用，以及美学作为实用工艺与美化模型在当代社会所扮演的角色，艺术门类美学（如音乐美学、影视美学、舞蹈美学等）、实用美学（如广告美学、烹调美学、游戏美学、景观设计美学等）、地域美学（城市美学、乡村美学等）进入研究的活跃期。可以说，美学已经多层面、全方位地融入当代文化与社会生活，乃至成为其中的核心建构力量。

至此，我们可以得出结论：乡村美学是以乡土世界为物理实体，研究和探析乡野自然风物的美的表象、存在规律和审美意义，思索和把问乡土生灵（主要是农民）的审美癖好、艺术心理和审美追求、欣赏和品评诸种鲜活的乡土艺术样式（如农民画、地方戏曲、农村影视剧）的内在美学理路和外在艺术价值。换言之，乡村美学既以自身为对象，分析贩夫走卒、士人学子对乡村美的态度；也以自身为主体，探究乡村美的独特范式、表现形态和内在表征。乡村美学既以自身为手段，找寻推进当代社会主义新农村建设中的乡村文艺发展门径；也把自身视为目的，研究如何更全面地认识乡村之美的存在价值，把握乡村美学的独特艺术旨趣。而"美的乡村"作为一个整体概念所具有的美学意蕴，则是乡村与城市的对比过程中所发生的关于乡村的一切美的东西。

第二节　结构之美

一、田园景观结构之美

（一）景观的类型

田园景观可分为单一型田园景观、相间型田园景观、点缀型田园景观、林网型田园景观、设施型田园景观、阶梯型田园景观、文化型田园景观和园林型田园景观。这些景观都各有特点。单一型田园景观，就是上千亩、甚至上万亩的连片土地仅种植一种作物、甚至一种品种，构成一幅整齐划一、纯朴广宽的田园景观。油菜花景观一般采用单一型田园景观的形式来营造。相间型田园景观，也叫图案型田园景观，则是在连片的土地上种植若干种或叶或花或果等颜色不同的作物或品种，通过这些作物或品种或叶或花或果颜色的合理搭配，构成或字或花或虫或鸟或几何图形或其他图案的田园景观。点缀型田园景观，指的是在田野上适当地种植一些具有当地特色的典型树木，从而起着画龙点睛的作用，并通过这些典型树木构成具有地方特色风光的田园景观。在地势起伏不平的热带地区的田园上，按照美学规律，有选择地种上一些或孤植或对植或丛植的椰子、木菠萝、木棉、木麻黄、荔枝和龙眼等热带典型树木，与田园上的作物，以及大自然融为一体，便构成了一幅颇具热带特色的热带田园风光。林网型田园景观，指的则是田园方格化、林网化的田园景观。我国热带地区农垦部门的橡胶园就普遍实行了方格化、林网化。设施型田园景观，指在田园上建设相应的、必要的农业生产设施，如田园房屋、机井房屋、水池、喷头和大棚等与农作物一起构成田园景观。棚栽作物形成的田园景观就属于这类景观。阶梯型田园景观，则指顺着山岭的坡势，按等高线水平，把田园建造像阶梯一样，并与田园上种植的作物一起构成逐一递进、由低到高、线条分明的田园景观。哈尼族梯田就是典型的阶梯型田园景观。文化型田园景观，就是指对单一型田园景观等各种类型田园景观赋予相应的文化内涵形成的田同景观。园林型田园景观，也叫公园型田园景观则是指仿照园林或公园的款式。运用艺术的手法，营造出来的形式多样、功能齐全、可供人们游玩的田园景观。北京昌平苹果文化主题公园就属于园林型田园。

（二）景观的表现

田园景观都有表现形式，单一型田园景观以"单一"的形式来表现，相间型田园景观以"相间"的形式来表现，点缀型田园景观以"点缀"的形式来表现，阶梯型田园景观以"阶梯"的形式来表现，等等。以单一型景观和阶梯型景观为例。

1. 单一型景观——油菜花景观

陕西汉中盆地是传统的油菜种植生产基地，年种植油菜100多万亩，年产油料近20万吨。这里为盆地和浅山丘陵。每到春天，盛开的金黄色油菜花就会将这里装扮成一个巨大的山水盆景。无疑，这里的美在于上百万亩油菜花形成的壮观场面以及油菜花与盆地和浅山丘陵凸显的山水构成的盆景般的景观（图2-2-1）。

图 2-2-1　汉中油菜花田

　　江苏兴化缸顾乡也是油菜种植基地。这里河道纵横。750 年前，这里的农民在水中取土堆田，整齐如垛，这样，千姿百态的垛田在辽阔的水面上便形成上千个湖中小岛，好似"万岛之国"。每到油菜花盛开的时候，金灿灿的油菜花便将一个个垛田变成金黄色的垛田，变成金黄色的"花岛"，并构成金黄色的"万岛之国"，加上蓝天、碧水，形成"河有万湾多碧水，田无一垛不黄花"的奇丽画面。这里的美在于垛田以油菜花装扮而成的金黄色"花岛"和"万岛之国"。当然，蓝天、碧水的衬托也是一个重要因素。显然，其鉴赏的最佳方式是泛舟其中，边欣赏，边赋诗作对（图 2-2-2）。

图 2-2-2　缸顾乡油菜种植基地

湖北油菜种植面积和总产量连续多年位居全国第一。其中荆门达200万亩。荆门地处江汉平原。每年三四月间，油菜花开，一望无际，好似大片大片的云朵，"漫卷西风"，遍布在丘陵、山冈、房前、屋后，使这里形成"金色的世界"和"菜花的海洋"。而湖北省唯一一个以大宗农作物为依托举办的节会——荆门油菜花旅游节，则使这里形成浓郁的节日气氛；全国首个油菜文化博物馆，则使这里彰显独特的油菜文化。这里的美在于油菜花与丘陵、山冈、村落有机融合一起形成的"金色的世界"和"菜花的海洋"，以及油菜文化的利用、彰显和升华（图2-2-3）。

图2-2-3　荆门油菜花种植基地

2. 阶梯型景观——元阳梯田

元阳梯田，又名元阳哈尼梯田，位于云南省元阳县哀牢山南部，绵延整个红河南岸的红河、元阳、绿春及金平等县，仅元阳县境内就有17万亩梯田，是元阳梯田的核心区。

元阳梯田主要有新街景区，包括云雾山城、箐口民俗村、龙树坝日落梯田景、土锅寨日出梯田景、金竹寨田园风光景、芭蕉岭等；坝达景区，包括箐口、全福庄、麻栗寨、主鲁等连片1.4万多亩的梯田；勐品景区，包括老虎嘴、勐品、硐浦、阿勐控、保山寨等近6000亩梯田；多依树景区，包括多依树、爱春、大瓦遮等连片上万亩梯田（图2-2-4、图2-2-5）。

图 2-2-4 元阳梯田 (1)

图 2-2-5 元阳梯田 (2)

元阳梯田规模宏大，气势磅礴，神奇壮丽。龙树坝梯田由于地里、水里矿物质特殊，生长着很多浮萍，特别是红浮萍，使梯田在阳光下呈现红色，成为红梯田，景色宜人。麻栗寨景区梯田从海拔 1100 米的麻栗寨河起，连绵不断的成千上万层梯田，直伸延至海拔 2000 米的高山之巅，把麻栗寨、坝达、上马点、全福庄等哈尼村寨高高托入云海中，宛如一片坡海，随着夕阳西下，逐渐由白色变成粉红色、红色，再转变成粉红色、白色，场面恢宏，景色壮观，线条美丽，立体感强。多依树景区梯田三面临大山，一面坠入山谷，状如一个大海湾。布满在临山三面的无数村落，一座座蘑菇房如整装待发的帆船，6000 亩梯田均由东向西横着。站在高高的黄草岭村后山观赏，如万马奔腾，似长蛇舞阵。整块梯田上半部分稍缓，如万蛇蠕动，下半部分较陡直入深渊，如将倾的大厦，令人提心吊胆。6000亩梯田水源充足，白花花的大海湾如一个巨大的瀑布从南向北倾泻，壮观无比。这里一年有200天云海缠绕，不肯离去，忽东忽西，忽上忽下，一会儿无影无踪，一会儿又弥天大雾，忽而往下蹿，淹没一层层梯田、村寨；时而往上蹿，露出一层层梯田、村寨。一天如此反复，每次各异。在勐品景区，老虎嘴勐品梯田状如一朵盛开的白色巨花，3000多亩梯田形状各异，如万蛇般静卧的花蕊，阳光照射下似天落碧波，浪花泛起，万蛇蠕动，如湖似海，近百个田棚点缀其间，似航行的小舟，令人惊叹不已。往西遥望，2000多亩阿猛控梯田嵌刻在由南向北从渊谷直伸高山的三座脊梁山，忽高忽低，忽大忽小，忽曲忽直，三座三梁披挂着层层梯田如三条巨龙，尽情挥舞，在夕阳余晖下，红白黑相映，光彩夺目。往东远眺，2000多亩保山寨梯田全攀附在7座半圆形山梁上，全成弯月形天梯，直指苍穹。7座半圆形山梁上的梯田相连，阳光倾泻，波光粼粼，成为立体海洋。7座半圆形山梁中间，有无数个圆形小山包，每个小山包又被层层圆形梯田缠绕，山顶部是田棚，青翠竹木果林，似梦幻仙境。

采用不同的视觉效果不同。就季节来说，尽管一年四季皆有其美，但是，在夏天，到处是一片青葱稻浪，因为哈尼族人习惯在每年6月插秧；到了10月，随着稻谷的成熟，到处则是一片金色田野；而到了冬天，梯田由于注水而闪现出银白色的光芒，凸显出婀娜多姿的轮廓，诠注了梯田最美的景观。就每天来说，在日出开始前，梯田优美的轮廓已经在黎明的晨曦中若隐若现，站在高处俯瞰，宛若一幅极其淡雅的水墨画；当太阳从东方升起后，红色的朝阳投射在西侧的村庄上，四周的颜色也随着太阳的升高而不断变幻，既多彩，又烂漫；太阳下山时，随着夕阳余晖的逐渐散去，坝达和老虎嘴的梯田会变幻出绮丽的色彩，并不时与田埂的线条交织，构成一幅幅美丽的彩绘版画。

（三）景观的特殊

田园景观可分为以上类型，并以相应的形式表现之，但是，即使同一类型田园景观，不同的田园总有其固有的景观，这就是景观的特殊。哈尼族梯田景观和大寨梯田景观都是以"阶梯"的形式来表现美，都属于阶梯型田园景观，但是，哈尼族梯田景观更多的是以自然的状态来表现，大寨梯田景观更多的是以人造的状态来表现（图2-2-6、图2-2-7）。

图 2-2-6 哈尼族梯田

图 2-2-7 大寨梯田

二、建筑与规划结构之美

自从人类学会了开荒种地、掌握了农业生产技术后，为了便于照管农作物、饲养禽畜，上古先民逐渐走出了"逐水草、居巢穴"的居无定所的时代，出现了以氏族部落为聚合单位的原始村落。当时的村落建筑已消弭于历史的云烟中，今天我们所能见到的仅仅是考古遗址上的零星木桩。20世纪70年代，考古人员在浙江省河姆渡发现了一批干栏式建筑遗迹，同时清理出数量众多的木桩、柱、梁、枋等建筑构件。河姆渡遗址的干栏式建筑以木桩为基础，其上架设大小梁，铺上地板，构成高于地面的基座，然后立柱架梁、构建人字坡屋顶，完成屋架部分的建筑，最后用苇席或树皮做成围护设施。干栏式房屋的建筑目的是为遮风挡雨、驱虫避害，即以实用功能为主，至于美不美观、适不适宜则是次要的因素。国外学者认为，公元前8000年，人类学会了用灰浆和石头建墙筑屋，集群而居。后来，村落的建筑面积逐渐扩展，"位于土耳其安纳托利亚的恰塔尔土丘，在公元前6000年至公元前5500年这段最为后人了解的时期，人口达到5000人，房屋则有1000栋，村庄占地12至15公顷……房屋连成一片，入口由一个平台顶构成。房屋内壁的涂层有造型和色彩，形成丰富的装饰效果。"①

什么是建筑美？建筑美对人类有何种作用？诸如此类的问题，一直启发着人们的思考。在西方古典美学看来，只有当建筑形式充分体现出某种伟大的精神时，它才具有巨大的审美价值。如古埃及的陵墓、亚述巴比伦的宫殿、古希腊的神庙，都在追求某种崇高、伟大、富有威慑性的精神力量，同时包含着当时的社会伦理思想。中国的传统建筑美学更加注重建筑物的文化内涵，通过厚实的文化意蕴与一定的社会功能调动起人们对建筑美的认知。如中国古代的皇家宫殿，凭借严格的等级规划、具体的大小比例与特定的政治寓意，彰显出"王权至上"的文化理念。秦始皇营造咸阳，仿造六国宫殿建于咸阳北阪上，以象征天下统一；康熙、乾隆建造承德避暑山庄，借鉴南方园林景致，又在山庄周围仿建西藏、新疆等地少数民族庙宇，象征多民族国家的巩固与发展。皇家建筑如此，民间亦不例外。浙江省兰溪市诸葛村的村落设计采用了阴阳八卦的理念，从高空俯视诸葛村，全村房舍呈八卦状分布，村落布局和谐一致，建筑序列感强，极富文化艺术韵味。

从形式上看，建筑是由石料、砖瓦、木材、钢筋或水泥等素材搭配堆砌而成，是一个巨大的物质实体，似乎不具备美的因素。但从本质上看，任何建筑都需要依附一定的自然环境，并在相应的社会环境熏陶下而存在。从建筑的构思、规划，到最终建造并使用，各个过程均打上了人类的烙印。人们将自己的建筑思维具象化，使建筑获得了不同于一般自然事物的独特性质，其体量大小、空间布局、式样色彩、物件组合及内部序列等因素综合在一起，形成了建筑物独有的"美感"。人们置身建筑物中，首先获得的是视觉的冲击，继而作用于内心，调动起人的心理反应，产生某种情绪感触，如在庙堂感到神圣，在陵墓感到肃穆，在园林感到轻松，在住宅感到亲切。埃及金字塔的质朴坚毅，哥特式教堂的威严凝重，日本园林的清逸俊秀，北京故宫的雍容典雅，凡此种种，均可以很好地说明建筑

---

① 卢布坦. 新石器时代：世界最早的农民 [M]. 张容，译. 上海：上海书店出版社，2001.

物之美投射在人心中后所带给人们的审美感受。恩格斯说："希腊式的建筑使人感到明快，摩尔式的建筑使人觉得忧郁，哥特式的建筑神圣得令人心醉神迷；希腊式的建筑风格像艳阳天，摩尔式的建筑风格像星光闪烁的黄昏，哥特式的建筑风格像朝霞。"①

因自然地理、经济发展和文化传统的差异，中国的乡村建筑既不同于城市建筑的宏大繁富、严密规整，也表现出与国外的乡村建筑不同的美学特征。总体而言，可分为以下几个方面。

（一）"天人合一"的居住理念

在中华民族的历史长河中，"天人合一"的思想有着悠久的文化渊源。在儒家哲学中，它是儒生"修齐治平"的至高境界，"上下与天地同流"②，也是世人行为处世的根本依据，"汤武革命，顺乎天而应乎人"③。在道家看来，它是天、地、人三者和谐统一关系的形上体现，"人法地，地法天，天法道，道法自然"④，更是人类参同天地万物的终极归一，"天地与我并生，而万物与我为一"⑤。

"天人合一"的理念深深地影响了中国的民族性格、文学传统与审美态度。人类生活于世，只有与天地和谐统一，与自然交融相和，顺天应时，调和万物，才能实现人的健康生活与自由发展。在中国传统文化中，人类实践活动的目的不是去征服和破坏自然，而是在原有的自然基础上，力争实现人与天地、自然与万物的和谐归一，这与西方文化中的"人与自然"是极不相同的一个概念。在西方，我们看到直入云霄的哥特式尖顶，像是一把利剑刺破了天空的胸膛，令人生畏，继而恐瞑；我们看到荒岛上一座孤零零的城堡，像是野外随意堆砌的乱石，令人感叹人与自然关系的紧张与压力。反观东方建筑，一座修建于竹海枫林边上的庙宇，一顶可以欣赏"天苍苍，野茫茫，风吹草低见牛羊"的草原毡房，都与周围的自然环境和谐有序地统一起来，虽是人作，却宛如天成。

黄土高原气候干燥少雨，空气湿度小，地下水位较深，地表土层长年保持较为干燥的状态。这里黄土堆积层土质颗粒厚实，质地均匀，具有良

① 马克思恩格斯全集（第41卷）［M］. 中共中央编译局译. 北京：人民出版社，1982.
② 万丽华，蓝旭. 孟子［M］. 北京：中华书局，2006.
③ 郭彧. 周易［M］. 北京：中华书局，2006.
④ 饶尚宽. 老子［M］. 北京：中华书局，2006.
⑤ 孙通海. 庄子［M］. 北京：中华书局，2007.

好的稳定性和适度的可塑性。当地人就地取材，利用黄土地得天独厚的深厚土层开凿窑洞。陕西窑洞一般高四米，宽八尺至一丈，深三丈，正面的主窑比其他窑洞略高，作正堂供长辈居住。窑内靠山墙均盘有土炕，土炕一边紧接山墙，一边紧连窑壁，农民在窑洞内烧柴暖炕，满窑生暖，其乐融融。福建客家土楼是中国民间建筑的一朵奇葩。土楼民居的建筑渊源和建造特色与客家人的历史文化有着密切关联。历史上，客家人每到一处，本姓本家人总要聚居在一起。加之客家人居住的地方大多是偏僻山区或深山密林，不但建筑材料匮乏，豺狼虎豹、山贼盗寇也时常出没。客家人为了生活的安全和便捷，便营造抵御性的城堡式建筑。福建土楼是世界上至今保留完好的独一无二的山区大型夯土民居建筑，这些土楼依山就势，临地设场，既适应了聚族而居的生活习性和共同防御的需求，又巧妙地利用了山间狭小的平地和当地的生土、木材、鹅卵石等建筑材料。在今天看来，福建土楼是一种自成体系又极富美感的生土高层建筑类型，堪称"天人合一"建筑理念的杰作。

在我国西南边陲的傣族村寨里，傣族群众依然沿袭着祖先"多起竹楼，傍水而居"的传统习俗。云南地处亚热带，气候湿热，植被茂盛，竹林密布，傣族乡亲因地制宜，搭建竹楼，修筑村寨。傣族村落通常选在平坝近水之处，或小溪之畔、大河两岸，或湖沼四周、曲塘周围，凡翠竹围绕，绿树成荫的处所，必定有傣族村寨。大的寨子聚集数百户人家，小的村落只有一二十户人家，村外榕树蔽天，村内竹篱环绕，竹楼隐于绿荫丛之中。傣族村寨里的竹楼都是单幢，各户人家自成院落。竹楼里的家具非常简单，竹制品较多，桌、椅、床、箱、笼、筐等，几乎皆用竹子制成。傣族竹楼是建筑中的小家碧玉，小巧精致、清秀端庄，散发着生命的淳朴魅力，释放出自然的气息。置身其间，仿佛俗世的烦恼可以烟消云散，困顿的胸怀也因此爽然而释。傣族竹楼以其精巧、秀丽的身姿，在与大自然的亲密互动中，显现出"天人合一"的美妙境界。

（二）现实功用的儒家精神

四合院又称四合房，是北方一种常见的民间合院式建筑。四合院院子四面建有房屋，通常由正房、东西厢房和倒座房组成，从四面将庭院合围。四合院的大门一般占一间房的面积，其构成相当复杂，仅营造名称就有门楼、门洞、门框、门枕、门槛、门簪、门钹、插关、门钉等。大门一般是油黑大门，可加红油黑字的对联。进入大门之后，便迎来垂花门、月亮门等门墙建筑。垂花门是四合院内最华丽的装饰门，门外是客厅、门房、车房、马号等外宅，门内是供起居的内宅。垂花门油漆得十分漂亮，檐口、椽头、椽子漆成蓝绿色，方椽头刻成菱花图案，门面五彩缤纷，气韵雍容典雅。

四合院的中间是庭院，院落宽敞，院内布山置水、栽花种树，一般种植海棠树、石榴树等。沿庭院的主干道前行，即到达庭院的核心建筑，核心建筑通常位于整座院落的中轴线上，主体建筑两侧是配殿、厢房、过堂等单体建筑，呈中轴对称格局。重重庭堂的串联，自然地造成了组群空间向纵深延展的序列。严整纵深的庭院组合、中轴突出的对称格局，彰显出传统意义上的家族尊卑秩序，暗合儒教的伦理纲常和礼仪规范。近人王国维说："一家之人，断非一室所能容，而堂与房又非可居之地也……其既为宫室也，必使一家之人，所居之室相距至近，而后情足以相亲焉，功足以相助焉。然欲诸室相接，非四阿之屋不可。四阿者，四栋也。为四栋之屋，使其堂各向东西南北。于外则四堂。后之四室，亦自向东西南北，而凑于中庭矣。此置室最近之法，最利于用，而亦足以为观美。"①

在乡村地区，祠堂也是一种常见的建筑类型。中国古代的自然村落中，一个村子往往生活着同姓或数个异姓的大家族。按传统儒教伦理，这些家族通常会建立自己的祠堂，用以供奉和祭祀祖先，联络家族感情。除此之外，祠堂也是族长行使族权的地方，凡族人违反族规，一般会在这里接受教育或受到惩处，类似于乡村百姓的道德法庭。正因为如此，祠堂建筑一般会比民宅规模大、质量好。越是有权势和财势的家族，其祠堂往往越讲究：高大的厅堂，精致的雕饰，上等的用材，乃至成为这个家族光宗耀祖的一种象征。

在乡村祠堂中，每个祠堂都设有堂号，堂号由族人或外姓书法高手所书，制成金字匾高挂于正厅，旁边另挂有姓氏渊源、族人荣耀、妇女贞节等匾额。在祠堂内外，多置有神龛等民间信仰物件。神龛大小规格不一，依祠庙厅堂宽狭和神位多少而定。大的神龛均有底座，上置龛，敞开式。神佛龛座位不分台阶，依神佛主次，作前中后、左中右设位；祖宗龛分台阶，依辈序自上而下设位。一般地，祖宗龛多为竖长方形，神佛龛多为横长方形。龛由木造，雕刻帝王将相、英雄人物、神仙故事等吉祥如意的图像，栩栩如生。

---

① 王国维. 观堂集林 [M]. 石家庄：河北教育出版社，2003.

在传统儒家思想指导下，中国乡村建筑充满了中国人特有的现实功用的处世态度。不追求建筑物的长久存在，而以满足现实的功能需求为出发点，通过标准化、实用化的民间建筑式样，将民间百姓的居住需要、生活需要、保暖需要等诸要求融合在一座座立体结构的屋檐下。民众的生产生活、家族繁衍、信仰世界等，均在建筑物的空间搭配和材料构架的有效组合基础上，合理有序地诠释出来。在此过程中，民间建筑被赋予了特有的美善合一、尊卑有序的儒家审美理念，显现出实在为，本、审美为用的双重理论表征。

（三）上风上水的村落布局

古罗马学者瓦罗认为，农村建筑物选址要考虑风、水、阳光、空气等因素。他说：你必须留意把农舍设置在树木葱郁的山的山脚处，这里是最好的住所，因为这里有辽阔的牧场，而且你还要注意到使它面迎这一地区的最有益于健康的风。对着昼夜平分的东方的农舍地势最好，因为它夏天有阴凉，冬天得阳光，如果你不得不把你的农舍建筑在河流附近，你就必须注意不要让建筑面对着河，否则，冬天它就特别冷，而夏天也不利于健康。[①] 瓦罗对建筑选址的论析，颇合我国传统的堪舆学（又称风水）思想。时至今日，虽然人们对"风水"的理解存在异议，但不可否认的是，在中国广大乡村地区，住宅布局、村落规划、坟墓安葬等几乎都要参考并依循适宜的风水学原理。[②]

郭璞《葬书》云："葬者，乘生气也。"又说，"古人聚之使不散，行之使有止，故谓之风水。"[③] 可见，"气"是风水运行的核心，好的建筑选址要讲究"气"的"聚之不散，行之有止"，流畅自然、风云际会，古人认为这样会给建筑的主人或相关者带去福泽和庇佑。李约瑟在《中国科学

---

① 瓦罗. 论农业 [M]. 王家绶，译. 北京：商务印书馆，1981.

② 关于堪舆文化的起源，《四库全书总目提要·子部·术数类》云："相宅、相墓，自称堪舆家，考《汉志》有《堪舆金匮》十四卷，列于五行。颜师古注引许慎曰：'堪，天道；舆，地道。'其文不甚明。而《史记·日者列传》有'武帝聚会占家，问某日可娶妇否，堪舆家言不可'之文。《隋志》则作堪馀，亦皆日辰之书，则堪舆占家也，又自称曰形家。考《汉志》有《宫宅地形》二十卷，列于形法，其名稍近。然形法所列，兼相人、相物，则非相宅、相地之专名，亦属假借。今题曰'相宅相墓'，用《隋志》之文，从其质也。"可见，堪舆之术由来已久，后代发展成为"相宅相墓"的代称。然而，历史上也有许多名人志士反对堪舆之术，如王充、张居正、黄宗羲、熊伯龙等人，他们或不信或批判。总之，堪舆之术流传到今天，或许掺杂了一定的迷信思想，但其中的某些思想还是值得借鉴和研究的。

③ 郭璞. 葬书 [M]. 北京：华龄出版社，2010.

技术史》中对"风水"是这样下定义的，他说："（堪舆）是调整生人住所和死人住所，使之适合和协调于当地的宇宙呼吸气流的方术。如果生人的住宅和死人的坟墓没有得到恰当的调整，那么对该住宅的居民和对尸骨葬在这座坟墓中的死者的后代，将造成极其严重的恶果；反之选地良好可保护他们发财、健康和幸福。"① 这个定义基本反映了风水学的主要内涵。

按照古人的理解，好的村落或住宅要选在山水交汇的地带。山为屏障，属阳；水为生命之源，属阴，在此布置房屋，内外通道相连，在半山半水、半阴半阳的太极图中，乐享居住之美。《宅谱指要》云："古今宅基，莫大于都会，山水盘纡，人烟凑集，衣冠文物，运祚绵长，故欲知宅基之法格，必则效都会之形势。欲知都会之形势，必先考大舆之脉。……故都会形势，必半阴半阳，大者统体一太极，则其小者亦必各具一太极也。"②

在浙江省兰溪市有一个村子叫诸葛村。据当地《高隆诸葛氏宗谱》记载，诸葛亮第十四世孙诸葛利在五代十国时期来到浙江省寿昌县做县令，从此定居浙江。元朝中叶时，其后裔诸葛大狮与眷属迁至诸葛村安家落户，并一直繁衍至今。诸葛村虽然历经数百年风雨洗礼，其村落布局和住宅房屋却完好如初地保存至今天。在今人眼中，诸葛村的村落设计借鉴了风水思想和阴阳八卦的理念，布局精心玄妙，设计合乎风水理念。从高空俯视诸葛村，全村呈八卦形状，房屋、街巷的分布暗合诸葛亮的九宫八卦阵。村子以钟池为中心，八条巷道向外延伸，形成"内八卦"状。内八卦里的房屋建筑一直延伸至村外，刚好与村外的八座小山相接，形成环抱之势，又构成了"外八卦"之状。诸葛村中心的池塘形似太极阴阳鱼图，半阴面为水池，半阳面为干地，村民通常在水池岸边淘米洗菜、洗衣洗布，在半阳面的干地上晾晒谷物、谈天会友，孩童在此嬉戏逐闹。

诸葛村现存明清两代建筑多达两百多座，其中有大小厅堂十八座，庙宇四座，石牌坊三座，花园别墅两座。在这些古建筑中，丞相祠堂是全宗族的总祠堂，它外观宏伟庞大，内部宽阔幽深，建筑面积近两千平方米，整座建筑看起来布局森严、气派恢宏。每年祭祀时节，族人在此缅怀先祖，共叙族人之谊。在丞相祠堂周围有一座大公堂，是族人祭祀诸葛亮专用的厅堂，它是江南唯一的武侯纪念堂。在丞相祠堂和大公堂以下，又按孟、仲、季三分依次建有分祠堂，分祠堂下设支祠，而属于各分支的子孙

---

① 李约瑟．中国科学技术史（第2卷）［M］．北京：科学出版社，1990.
② 魏青江．宅谱大成［M］．台北：台湾集文书局，1985.

围绕着自己所属的祠堂建造住宅，就这样在诸葛村形成一个个以大小祠堂为核心的建筑团块。这些建筑团块又恰当地布局在内八卦之中，与周围的外八卦小山、村子内部的水流植被建筑者协调得天衣无缝，宛如天造地设。数百年来，诸葛村人才辈出，诞生了许许多多悬壶济世的名医和救世济民的儒商，并享誉大江南北。

图 2-2-8 诸葛村的中心池塘

与诸葛村类似，安徽宏村也是一座传统观念中的风水宝地。"水"在宏村的选址规划中意义极大，相传宏村的汪氏祖先先后在歙县唐模、黟县奇墅湖村居住，但都曾遭遇过火灾。南宋绍兴年间，汪氏举家迁到雷岗山下，最初建十三楼，取名弘村，取弘广发达之意，清乾隆年间改为宏村。鉴于以往教训，建村之初，汪氏先辈广辟湖沼、疏浚河道，既满足了生活用水、农田灌溉的需求，又提高了预防火灾的能力。后历经几十代人、数百年的努力，宏村的水系布局、村落构造最终形成并传承至今。

宏村靠近黄山余脉雷岗山，地势较高，有时云蒸霞蔚，有时烟雾缭绕，好似人间仙境。极目远眺，四周山色与宏村粉墙青瓦倒映湖中，宛如一幅徐徐展开的山水画卷，人、建筑与大自然融为一体。从高空鸟瞰，整个村落仿佛一头悠闲的水牛静卧在青山绿水之中：雷岗山为牛头，村口的两株古树为牛角，月沼为牛胃，南湖为牛肚，蜿蜒的水圳为牛肠，民居建筑为牛身，四座古桥为牛脚，形状惟妙惟肖，极富诗情画意，当地农民谚云："山为牛头树为角，桥为四蹄屋为身。"

在选址布局上，中国的乡村大多在江河湖海、山丘土岭的周边置村设店，靠山近水，风调雨顺，便于农民生产、生活。"（山东）沂水的新民官庄建在背山、面向沂河的山坡地上。山丘之间的沟地，又是肥沃的耕田，为农业生产提供了有利条件。威海的孙家疃选在公路北侧，南面临黄海，便于渔业生产和交通往来。"① 所以，中国自然村落的命名通常与"山""水""田""土"等有关，如北方农村普遍使用的"峪""崮""岭""疃""堡"等名称，南方农村常见的"浜""沟""湾""坞""坪"等。关于风水学思想在中国乡村建设规划中的美学价值，李约瑟感触颇深，他说："'风水'在很多方面都给中国人带来了好处，比如它要求植竹种树以防风，以及强调住所附近流水的价值。但另外一些方面，它又发展成为一种粗鄙的迷信体系。不过，总的来看，我认为它体现了一种显著的审美成分，它说明中国各地那么多的田园、住宅和村庄所在地何以优美无比。"②

（四）朴实自然的乡村园林

什么样的园林布局才算是美的呢？培根认为，园艺事业是一种人类最为纯洁的艺术，是人类精神的补养品。它通过不同的园林道路布局、花草景观设计和楼台建筑技巧，综合地将诸多美的事物交织在一起，发挥出最大的美学功效。培根说："园艺事业也的确是人生乐趣之最纯洁者。它是人类精神最大的补养品，若没有它则房舍宫邸不过是粗糙的人造品。"③ 因此，优秀的园艺师在设计建造园林时，会遵循气候节令，在不同的月份种植不同的花草树木，既便于人们在一年四季都能领略自然美景，赏花闻鸟、听风观雨，更凸显出人类居住环境与大自然的和谐统一。明代造园家计成说："风生寒峭，溪湾柳间栽桃；月隐清微，屋绕梅余种竹；似多幽趣，更入深情。"④ 古代的乡村庄园一般如此：高高的楼台、幽深的院落、层层的帘幕、长长的围墙，院中植有杨柳、桃李等乔木和大量花草，同时布置一定的石桌、石凳、山石、香炉、盆栽、水池等。这些花草山石不但起着净化空气、调节生态的功能，而且还具有沁人心脾、赏心悦目的审美意义，它们让整个院落氛围显得清幽和谐、自然生趣。

人们在园中欣赏花草的美丽，品味五彩缤纷的烂漫之景，将自身完美地融入其中，此时此刻，欣赏者已不再是园林的过客或局外人，而是园林

---

① 阎瑛. 传统民居艺术［M］. 济南：山东科学技术出版社，2000.
② 李约瑟. 中国科学技术史（第2卷）［M］. 北京：科学出版社，1990.
③ 培根. 培根论说文集［M］. 水天同，译. 北京：商务印书馆，1983.
④ 陈植. 园冶注释［M］. 北京：中国建筑工业出版社，1988.

之美的参与者和拥有者。在"小园香径独徘徊"中，在亦真亦幻的现实和虚拟想象中，尽情体验园林艺术带给自己的审美愉悦。

中国南方的水乡园林在设计建造时一般依循客观的自然规律，花草树木的种植因地制宜，山石亭台的布局疏密有度，散发出一种和谐、自然的美感。叔本华说："英式园林，确切地说应该是中国式园林，与越来越少、典型范本所剩无几的老式法国园林，两者之间的巨大差别说到底就在于英式园林的布置是客观的。"① 在具体规划时，能工巧匠一般会在园林小径旁种植梅花、玉兰花等木本观赏植物或桃树、李树等开花树种，在草地上种植牡丹、芍药、菊花等小型观赏花草，在水池里栽种荷花、睡莲、香蒲等水生植物。在方寸之间的小盆或小池中，三两棵文竹，尽显苍山滴翠之意，几株雏菊，数朵小花，简朴无华，却是大拙大美。

对于乡村院落的布局，有经验的农村匠人十分注重植被、水池的作用，树木注重"点缀之态"，池塘讲求"曲折之美"。农民会不失时机地挖沟筑池、铺种草木，"团团篱落，处处桑麻"。在农家篱笆院落之中，农民或放养鸡犬数只，或种植菜蔬几垄，大人、孩童各自得其乐，"儿童急走追黄蝶，飞入菜花无处寻"，"村南村北响缫车，牛衣古柳卖黄瓜"，即是一幅朴实、淳美的乡土风情画卷。明代造园家计成认为，在乡村规划建设时，应充分利用好水、气、树、土、风等相关元素，引水灌溉方便，空气通风顺畅，树木种植适宜，田亩耕种便捷。特别是植被的种植，计成指出，农民既要播种五谷，维持生计，又要种植竹柳，陶冶身心，这样，人们站在门楼上欣赏遍地的庄稼，即知春夏秋冬，穿过走廊步入书斋，便可读书作画。计成说：

古之乐田园者，居于畎亩之中；

今耽丘壑者，选村庄之胜，团团篱落，处处桑麻；

凿水为濠，挑堤种柳；门楼知稼，廊庑连芸。②

至于水池的面积、树木的多寡、田地的大小，乡村园艺师傅应本着不同建筑素材间"互相辅助、和谐共进"的原则，同时结合前期规划与住户状况，做出科学的安排。大约十分之三的土地用来挖修池塘，修池塘的土方又可用以堆积假山、栽种花木，花木的枝条还可用来编织篱笆、修葺房舍，剩余的枝材却是生火做饭、过冬取暖的薪柴。"约十亩之基，须开池者三，曲折有情，疏源正可；余七分之地，为垒土者四，高卑无论，栽竹

① 叔本华．叔本华美学随笔 [M]．韦启昌，译．上海：上海人民出版社，2009．
② 陈植．园冶注释 [M]．北京：中国建筑工业出版社，1988．

相宜。堂虚绿野犹开，花隐重门若掩。掇石莫知山假，到桥若谓津通。桃李成蹊，楼台入画。围墙编棘，窦留山犬迎人；曲径绕篱，苔破家童扫叶。"① 在一次完美的乡村院落规划中，几乎没有多余的材料抑或废弃的器具，农民群众将实用主义的朴素生活观以及统筹安排的智慧演绎到极致，以此成就了农村人特有的既简单又有效、既科学又高妙的生活态度。而在这样的村落中，农民开窗可见春华秋实、冬雪夏雨，闭户可休息养神、教子诗书，真可谓尽显"归林得意，老圃有余"的朴野与充实之美。

（五）求实求美的建筑格局

在中国建筑美学中，虚实有着多种含义。"实"一般指建筑形象中直接可感的实有部分，以及建筑物的现实功效或实用价值，"虚"一般指建筑作品所表现的情趣、气氛或由特定形象所引发的艺术想象。英国哲学家罗杰·斯克鲁登（Roger Scruton）认为，实用功能是建筑物最鲜明的特征。他说："建筑是人类生活、工作和进行礼拜的地方，同时，在决定某种形式之前，建筑首先要满足需要和愿望。"② 培根也认为："造房子为的是在里面居住，而非为要看它的外面，所以应当先考虑房屋的实用方面而后求其整齐；不过要是二者可兼而有之的时候，那自然是不拘于此例了。"③

中国乡村传统的寺庙、住宅等建筑，往往是由若干单体建筑按一定比例、序列结合而成。无论单体建筑规模大小，其外观轮廓均由阶基、屋身、屋顶三部分组成。建筑下体是由砖石砌筑的阶基，承托着整座房屋；立在阶基上的是屋身，由木制柱额作骨架，其间安装门窗隔扇；上面是用梁木支撑的房顶，顶上覆盖着青灰瓦或琉璃瓦。按构造形式的不同，屋顶可分为庑殿顶、歇山顶、卷棚顶、悬山顶、硬山顶、攒尖顶等类型，每种类型又有单檐、重檐之分，继而又可组合成更多的形式。建筑物室内筑有木墙、石柱等相对固定间隔单元，也有农民选用槅扇、罩、屏等便于安装、拆卸的活动构件，以尽可能地满足不同空间需求。庭院是与室内空间互联互通的开阔场地，可叠山辟池、栽花种树、搭棚筑架等，有的还建有走廊，作为室内和室外空间过渡，为农家增添生活情趣。

除实用性之外，好的乡村建筑也追求审美价值。西方哲人说，建筑是凝固的音乐。在建筑师眼中，建筑作品是一种按一定比例序列在环境中逐

---

① 陈植. 园冶注释 [M]. 北京：中国建筑工业出版社，1988.

② 斯克鲁登. 建筑美学 [M]. 刘先觉，译. 北京：中国建筑工业出版社，1992.

③ 培根. 培根论说文集 [M]. 北京：商务印书馆，1983.

渐铺陈开来的空间艺术。空间序列的展开，既通过建筑元件的连续叠加体现出单纯明确的节奏，也需借助不同建筑物体的高低起伏、浓淡疏密、间距长短等有规律的变化，体现出抑扬顿挫的律动，仿佛音乐中的序曲、扩展、渐强、高潮、重复、休止等过程，能带给人一种激动人心的旋律感。林徽因认为，好的建筑应满足实用、坚固、美观三个基本条件，她说："美观者：具有合理的权衡（不是上重下轻巍然欲倾，上大下小势不能支；或孤耸高峙或细长突出等等违背自然律的状态），要呈现稳重、舒适、自然的外表，更要诚实的呈露全部及部分的功用，不事掩饰，不矫揉造作，勉强堆砌。"① 福建省樟脚村依山而建，村庄房屋全由山石砖瓦垒砌而成。走进这一组全是石头垒砌而成的建筑群落里，层层叠叠、错落有致的石头房屋令人目不暇接，狭窄幽静的石巷经过雨水的冲刷，显得干净而厚实，颇具历史底蕴。在墙壁上蔓长滋生的老藤，以及石墙缝隙里泛出的青绿苔斑，使巷道空间显得阴仄而清幽。待朗朗晴日，阳光照在鹅卵石砌成的石墙上，少许的光线从垣壁上漏射下来，红褐的房瓦、土黄的砖石、幽暗的巷街，诸种色泽交相辉映、一片斑驳，俨然一幅绚丽的乡村油彩画。

第三节　建筑之美

一、壮美与优美

叔本华对美学的独特理论贡献是他提出的"壮美与优美"的概念。他从意志论出发，认为美是在意志从平常状态进入一种忘乎自我、天人合一的境界时产生的。进入美的状态有两种可能：一种是我们被外界对象完全吸引，自然融入这种美之中；另一种是我们自己的意志受到触动，克服欲望的束缚，自发地进入天人合一的状态。这两种审美状态分别是优美和壮美。叔本华的这一美学理论深具启发意义，王国维在《人间词话》中就曾经用这一理论来作诗词分析，他说："无我之境，人惟静中得之；有我之境，于由动之静时得之。故一优美，一宏壮也。"如果用日常生活中人们

① 陈学勇. 林徽因——林徽因文存［M］. 成都：四川文艺出版社，2005.

的普遍观察来思考，建筑之美无疑是诠释优美与壮美的最佳载体。

中国的园林之美举世公认，其婉曲的风格，柔美的线条无疑是极其优美的。园林的兴建与中国文化中向往自然的审美趣味密切相关，园林可以看作是设计者将胸中最美好的想象世界落实到一方土地上的结果。如已面目全非的圆明园，曾是世界上最美丽、最壮观的皇家园林，其中东湖之中用嶙峋巨石堆砌成大小三座岛屿，象征传说中的蓬莱、瀛洲、方丈"三仙山"，这是将圆明园比作仙境。而苏州园林与皇家园林不同，透露着浓浓的士大夫审美情趣。怪石老树、小桥流水、疏竹半窗、曲径通幽，好一处自然美景致。中国的园林还惯用借景的设计方式，如果推窗望去，远处青山碧波都能入得眼帘，方是上品。

当人们身处紫禁城中，能感受到一种强烈的心理冲击，涌起一股庄严肃穆的壮美感受。故宫的设计与建筑，实在是无与伦比的杰作，它的平面布局、立体效果，以及形式上的雄伟、堂皇、庄严、和谐，建筑气势雄伟、豪华壮丽，是中国古代建筑艺术的精华。只看中轴线的设计，从天安门到午门再到太和殿、中和殿、保和殿以至乾清宫、交泰殿、坤宁宫和神武门，身处其中让人不免生出一丝渺小感，这正是对故宫壮美的一种深层次体会。

建筑的美不仅仅是优美与壮美，古代建筑有一种沧桑的历史美，当代建筑有一种富于想象力的新奇美；中国建筑符合礼制之美，而西方建筑有一种信仰的圣洁之美。建筑美包含着对称之美和秩序之美，也蕴藏着雕梁画栋的细节之美和钢筋水泥的粗粝之美，当我们理解了建筑，就能更好地去体会属于建筑的一份凝固的大美。

二、建筑文明之美

地球上本无建筑，自从有了人，就有了形形色色的建筑。建筑因其存在感，天然地成为文明的代言者。

历史长河浩浩荡荡，一去千里不复回。时间是不可逆的，人们无法回到过去。历史是人类的记忆，人们总是希望记忆越清晰越好。从浩如烟海的史籍中用文字和想象来还原历史是历史学家惯用的方式，但是现代历史理论早已清楚了一个事实——哪怕是修昔底德和司马迁也无法将活生生的历史拉近到我们面前。我们不怀疑历史学家的真诚和见识，但我们同样很无奈地发现，那些史籍仍显得模糊，直到现在，谁能说得清古埃及呢？谁能说得清古罗马呢？谁能认得清唐宋风流呢？谁又能认得清康乾盛世呢？更遑论一个个大时代，它们就像一头头远古巨象，认识它们难免有摸象之惑。

幸好有建筑。一座又一座，一城复一城，建筑不声不响，默默地立在那里，虽千年而不朽，历风雨而沧桑。建筑可以完美地承担标志时代的重任。历史是全息的，窥一斑可见全豹的说法虽然过于乐观，可是见一座古建筑而认知彼时彼地却是毋庸置疑的最佳方式。

原始文明留下的痕迹过于稀少，从山顶洞人的骨针到河姆渡人的陶盆，我们可以略知原始人生活的艰难。他们没有能力造就大型的建筑，即使用来遮风避雨的家也简陋不堪。原始人更多的是利用大自然的各种条件，山顶洞人就得名于其居住的山洞，有巢氏的传说也来源于古人树上筑巢的故事。当时的人们还学会掘土为地穴，上面覆盖些树枝草叶，那也非常简陋。

人类社会发展到奴隶社会时，由于组织日趋严密，阶级产生，国王、平民、奴隶的生活出现了极大分化，特别是帝王的居所与陵墓的修建逐渐成为国家性行为，甚至需要倾全国之力来共同打造一座建筑，充足的人力再加上虔诚的信仰的鼓舞，一座座被誉为世界奇迹的建筑奇观拔地而起。埃及金字塔直到今日仍然震撼人心，其中的胡夫大金字塔是由多达200万块以上的巨石层层堆砌而成的，每一块巨石的平均重量达到两吨半，它的高度将近150米，相当于40层楼高，底边长有230米，占地相当于8个足球场那么大。古埃及人高超的技术能力令人感叹，不过唯有技术不足以支撑如此奇迹。他们的信仰也非常重要。"他们相信来生、相信永恒、相信自己未来的命运掌握在欧西瑞斯手里。法老是欧西瑞斯在人间的化身，为法老服务就是为神服务。金字塔不但是法老个人的陵寝，也承载着全体埃及人的信仰和希望。"金字塔矗立在尼罗河畔，直到今日仍然威严耸立，昭示着古埃及时代的伟大与信仰的热诚。罗马的大斗兽场是古罗马强盛国力彰显，即使与现代先进的体育场相比，它也显得毫不逊色。大斗兽场座席有6万余个，从上到下有四层建筑，周围有80条放射状廊道。整个建筑壮观而雄伟。著名作家狄更斯曾言："这是人们可以想象的最具震撼力的、最庄严的、最隆重的、最恢宏的、最崇高的形象，又是最令人悲痛的形象。它能感动每一个看到它的人。"

欧洲整个中世纪时期是基督教的时期，最能代表该时期的建筑自然是教堂。整个欧洲建造了20多万座教堂，当时的罗马城，据史料记载就有

450 多座教堂。巴黎圣母院与米兰大教堂直到今日仍然是宗教建筑的巅峰之作。中世纪时期的教堂风格主要有罗马式教堂建筑与哥特式教堂建筑。最著名的教堂基本都属于哥特式建筑，向上直指苍穹的尖顶是其最鲜明的特征。为什么叫哥特式呢？哥特人事实上原本是摧毁西罗马帝国的蛮族，一开始称那些建筑为哥特建筑的是一些保守传统的学者，中世纪时期的教堂建筑宏伟高大，布满了精致的以宗教故事为主题的雕刻和装饰，这与古罗马建筑不同，学者们认为这种风格不可接受，就贬为野蛮人建造的。但时至今日，人们看到那些伟大的建筑丝毫不会感觉野蛮，而是认为那代表着欧洲 1000 年的文明成就。

工业革命以后，世俗生活风生水起。工业的发展带来了高高的烟囱与宽大的厂房，这些建筑成为工业时代的缩影。奥运之前北京西郊的首钢整体搬迁至河北曹妃甸，如何处理原厂址的地皮与建筑成为考量城市规划能力的课题。最终的规划方案中，保留首钢炼铁三高炉等建筑，这个 20 层楼高的庞然大物，不久后将变为一座现代化的钢铁博物馆。这样的处理方式为后人能够一眼得见大工业时代建筑那巨大的体量与磅礴的气势。

后工业化时代商业、金融业、服务业迅猛发展，在建筑方面的表现就是摩天大楼的出现与繁盛。写字楼等商业性建筑往往成为城市中心的地标性建筑。在 2001 年 9 月 11 日被恐怖分子劫机撞击而倒塌的美国世贸大厦双子塔在很长一段时间中被看作世界经济的象征，也被恐怖分子视为"邪恶"的美国生产生活方式的象征。所以，他们选择击毁它。在快速发展的中国，上海浦东被视作改革前沿，而浦东伫立的金茂大厦等超级摩天大厦彰显着金融、商业的发达。当今世界第一高楼，全世界最雄伟的建筑之一哈利法塔（迪拜塔）已经成为整个中东地区蓬勃发展的石油经济的最有力的宣示，耗资 70 亿美元，有 162 层，高达 828 米的这栋摩天大楼已经是当今我们所处的时代令人印象最深刻的建筑。

未来的人类往何处去？我们所处的地球资源有限，承载能力有限，野心勃勃的人类或者充满开拓进取精神的人类早已把目光转向了地球以外的太空。太空时代人们同样需要建筑来居住、工作、生活。20 世纪 90 年代之前，苏联与美国一共发射过 9 个空间站。之后，2000 年，国际空间站正式投入使用。国际空间站的设想是 1983 年由美国总统里根首先提出的，即在国际合作的基础上建造迄今为止最大的载人空间站。经过近十年的探索和多次重新设计，直到苏联解体、俄罗斯加盟，国际空间站才于 1993 年完成设计，开始实施。该空间站以美国、俄罗斯为首，包括加拿大、日本、巴西和欧洲太空局（11 个国家，正式成员国有比利时、丹麦、法国、德国、英国、意大利、荷兰、西班牙、瑞典、瑞士和爱尔兰）共 16 个国家参与研制。其设计寿命为 10～15 年，总质量约 423 吨、长 108 米、宽（含翼展）88 米，运行轨道高度为 397 千米，载人舱内大气压与地表面相同，可载 6 人。国际空间站结构复杂，规模庞大，由航天员居住舱、实验舱、服务舱、对接过渡舱、桁架、太阳能电池等部分组成，总质量达 438 吨，长度为 108 米。中国的神话中把天上的居所称为天宫，而现实中的宇宙空间站——天宫一号已经升空。未来功能齐备、适宜人类生存的最激动人心的建筑一定会出现。那将意味着人类社会进入一个崭新的时代，那些天空建筑就是人类太空时代的标志。

建筑是最鲜明的时代标志已经获得人们的广泛共识，可是在当今社会经济迅猛发展的同时，有一个问题凸显出来：那就是要现代化建筑还是要历史古迹。中国历史上最著名的一个事例是新中国成立初期的梁陈方案的被弃。著名建筑学家梁思成与陈占祥共同拟订一份北京市城市规划的方案，建议保留古城墙，中心城区以保护为主，另选北京西部区域作为新城地址，工业放置在北京东部发展。在今天北京城市拥堵不堪，市容市貌不中不西、不伦不类的现状比照下，让人无比遗憾于当时的决策。梁陈方案的兴废背后透露出的就是建筑的古今之争，事实上就是对建筑的历史文明代言者和标志物地位的忽视。

欧洲对古建筑的态度值得学习，美丽的城市巴黎旧城区有着大量中世纪时期的建筑，为了整个城市面貌的和谐，规定市内不允许兴建 37 米以上的高楼。就在 2008 年，巴黎市长推出一项计划想突破摩天楼禁令兴建六座高楼，消息一出，举市哗然。超过 2/3 的巴黎市民强烈反对，这显示出欧洲人对历史建筑的态度。著名文学家维克多·雨果曾经在《巴黎圣母院》中专门辟出两章详细描绘巴黎圣母院这座建筑，这是因为雨果是古建筑的忠实拥趸，他这样做就是为了唤起法国人对古建筑和巴黎历史风貌的关注。在 1832 年版本的说明中，雨果声明："不管建筑艺术的前途怎样，不管我们的青年建筑师们今后怎样解决建筑艺术问题，我们在期待新的建筑物出现的同时，还是好好地保护古文物吧！只要可能，我们就要激发全民族去爱护民族建筑，本书的主要目的之一正在于此，作者一生的主要目标之一也在于此。本书也许已经为中世纪建筑艺术开拓了真正的远景。但是作者远远不能认为，他自愿承担的这一任务已经完成。以往他已经不止一次维护我们的古老建筑艺术，已经高声谴责许许多多亵渎、毁坏、玷辱的行为。他今后还要乐此不疲。"雨果的这段话应该悬挂在每一个中国城市规划者与城市管理决策者的办公室，时刻提醒他们，建筑不只是砖瓦，建筑不只是住人或者容纳人的笼子，建筑是有生命力的，建筑是在历史长河中留存下来的最珍贵的人类历史印记。

三、建筑的风格之美

现代人旅游，到外地去的旅游目标主要有两个：一是美丽的自然风光；二是特别的人文景观，而在人文景观中，独特的建筑文化是旅游者的首选。国内大多旅游者首选的目的地是北京，原因就在于北京的名胜古迹数不胜数，故宫、颐和园、长城、天坛……其他地方呢？去周庄、乌镇是为了欣赏水城老屋；去丽江是为了那独一无二的古城；到福建，大土楼是必须去的；去山西，乔家大院也不得不看；在山东，孔府、孔庙、孔林承载着对圣人的追思和仰慕；去湖南，湘西的凤凰古城的美让人心动。塞北、江南、西域、东海，每一处建筑细细品来都独具神韵。

全世界的人呢？中国人去意大利，总要到米兰大教堂与大斗兽场看一看，美国人来中国，最想看的就是故宫与颐和园。去到印度，必须要去泰姬陵。去到埃及，金字塔自然是首选。还有巴黎的埃菲尔铁塔、德国的科隆大教堂、希腊的帕特农神庙、柬埔寨的吴哥窟……

为什么一定要到这些建筑的面前感叹唏嘘？原因无他，建筑是地域文明最独特也最鲜明的标志。一个大的同质文明内部的建筑差异往往由地理环境和地方习俗决定，而异质文明建筑之间的差异就要复杂得多，我们集中探讨一下中西方建筑文化的差异，从中体会地域文明的表征感。

当今社会中国建筑已经接受西方建筑理论，钢筋混凝土修建的大楼中西没有什么不同。不过在传统上，中国人与西方人对建筑的理解差异极大，中西方的建筑也大相径庭。概括言之，中西方建筑至少在三个方面各显风采。

（一）木材与石材

中国人喜欢用木材作为建筑材料原因有很多种，梁思成先生在《中国建筑史》中有过一种精彩的诠释，他认为多用木材是"不求原物长存"的观念使然。"此建筑系统之寿命，虽已可追溯至四千年以上，而地面所遗实物，其最古者，虽待考之先秦土垣残基之类，已属凤毛麟角，次者如汉唐石阙砖塔,不止年代较近,且亦非可以居止之殿堂。古者中原为产木之区,中国结构既以木材为主,宫室之寿命固乃限于木质结构之未能耐久,但更深究其故,实缘于不着意于原物长存之观念。盖中国自始即未有如古埃及刻意求永久不灭之工程,欲以人工与自然物体竞久存之实,且既安于新陈代谢之理,以自然生灭为定律;视建筑且如被服舆马,时得而更换之;未尝患原物之久暂,无使其永不残破之野心。如失慎焚毁亦视为灾异天谴,非材料工程之过。此种见解习惯之深,乃有以下之结果:满足于木材之沿用,达数千年;顺序发展木造精到之方法,而不深究砖石之代替及应用。修葺原物之风,远不及重建之盛;历代增修拆建,素不重原物之保存,唯珍其旧址及其创建年代而已。唯坟墓工程,则古来确甚着意于巩固永保之观念,然隐于地底之砖券室,与立于地面之木构殿堂,其原则互异,墓室间或以砖石模仿地面结构之若干部分,地面之殿堂结构,则除少数之例外,并未因砖券应用于墓室之经验,致改变中国建筑木构主体改用砖石叠砌之制也。"西方建筑恰恰相反,金字塔是为了追求"永生",石头搭建的教堂也是为了体现敬慕上帝的永恒之心,使用石头就是为了历千年万载而不朽。

用木材还源于五行思想之文化。中国的建筑深受阴阳五行与《周易》思想的影响。举凡方位、朝向、规制等很多建筑要素不单纯考虑实用效果,其文化意义也是重要因素。具体到建筑材料上,五行之中的"木"有繁育生长含义,举凡建筑,人居其间,自然生生不息方好。而石在《周易》中为"艮",艮为止,有停止之意。中国的墓地、陵寝多用石材,除了地下建筑需要高强度材料的现实原因外,亦有死者不迁之意。

不只是信仰层面,在对建筑的实用性的考虑上,西方建筑也非常重视。2000 年前古罗马时期的建筑理论家维特鲁威就曾在著名的《建筑十书》中提出了"适用、坚固、美观"这一经典的建筑三要素观点,这种观点深刻影响了西方建筑。西方人把"坚固"和"实用"作为评价优秀建筑物的第一和第二原则,推崇石质建筑也就不足为奇。放在中国文化中,不免觉得坚固、实用的建筑呆气十足。中国流行杜甫草堂、白居易草堂等重自然的建筑以及雕梁画栋的大宅子,自然、灵动是评价建筑的极其重要的因素。

(二) 建筑性格的不同

中国的建筑从先秦到晚清,2000 多年间风格变化不大,汉唐都是气势恢宏，大明宫与上林苑没有太大差别；明清皆规制严整，一脉相承。一直到民国时期，西风东渐，此后中国的建筑开始采用西式建筑的技术与理念。西方建筑求新求变，每个时代各有其鲜明的特色。古罗马时期就与中世纪时期建筑风格迥异，巴洛克风格也与哥特式风格差别巨大，随着工业的发展，钢筋水泥的楼房改变了千百年来石头堆砌房子的传统而成为当今一统天下的建筑式样。中国历史上没有发生过大的文明中断期是建筑风格延续的重要原因，与此相对，西方历史动荡，一朝一代往往与前朝历史毫无瓜葛。更重要的原因是中国文化习惯于"照着讲"，尊重传统，不惯于质疑经典，体现在建筑上就是千百年来的一致；西方文化惯于"接着讲"甚至"反着讲"，"吾爱吾师，吾更爱真理"成为西方文化的精髓，每一时期都有对前一时期思想的质疑、反思、批判，体现在建筑上就是求新求变，不拘一格。

中国的建筑无论大小，皆模式统一。千年古刹与民间小庙，神似形也似，民间住宅、地主庄园也无非具体而微。故宫是皇家建筑的巅峰之作，但是看孔府这样的巨大府邸，与故宫极像差异极小。放眼望去，中国的古建筑飞檐雕梁只有精致程度与规制等级的不同，形容面貌却无甚大差异。而且中国的建筑群内部也彼此类似。故宫内部，太和殿、中和殿、保和殿除了大小、细节的差异外，像孪生兄弟一样。一般的院落，其布局以及房屋也都彼此相似。

西式建筑不同于中式建筑的规整严肃，千篇一律，它们各有各的性格。不说各种各样创意十足的建筑，单说中世纪的教堂，就风格迥异。教堂从大的风格来看有罗马式和哥特式，二者风格差异显著。哥特式建筑以高耸入云的尖顶著称于世，可是即使同属哥特式风格，众多的教堂也是呈现出不同的样貌。最著名的哥特式建筑有德国科隆大教堂，英国威斯敏斯特大教堂、坎特伯雷大教堂，法国巴黎圣母院，俄罗斯圣母大教堂，意大利米兰大教堂等。科隆大教堂的尖顶双峰并峙，气势雄伟；米兰大教堂则是群峰并峙，气势恢宏；巴黎圣母院则不以尖顶的高度见长而以其主立面的美吸引着全世界人们的目光。它的主立面是世界上哥特式建筑中最美妙、最和谐的，水平与竖直的比例近乎黄金比 1：0.618，立柱和装饰带把立面分为 9 块小的黄金比矩形，十分和谐匀称。后世的许多基督教堂都模仿了它的风格。遍览欧洲的各大教堂，没有任何两座是一样的，这是西方建筑个性化的显著例证。古代中国是大一统的国家，皇权有着无上权威，而且中国推崇礼制，历朝政府皆对建筑有着种种规定，上行下效，慢慢地就导致中式建筑的风格趋同，个性不足。当然，园林是个例外。中国的园林讲究匠心独运，各具风采，不过就总体而言，中国的建筑仍然欠缺个性。而欧洲在地理上、政治上基本一直处于分裂独立状态，建筑的兴建没有一定之规，常常取决于设计师的审美与水准，而且西方人喜欢创新感，这也使得其建筑个性十足。中国古建筑还强调群体性。具有一定规模的建筑都是院落式建筑，由多栋房屋组成。皇家宫殿自不必说，以故宫为例，据统计，共有房间 8704 间，故宫的建筑依据其布局与功用分为"外朝"与"内廷"两大部分。外朝以太和殿、中和殿、保和殿三大殿为中心，两翼东有文华殿、文渊阁、上驷院、南三所；西有武英殿、内务府等建筑。内廷以乾清宫、交泰殿、坤宁宫后三宫为中心，两翼为养心殿、东六宫、西六宫、斋宫、毓庆宫，后有御花园，是帝王与后妃居住之所；内廷西部有慈宁宫、寿安宫等。此外还有重华宫、北五所等建筑。民间建筑同样如此，山西祁县的乔家大院是北方民居的代表作，共有 6 个大院，20 个小院，313 间房间。故宫与乔家大院都属于布局严谨、建筑考究的院落式建筑群，单座建筑各有特色，但是这些建筑群突出了其整体的严整，其美感是群体性的。西方建筑与此不同。欧洲最著名的皇宫建筑当属法国的凡尔赛宫，整座宫殿以主楼为主，基本都连缀在一起，共同营造出奢华富丽的皇家风范，看起来，凡尔赛宫就是一座巨大的宫殿，不像故宫的建筑，即使巍峨仁立的太和殿，也只是建筑群中的几千座之一。

（三）封闭还是开放

从长安街上走过，故宫里什么样，根本看不到。而美国白宫，透过外面的栅栏，举世闻名的草坪看得通透。中国建筑跟西方建筑一个极大的不同就在于中国建筑普遍都会有院墙。墙文化其实透露出很多建筑文化信息。中国也许是世界上最重视墙的国家。小家小院也要有个篱笆墙，高门大户就有深墙大院，皇家宫殿更是宫墙森严，中国还有世界上最长最大的墙——长城。墙最重要的目的是封闭一个空间，区别内与外，构成内部的一个共同体。传统中国是一个典型的农业社会，自耕农过的是自给自足的男耕女织的生活，一家一户与外界沟通极少。再大一些的宗族选择聚族而居，往往也会修建高墙，特别是在乱世，以宗族为主修建坞堡就成为保全宗族内部安全的重要建筑。整个农业区更具有强大的向内的力量，为了抵御北方游牧民族的劫掠，长城这样的超级城墙也费尽心力修建起来。不仅是高墙林立，传统中国建筑中，窗子也是稀罕物。故宫窗户很少，从景山上或周边的高楼望过去，看到的往往是背身的墙壁。传统的四合院也是只开一侧窗户，相对的整面墙都难见一窗。现代人住房讲究南北通透，古人住房却绝不流通，这也是古代建筑强调封闭内向的体现。

西方建筑比较而言更为开放。直到今日，欧美住宅常见的格局是一栋独立房屋，门前一块草坪，然后就是路了。不像中式住宅，一定要用院墙把自己家围起来。在城市建设上，西方建筑的开放性更是十足。最为典型的是遍布欧美城市的大大小小的广场。古希腊城邦的广场生活是非常重要的，人们经常会聚在一起讨论政事、践行权力，近现代以来，随着商业文化与民主革命的推进，公民们对公共空间的需求就更大，应运而生的广场文化成为城市文化中的重要部分。

即使一栋建筑内部空间的设计，中西建筑也差异极大。中式建筑在外部院墙高筑，在内部却少有隐私，房间与房间之间往往互相连通，一览无余，即使有房门也是薄、露、透，很多普通民居各房间之间甚至只用布帘遮挡。西式建筑外面没有院墙，内部各房间之间却是"门禁森严"，每一个房间都是一个独立空间。传统中式建筑内部的无隐私性设计原因在于封建大家长要时刻洞悉家里的一切，而西式建筑房间的独立性就是对每个个体的尊重。即使是孩子，也需要独立空间，隐私也得到保护，这样的观念事实上直到现在很多中国家长仍没有接受。

（四）建筑文化之美

建筑是复杂的，任何一栋醒目的建筑都是混合了技术、材料、观念等要素的集合体。决定一栋建筑面貌的要素表面上看起来在于它的设计，但是在设计之上的或者决定了设计的通常就在于信仰、权力、金钱以及审美等文化要素。

1. 权力

极端的权力是等级化社会的决定力量。权力无处不在，无所不能，在衣食住行等日常生活的方方面面都留下了深刻的烙印。在建筑方面，因为建筑可以流传千古，承载历史，所以权力更体现得淋漓尽致。

无论中西，皇权时代，皇宫永远是最高规制与最大体量的，因为，等级化社会呈金字塔状，人民匍匐在皇权的脚下，金字塔的顶端是皇帝。凡尔赛宫的由来就是法国路易十四大帝惊奇地发现他的财政大臣富沃子爵盖的城堡的富丽堂皇竟然超过了皇家行宫，于是将胆敢僭越的富沃投入巴士底狱之后，就开始大兴土木，兴建新的伟大宫殿——凡尔赛宫。帝王的命令显示的是最高权力的力量，为确保凡尔赛宫的建设顺利进行，路易十四下令 10 年之内在全国范围内禁止其他新建建筑使用石料。

古代中国更是一个等级制森严的国家。在传统帝制时代，服饰是要定级分等的，因为人与人天天交往，一看到服饰就知道该倨傲还是该谦卑了。建筑与服饰相比，更复杂也更具效力。建筑是生活的主要场所，是最基本的生活消费品，除去实用功能，它也是与生活密切关联的精神标志。在中国古代，建筑是区分等级名分、维护等级制度的重要手段。建筑与服饰一样能明确标识尊卑等级，故中国古建筑中等级制被突出强调。一应大宅子坐落在长安城或洛阳城或北京城的上好地段，人来人往，熙熙攘攘，所有人一望可知朱门等级。历代对建筑都有礼制的规定，明清时期更为严苛。

城制等级、群组规模、间架做法、装修装饰等各个方面的等级差异在历朝历代基本都有明确的规定。如《明会典》规定：

公侯，前厅七间或五间，两厦九架，造中堂七间九架。后堂七间七架，门屋三间五架……

一品、二品，厅堂五间九架……门屋三间五架；三品至五品，厅堂五间七架……正门三间三架；六品至九品，厅堂三间三架……正门一间三架。①

等级制对厅堂和门屋的间架控制很严格，历代规定不尽相同，但大体的规定是：帝王可用九间殿堂；公侯厅堂只能用到七间；一、二品官员用五间；六品以下只能用到三间。这个限定在北京四合院住宅中反映得最为鲜明。绝大多数四合院的正房都只有三开间就是因为此。

等级制的建筑堆砌在一起就形成等级化的城市。城市空间的布局也是由权力决定的。北京城就是一个最好的例证。最中心的紫禁城是给皇帝的，什刹海的恭王府等是给大臣的，边上普通的四合院是给平民的，犄角旮旯的破烂茅屋是给老百姓的。旧时北京城有"东富西贵，南贫北贱"的说法，正是这一城市布局的体现。

2. 金钱

对个人来说，居所的大小与拥有的财富息息相关，对一个国家来说，其标志建筑的兴建却意味深远。一国的建筑与城市面貌往往是国家实力的最明显的体现。帝国大厦雄踞全球最高建筑榜首一度标志着美国的经济最

---

① 侯幼彬. 中国建筑美学［M］. 北京：中国建筑工业出版社，2009.

强国地位；后来吉隆坡的双子大厦、中国台湾的 101 大厦以及香港国际金融中心纷纷打破帝国大厦的纪录反映了亚洲四小龙蓬勃发展的经济；上海浦东金茂大厦的兴建又标志着新兴市场国家的经济实力；最新的世界最高建筑当属阿联酋迪拜的哈利法塔，高 800 多米的建筑也将现阶段石油资本的雄厚一展无余。

3. 审美

建筑在传统观念中属于艺术的五大领域之一，这与建筑的审美意义息息相关。帕特农神庙、古罗马大竞技场、米兰大教堂、故宫等建筑单单从审美的角度来说也是美不胜收让人赞叹不已的。除了整体外观上的壮美、秀美、优美，细节处的美也处处可见。民间能工巧匠所绘的雕梁画栋，讲的就是中式建筑中的细节之美；米开朗琪罗所绘的西斯廷教堂的壁画更是艺术精品。

随着建筑材料与建筑技术的发展，现代标志性建筑的设计越来越取决于审美意义上的完美而不是技术的限制。

2008 年奥运会在中国北京召开，这场盛事中有许多标记让人终生难忘，但仍然给人留下难以磨灭印象的一定会有鸟巢、水立方这两座梦幻般的建筑。北京除了鸟巢、水立方之外，还有央视新址大楼、国家大剧院等建筑，这些建筑共同的特点就是其造型给人印象极其深刻，事实上，人们对这些建筑的评价都是从审美角度出发的。现如今，中国蓬勃的城市改造运动已经为全世界建筑设计师们的梦想提供了舞台，可以想见，未来的中国会出现更多独具特色的建筑。

这些建筑大家都太过熟悉，在此不赘言。事实上，现在全世界的新建筑越来越倾向于让人大吃一惊的设计。中国设计师马岩松带领的北京 MAD 建筑师事务所为加拿大密西沙加市地标建筑所设计的"玛丽莲·梦露大厦"就是一件伟大的作品。设计方案中将 50 层高的建筑设计成夸张的流线造型，像极了女性美丽的曲线，所以，一举中标。这种夸张流线造型的风格也深刻影响了近几年的建筑设计。中国三亚凤凰岛上的几座主体建筑风格都是强调曲线，北京的银河 SOHO、望京 SOHO 等建筑也将流线与曲线作为设计重点。这些建筑都将成为审美时代的代表。

建筑设计越来越被审美要素所决定也是生活美学时代到来的又一个例证，我们希望见到的最美建筑一定是环保的、造型典雅的、独具特色的，建筑之美就蕴含其中。

第四节　生活之美

一、田园生活

乡村田园具有旅游、休闲、观光的功能，既是生产粮食、甘蔗、蔬菜和水果等农业物质产品和生产美观的产品、健美的植株和美化的田园等农业审美产品的田园，也是人们的一种生存、生活空间。

田园是庭院的延伸，田园中的作物宛如庭院中的树木、甚至客厅里的盆景，田园中的道路宛如庭院中的小径、甚至客厅中的走道，置身于庭院化的田园中，就宛如生活在园林化的庭院之中。

田园生活可分为祖居型田园生活、移居型田园生活、短居型田园生活、休闲型田园生活和社区型田园生活。到不同类型田园中生活，就能获得相应的体验和情趣。

在田园生活中，田园不但是农业生产的载体，而且是文化艺术的空间。对于素质较高的旅游者、休闲者来说，不但追求吃、穿、住、行，而且追求文化艺术，并会将这种追求延伸到田园。

二、交通美学

（一）交通开启文明时代

中国传统文化中有一些概念异常重要，如"道""阴阳""五行"等，这些词汇蕴含的深意体现出中国人的思维模式，可以说，如果不懂这些顶级词汇，就无法理解中国传统文化。"道"显然是一个极为重要的概念。《道德经》开篇第一句即为："道可道，非常道。"《道德经》通篇重点讲述"常道"与"非常道"。"常道"可以理解为宇宙恒常之大道，"非常道"可以理解为大道在各个具体层面所显露的具体的道，如圣人之道、修身之道、相处之道、历史更迭之道、天道、地道、人道甚至动物之道、金石之道等。老子、庄子开创的学派也被称为"道"家。不仅道家重视

"道"的理念，儒家话语范畴中，"道"同样非常重要。孔夫子曾言："朝闻道，夕死可矣。"《中庸》曰："道不远人，人之为道而远人，不可以为道。"可以说，"道"是中国文化的精髓。那么问题是，为什么先哲们都要将最重要的那个东西称之为"道"呢？大道是无形无相的，老子说，强谓之道，这是因为，道就是路，以道喻理就是强调大道是人们通往智慧世界的一条最好的路。这反映出"路"是多么的重要！

有一句俗语说，美国是建立在四个轮子之上的国家。意思是说汽车对于美国来说具有极其特殊的意义。这也点明了一个有趣而又严肃的话题：一个大的文明时代往往是由交通来拉开序幕的。

1. 道路时代

从古至今，一个人只要需要外出到某一地，必然要踏上一条又一条的道路。从原始丛林中开辟的小道到中世纪的官道到当今通达万里的高速公路；从脚踩出的羊肠道到大规模人工堆砌出的石头、夯土大道再到铺设铁轨的火车道，人类的文明时代贯穿着条条道路，条条大路通罗马，条条大路更是通往文明时代。古代社会无论中西，交通问题历来是一个对人类来说异常困难的挑战，但是这种挑战却是必须去面对的。在中国，古人筑路艰难，最难的路当属剑阁栈道，险峻之地硬生生凿出一条窄道，人从道上过时，脚下是就是湍急的涌流。人走在栈道上，远远望去，人特别渺小，就像爬行的蝼蚁一般，但是人又特别伟大，因为，如此艰巨的开路奇迹都能创造，不由让人感叹。蜀道之难难于上青天，山路难，攀登不易，即使在平原地区，古时的筑路也是艰难困苦事。通衢大道需要举国之力才能修建，如秦朝时所修驰道，据史料记载，在平原地区足有 50 步（约 69 米）阔，当时从国都咸阳修往北方草原九原（今包头附近）的直道，路面平均宽度就有 30 米，最宽处约有 8 米，宽阔的大道延绵 700 多公里，这样的工程何其浩大！秦朝役使民众筑长城、修陵墓还得修筑大道，民不聊生，二世而亡，这也从侧面反映出古时筑路之难。

虽然艰难，但是道路一旦修成，则是利国利民之大事。随着技术的进步，修路逐渐从人工血泪铺就演变成工程技术活。修路的经济成本与社会成本越来越低，所以道路交通的发展一日千里，极大地促进了大市场的形成与流通。从这个意义上讲，道路的通达程度决定了资本主义的发展程度，道路的修建也是资本主义战胜封建主义的重要因素。

当然，道路的通达程度也决定了现代生活的流畅程度。当今世界最发达的国家非美国莫属。追问美国发展的原因时，许多专家都明确指出，在

20 世纪有两件事情改变了美国整个社会：一是电气化；二是美国的洲际公路，也就是中国所说的高速公路。洲际公路的修建完全改变了美国人的地理观念、生活方式、交通联络方式、产业布局方式、市场流通方式乃至整个经济发展方式。美国的洲际公路总里程超过 10 万千米，远远超过世界其他国家，美国的经济总量与经济水平也远远超过其他国家，这是一个值得参考的事实。从中国的公路里程的增长也可以窥见经济、社会生活的深刻转变。直到现在，"要想富，先修路"的口号仍然很响亮。中国公路里程自新中国成立 70 年来，公路里程从 8 万千米猛增到 370 万千米，其中高速公路通车里程也已经达到 7.5 万千米，高居世界第二位，而且按照规划，在几年之后就将超过美国跃居世界第一位。我们不能想当然地认为路修多了，经济发展水平也一定会迅猛提高，但是中国道路建设的迅猛发展确实与其经济社会的发展有着正相关的密切联系。

不仅是公路与高速公路，铁路的修建也是一样的道理。如果能够合理规划、科学发展，避免盲目投资冲动与不理性扩张冲动，可以预见，中国的铁路建设的发展同样能为中国经济社会的发展提供巨大助力。

道路的标志性交通工具是汽车。汽车的发明在人类生活史上是一个重大事件，甚至有学者将整个 20 世纪称为汽车的世纪，很长一段时间内，首创流水化作业的福特汽车都是美国符号。汽车的诞生重新定义了生活方式与运输方式。汽车在许多国家已经成为生活必需品。从实用角度来讲，汽车为人们提供便利，使人们买东西、出游变得轻松很多。可以说，汽车极大地拓展了人们的生活半径，将生活圈扩大至车程半日内能抵达的地方。

不过现实的情况却比较复杂。汽车承载的意义已不是可以开动行驶的交通工具这么简单，很多情况下，汽车的级别、档次已经成为标志身份、衡量实力的凭证。如商业人士，如果外出洽谈业务，座驾的档次有时是对方判断己方经济实力的标准。有一则经典故事：分众传媒是国内一家知名企业，其经营模式非常简单，就是在写字楼电梯间设置电视屏幕，循环播放广告。创始人江南春在起步时，曾经驾驶奔驰拉着显示屏去往施工现场。开奔驰车作为搬运工具，为的就是给客户形成一种公司有实力的印象。虽然当时的江南春经济状况很是窘迫，不过，他最终还是取得了成功。还有的车具有一种特殊的功能就是炫耀财富。一部车的售价远远高过其成本，属于奢侈消费品。如劳斯莱斯轿车，在现代化汽车工业流水线产品一统天下的时代其技术工艺依然标榜手工操作的纯粹性，这很像一种推广奢侈品物以稀为贵概念的做法，而不是普通汽车产品需要介绍其性能、配置等信息。

汽车种类如此之多，足以形成一整套的产品谱系，从几万元的低端代步车到十几万的家庭用车到几十万的豪华座驾到几百万甚至上千万的超豪华车，从 QQ、比亚迪 F3 到花冠、高尔夫再到宝马 5 系、奔驰 S 级以及保时捷、法拉利、宾利、劳斯莱斯、庞巴迪，不同的车构建起一个复杂的融合了功能、文化、审美等因素的庞大汽车文化体系。汽车的出现是生活世界中一件极为重要的事情，它同时具备了实用功能、身份标识功能、财富显示功能，人们总能在车中找到自己需要的感觉。

2. 航海时代

哥伦布发现新大陆是每个人都耳熟能详的，大航海确实是人类壮举。大航海是一个复杂的大事件，对其做出评价并不容易，因为大航海一方面对欧洲来说意味着物质、资本、经验、市场的巨大积累从而引发商业革命与价格革命，这最终导致资本主义的兴起与封建时代的衰亡，此后工业革命产生，欧美先进国家确立巨大优势，将亚非拉等传统地区远远抛在后面；另一方面，对哥伦布、麦哲伦所"发现"的非洲、西印度群岛、美洲、印度等"新大陆""新世界"来说，它们所面对的却是长期的金银掠夺、奴隶贩运、市场倾销与殖民统治。不过如果只是简单地一分为二，将大航海带来的影响分为受益方与受损方，并不能确切完整地理解大航海的深远意义。无论在哪一本世界历史的著作当中，大航海都是事关人类文明进程的顶级事件，称为最有影响力的事件也不为过。正是因为当今世界已经是一个全球化的时代，回溯历史，开启全球化时代的正是大航海。

在惊涛骇浪、一望无际的大海之上航行，意味着风险、孤寂、补给困难，特别是在帆船时代，大浪随时可能打翻船舶，一次航行可能要持续几个月，航程后期甚至连饮食也不能保证，如果是在底舱，一旦爆发病疫，往往死亡无数。彼时的航行虽然意义重大但绝不是美好的享受。

随着船舶制造技术的进步，帆船发展为钢铁巨轮，其承载能力、抗击风浪能力、运行速度、舒适程度都有了极大提高。19 世纪末 20 世纪初，豪华游轮开始出现，虽然有"泰坦尼克"号的沉没，但是这种漂浮海上超越现实生活的奢华感受还是大行其道，开启了游轮之旅。除了生活感受上的不同，运输能力也是大幅提高。当今世界经济一体化的特征日益凸显，从巴西的淡水河谷到中国河北曹妃甸，从中东国家到日本、美国、中国，铁矿石、石油等大宗原材料的空间转移带来巨大无比的运输量，只有海运能够承担如此重任，可以说，一旦海运出现问题，全球经济马上就会衰退，这并不是危言耸听。如此看来，航海时代仍将继续。

3. 航空时代

人类有史以来最大的梦想之一就是像鸟儿一样自由飞翔，可以跨越天堑，可以飞越大洋。美国莱特兄弟发明了飞机，从此，人类进入了一个崭新的航空时代。航空时代极大地改变了人类的时间、空间观念。

交通方式的改变总是会带来时空观念的转变。在只能依赖步行的时代，能去百里之外的人就是很有探险精神的人；在骑马奔驰的时代，即使神骏无匹的马儿，也只不过日行百里，边陲去长安，往返需经年；汽车发明后，却一定要有马路才可以正常行驶，火车更是无法脱离轨道的束缚，虽然人们已经可以借助汽车与火车日行千里，但是飞机发明之前，旅程就意味着漫长无比。直到飞机出现，人们惊奇地发现，地球任意两点之间的距离并没有想象中那么遥远，所谓的天涯海角只不过是几个小时的轻松旅程而已。

飞机的出现也极大地促进了全球化的进程。地球村的概念，只有在航空时代才有可能提出，才有可能成为现实。全球化的进程自航海时代就已启动，全世界不同的大陆、不同的地区、不同的文化、不同的人都开始进入一个彼此影响的时代，但是自1500年到20世纪上半叶飞机广泛应用之前，人们并不能自由流动，彼时的人如果出一次国甚至到另一个大陆，无论是去求学还是去做生意，都异常艰难，极不方便的海洋交通无法让人们自由往来。如果无法随意拜访村子里的另一户人家，那么这个村子就不是一个真正的村落，所以，地球村只有在飞机广泛民用之后才为所有人提供了彼此交流、沟通的便利。从此之后，天涯若比邻不再单纯是情感意义上的说法，朝发夕至，一日之间就可以到地球的另一端，着实魅力非凡。

4. 航天时代

地球是人类生活的家园，以目前的交通工具与交通技术来说，这个家园显得有些小了。于是，地球人开始向外太空进发，全新的航天时代从此开启。不仅是出于寻找地球以外安居点以及进行各种科学实验的现实目的，人类最可宝贵的好奇心、探究欲乃至了解外部世界的求知欲都是促使人们走出地球，飞向太空的最重要的原因。

当然，如果看航天技术的发展史，冷战背景下的美苏争霸是避不开的话题。正是因为航天技术足以代表最高科技发展水平，而且，一旦取得压倒性优势就意味着在军事实力乃至世界影响力方面增添上重重的砝码。有时，外在的压力是促进科技进步的重要原因，不能否认的是，在20世纪

90年代苏联解体之前，人类航天科技取得长足进步。冷战时代人们普遍担忧的毁天灭地的核战争以及太空大战并没有真正爆发，而迅猛发展的航天科技却给整个人类带来了不可胜数的宝贵财富，所以，人类航天史在开始的40年间可以称为一部美苏相争、人类得利的史诗。

首先需要被铭记的是1957年10月4日苏联发射的第一颗人造卫星。虽然卫星并不是一种交通工具，但是人造卫星的发射是人类进军外太空的第一步。

在1957年，苏联又将人造地球卫星2号送入太空，这一次，一条可爱的小狗莱伊卡成为乘坐太空交通工具的第一个生命。莱伊卡的结局有些凄惨，因为耐受不住高温，在一周后，它死在了卫星中。不过这一次试验证明人类是有可能在航天飞行器中生存的。

1961年4月12日，苏联发射了一艘名为"东方一号"的宇宙飞船，这一次的飞行不同以往，因为，有一位勇敢的苏联宇航员尤里·加加林是飞船的司机兼乘客。这是人类第一次载人航天器飞行取得成功。人类也真正迈出了走向太空的第一步。1961年，美国启动"阿波罗登月计划"，1969年7月21日，美国载人飞船"阿波罗11号"飞抵月球，美国宇航员阿姆斯特朗成了人类登月第一人。

1970年，苏联"金星7号"探测器首次在金星上着陆。

1971年4月，苏联"礼炮1号"空间站成为人类进入太空的第一个空间站。两年后，美国将"天空实验室"空间站送入太空。

1971年12月2日，苏联"火星3号"探测器在火星表面着陆。5年后，美国的"海盗"探测器也登上了火星。

1981年4月，美国"哥伦比亚号"航天飞机发射成功，这是世界上第一架可以重复使用的太空运载工具。

苏联解体后，美苏争霸的主题不再是人类航天的主流。20世纪90年代以后，世界主要国家都开启了各自的航天时代。我们最熟悉的当然是中国的神舟五号、神舟六号、嫦娥一号，还有"天宫一号"空间站。除了美、苏、中，欧洲、日本、印度、巴西、韩国等国家和地区都在积极发展自己的航天事业。在目前和平的国际大背景下，尽管各国的航天事业虽或多或少有军事目的，但各国的航天事业都和平友好发展，主要具有开展科学实验的特点。

各国不仅发展本国的航天科技，对人类社会来说更有意义的国际空间站也出现了。1983年，美国总统里根提出建设国际空间站的设想，邀请欧洲航天局、日本和加拿大等参加研制永久性载人空间站的计划。1993 年，俄罗斯的加入不仅扩大了空间站的规模，而且使这个项目成为一项真正意义上的国际性计划。2006 年，国际空间站完成最终装配，从此，人类在太空多了一个家。事实上，面对浩瀚的宇宙，地球只是异常渺小的一颗行星而已，一起合作，走出地球，迈向宇宙是全体人类的梦想。

（二）交通之美

交通之美最典型的特征就是其快捷性。

衡量交通是否畅通，能否给人们带来方便快捷的美好生活是交通最重要的问题。修建公路，能将山中的货物运达城市，这对山里的居民来说是最美好的事情；飞行航线开通，不用再等待十天半月，能够节约时间成本，对商务人士来说是最美好的事情。在城市中，畅通的交通也能让人心情大好；反之，如果交通堵塞问题严重，汽车只能以极其缓慢的速度行进，那只能让人感受到交通不便的丑而不会有交通之美存在了。交通事实上确立了普通人的时间和空间观念，现在很多人出行前总会计算开车耗时，这种时间概念有时取代了距离的空间概念。以此来看，快捷的交通方式意味着人们活动空间的扩大以及时间成本的降低，这对人们的生活观念会产生巨大影响。

1. 开创性

交通标志着出发，出发标志着探索，探索方有开创新局面的可能，交通的历史也已经证明这一点。哥伦布开启了大航海时代，欧洲从此领先世界四个世纪，因为哥伦布"发现"了新大陆，从而开拓了殖民地。殖民文化对殖民地人民来说是屈辱痛苦的经历，但从另一方面来说，正是因为出发的早晚，决定了国运的盛衰。鸦片战争前的晚清政府，故步自封，不思进取，不但没出发，而且闭关锁国，后果就是一百年屈辱的历史。对每一个人来说，行万里路是增长阅历、提升能力非常重要的途径。只有出发，才会有到达终点的可能。人生有时就是不断出发，不断在路上的过程，这是生活美学中重要的主题。

2. 交流性

交通方能带来沟通，交通方能带来交流。交通是指从事旅客和货物运输及语言和图文传递的行业，包括运输和邮电两个方面，在国民经济中属于第三产业。运输有铁路、公路、水路、航空和管道五种方式。邮电包括邮政和电信两方面内容。无论是运输还是邮电，事实上从事的都是互通有无，交换彼此的业务。运输交流实物，邮电交流信息，在现代社会中，物流业举足轻重，在信息化时代，信息产业更是改变了社会的方方面面。可以说，交通是现代社会的血液流通，它交换的是有效信息，是有用物资，是交流的平台，是沟通的凭借，如果脱离交通，人们的生活无疑会变得索然无味甚至手足无措，这也是交通之美的体现。

第三章　乡村美的伦理观

本章内容为乡村美的伦理观，主要从道法自然与无为而为、比德之情与自然之美、山水之情与乡村世界三方面展开讨论。

第一节　道法自然与无为而为

"自然"作为中国传统美学的重要范畴，源于古老的道家思想。《晋书·阮瞻传》云："圣人贵名教，老庄明自然。"① 以名教和自然为区别儒、道的标志。钱锺书在《管锥编》中曾辨析名教专属于儒家有失偏颇，但称"老庄明自然"是基本正确的②。老子云"道法自然"，把自然归为道本体的品格，提到至高无上的地位，道与自然是同一的。此处的自然并非自然界的代称，而是指某种自然而然的境地，不假人为，不作有意干预，不计功名利害，对人生采取审美超越的态度，实现个体与宇宙的合二为一。所谓"天地有大美而不言"③，所谓"无不忘也，无不有也，淡然无极而众美从之"④，讲的都是以一种审美眼光来看世间万物。所以道家的自然论毋宁说是一种美学思想，同儒家倡导的中和中庸的审美态度共同塑造了中国人数千年的审美意识形态。中和之美表现为多样性的统一，自然之美表现为无欲无求的本性境界，二者相辅相成，互为补充，构筑起中国传统文艺思想的两大审美范式。

古代士大夫更重视"自然"的地位，甚至把自然视为最高的艺术品格。晚唐张彦远《历代名画记》将画分为"自然、神、妙、精、谨细"五

---

① 房玄龄. 晋书 [M]. 北京：中华书局，1974.
② 钱锺书. 管锥编（第四册）[M]. 北京：三联书店，2007.
③ 陈鼓应. 庄子今注今译 [M]. 北京：商务印书馆，2007.
④ 陈鼓应. 庄子今注今译 [M]. 北京：商务印书馆，2007.

等，自然为"上品之上"，是最高的品级，张彦远说："夫失于自然而后神，失于神而后妙，失于妙而后精，精之为病也而成谨细。自然者为上品之上。"① 宋人黄休复《益州名画录》将画分为"逸、神、妙、能"四格，"逸格"居首，他对逸格的解释是："画之逸格，最难其俦。拙规矩于方圆，鄙精研于彩绘，笔简形具，得之自然，莫可楷模，由于意表，故目之曰逸格尔。"② 唐代书法家张怀瓘品评前人书法作品时首推自然，他评价张芝"其草书《急就章》，字皆一笔而成，合于自然，可谓变化至极"③，评价王羲之"惟逸少笔迹遒润，独擅一家之美，天质自然，丰神盖代"④。在诗文评中，一些文人对"自然之法"推崇备至，谢榛《四溟诗话》卷四云："自然妙者为上，精工者次之。"⑤ 凌濛初把戏曲分为天籁、地籁、人籁三等，并首推天籁："曲分三籁，其古质自然，行家本色为天；其俊逸有思，时露质地者为地。若但粉饰藻缋，沿袭靡词者，虽名重词流，声传里耳，概谓之人籁而已。"⑥

在乡土田园文艺创作中，作家最好的作品往往出于自然，即在一种无意、无为的状态中，不刻意假借章法、技法，不需要殚精竭虑讲求工巧、技巧，自然而然，自由自在，作家在此情形下创制的文艺作品更易获得某种至高的美学表征。爱国诗人陆游晚年辞官归乡，他"身杂老农间"⑦，亲身参与农事劳动"种菜三四畦，畜豚七八个"⑧，写了许多清新朴素、平白晓畅的田园诗作，如描写乡村农耕生活的《书喜》："雨足郊原正得晴，地绵万里尽春耕。阴阴阡陌桑麻暗，轧轧房栊机杼鸣。"⑨ 再如记录为山村百姓送药的《山村经行因施药》："驴肩每带药囊行，村巷欢欣夹道迎。共说向来曾活我，生儿多以陆为名。"⑩ 陆游的田园诗之所以流芳后世，受到学人重视、世人喜爱，某种意义上源于他创作时的自然状态。朱熹评价陆游的诗说："放翁之诗，读之爽然，近代唯见此人，为有诗人风致……初不

① 张彦远．历代名画记［M］．上海：上海人民美术出版社 1964．
② 俞剑华．中国画论类编［M］．北京：人民美术出版社，1986．
③ 张怀瓘．历代书法论文选［M］．上海：上海书画出版社，1979．
④ 张怀瓘．历代书法论文选［M］．上海：上海书画出版社，1979．
⑤ 谢榛．四溟诗话［M］．北京：人民文学出版社，1961．
⑥ 蔡毅．中国古典戏曲序跋汇编［M］．济南：齐鲁书社 1989．
⑦ 陆游．剑南诗稿校注［M］．上海：上海古籍出版社，1985．
⑧ 陆游．剑南诗稿校注［M］．上海：上海古籍出版社，1985．
⑨ 陆游．剑南诗稿校注［M］．上海：上海古籍出版社，1985．
⑩ 陆游．剑南诗稿校注［M］．上海：上海古籍出版社，1985．

见其著意用力处，而语意超然，自是不凡，令人三叹不能自已。"① 倪瓒是生活于元末明初的田园山水画大家，创作了《渔庄秋霁图》《六君子图》等一系列传世名作，后人对倪瓒及其田园画作评价极高，清人王原祁《雨窗漫笔》说："云林纤尘不染，平易中有矜贵，简略中有精彩，又在章法笔法之外，为四家第一逸品。"② 倪瓒的田园画作善写其"胸中逸气"，不刻意雕琢，不追求形似，"随转随立，出乎自然，而一段空灵清润之气，泠泠逼人"③。倪瓒谈及自己的创作经验时说："尝见常粲佛因地图，山石林木皆草草而成……余虽不敏，愿彷象其高胜，不敢盘旋于能、妙之间也，其庶几所谓自然者乎?"④

　　古代最优异的文艺作品往往出于自然，创作者在一种本色状态中，在一种无意、无工的境况下，没有丝毫的矫揉造作，不作半点的刻意雕琢，自由挥洒，信手而成，却创造出一件件妙不可言的乡土田园佳作。《诗经》是我国第一部诗歌总集，其中的大部分作品是当时劳动群众口头传唱的民间歌谣。朱熹云："《风》者，民俗歌谣之诗也。"⑤ 袁枚在《随园诗话》中说："《三百篇》不著姓名，盖其人直写怀抱，无意于传名，所以真切可爱。今作诗，有意要人知，有学问，有章法，有师承，于是真意少而繁文多。"⑥《国风》歌谣多出自民间劳动者之手，他们作诗不追求名利，不重视律法，直抒胸臆，无为而为，所以其诗虽经历数千年，今天读来依然声声如斯、真切感人。再如南北朝时期的民歌作品《敕勒歌》，胡应麟认为《敕勒歌》之妙在于"正在不能文者，以无意发之，所以浑朴莽苍，暗合前古"⑦。与乡野歌手作诗不同，文人作诗大多怀有扬名立万的心态，追求精雕细琢，讲究章法典故，反而失去了创作时的自由状态与人格的独立地位，因而流芳千古的好诗并不多见。谢榛《四溟诗话》云："作诗不必执于一个意思，或此或彼，无适不可，待语意两工乃定。《文心雕龙》云：'诗有恒裁，思无定位。'此可见作诗不专于一意也。"⑧

　　也有文人对自然之法的创作精神持批评态度，认为过度"自然"的文

---

① 朱熹.朱子全书［M］.上海：上海古籍出版社，2002.

② 温肇桐.倪瓒研究资料［M］.北京：人民美术出版社1991.

③ 温肇桐.倪瓒研究资料［M］.北京：人民美术出版社1991.

④ 何良俊.四友斋丛说［M］.北京：中华书局，1959.

⑤ 朱熹.诗集传［M］.赵长征点校，北京：中华书局，2011.

⑥ 袁枚.随园诗话［M］.顾学颉校点，北京：人民文学出版社，1982.

⑦ 胡应麟.诗薮［M］.上海：上海古籍出版社，1979.

⑧ 谢榛.四溟诗话［M］.北京：人民文学出版社，1961.

艺作品是率而成篇，缺乏应有的风致或韵味。事实上，从创作者角度来讲，自然状态是他们沉浸于艺术想象时的真实情思的直接表达，是在一种看似非理性情形下对个体心理活动的瞬时捕捉，往往能够最准确地传达自己的心境；从欣赏者角度来看，它与自己的情感状态联系最为直接，既不需要费尽周折去揣摩作者的创作原旨，也不用挖空心思去推敲字句的出处和来历，因而能迅速地进入创作者彼时彼地的环境中去，排除一切干扰和杂念，获得最佳的艺术体验效果。清人戴熙以作画为例，比较过自然与非自然的优劣，他说："有意于画，笔墨每去寻画；无意于画，画自来寻笔墨。有意盖不如无意之妙耳。"① 赵翼在品评苏轼和黄庭坚的诗歌时说："北宋诗推苏、黄两家，盖才力雄厚，书卷繁富，实旗鼓相当；然其间亦自有优劣。东坡随物赋形，信笔挥洒，不拘一格，故虽澜翻不穷，而不见有矜心作意之处。山谷则专以拗峭避俗，不肯作一寻常语，而无从容游泳之趣。"②

苏珊·朗格说："艺术冲动有时也可以是自觉的，艺术作品也可以在意识清醒的状态下诞生，但是，它们在绝大多数情况下却是在无意识的状态下完成的。"③ 在无意识状态下进行文艺创作是可能的，而最高妙的创作境界往往是出于"无意"，当作者走笔挥墨时，不依循现成的章法或逻辑，不凭借设定好的套路或框架，心手两忘，天机自动，达到一种超乎预想的完美之境。中国田园山水画所描绘的对象通常是山林之景、园野之象，一流的画师在达到技进乎道的自然之境后，使用的不过是稀松平常的画具，自由挥洒，信手涂抹，画中草木竹石的分布或行者农夫的点缀等往往恰到好处，笔笔无出法度之外，表露出一种自由洒脱、无以言表的大美之象，如同武侠小说家所追求的"无招胜有招"的至高境界④。明代画家李日华评价米友仁的画作时说："米元晖泼墨，妙处在树株向背取态，与山势相映。然后以浓淡渍染，分出层数。其连云合雾，汹涌兴没，一任其自然而为之，所以有高山大川之象。"⑤

---

① 戴熙. 中国书画全书 [M]. 上海：上海书画出版社，2000.

② 赵翼. 瓯北诗话 [M]. 霍松林，胡主佑，校点. 北京：人民文学出版社，1963.

③ 苏珊·朗格. 艺术问题 [M]. 滕守尧，朱疆源，译. 北京：中国社会科学出版社，1983.

④ "无招胜有招"的武学理念源自道家哲学，被武侠小说家所推崇。如金庸《神雕侠侣》中，杨过在剑冢所领悟到的剑道智慧："四十岁后，不滞于物，草木竹石均可为剑。自此精修，渐进于无剑胜有剑之境。"

⑤ 俞剑华. 中国画论类编 [M]. 北京：人民美术出版社，1986.

第二节　比德之情与自然之美

在古代中国，无论是在文学、绘画还是哲学思想中，人们对乡村田园表达着一种微妙而深切的眷恋，寄寓着一种浓烈而绵长的情思，这是一种在农耕文明的社会经验和返璞归真的生存哲学影响下形成的文化理念对外在物象的主动选择。这种选择的背后，隐含着古人对故土家园无限热爱的集体无意识，埋藏于他们的记忆深处，塑造了中华民族勤劳朴实、坚忍不拔的精神品格。无论是中国绘画对山水田园的倾情描摹，田园诗词对乡土自然的由衷歌咏，还是现当代小说戏剧、电影电视等对乡村题材的热烈展示，无不揭示出乡村田园之美在人们心目中独特而又重要的地位。

乡村自然的美源于它丰富的内涵、自由的象征和充满德行的意蕴。爱默生认为，自然美透示着某种"德性"和"智性"的韵味，他说："美是上帝给德行设立的标志。每一个自然的行为都透露着神性的端庄。"① 又说，"当世界成为心智的一个对象时，世界也具有一种美。事物除了与德行构成一种关系外，还与思想构成一种关系。"② 自然事物具有使人愉悦的丰富内涵，这种内涵既表现为自然物应当承担的具体目的，也可理解为自然物所象征或寄托的某种积极的情感、美好的寓意。黑格尔认为，当自然物成为审美主体心灵意蕴的暗示或象征时，就会产生令人愉悦的美，他说："自然美还由于感发心情和契合心情而得到一种特性。例如寂静的月夜，平静的山谷，其中有小溪蜿蜒地流着，一望无边波涛汹涌的海洋的雄伟气象，以及星空的肃穆而庄严的气象就是属于这一类。这里的意蕴并不属于对象本身，而是在于所唤醒的心情。"③ 我们看到皎洁明亮的圆月，会联想到人类的团圆、向善和思乡；我们听到破晓的农院鸡鸣，会联想到人类的守时、勤奋和执着，而所有这些景物都契合于人类美好的情感，因而是美的。20 世纪法国美学家马利坦从移情的角度阐释自然美的根源，进一步发展了黑格尔关于自然景观与人类情感相互贯通的观点，他说："大自然的壮丽景色又怎样呢？一些关于人的东西仍被涉及；这次是某种情感

---

① 爱默生. 自然沉思录 [M]. 博凡，译. 天津：天津人民出版社，2009.
② 爱默生. 自然沉思录 [M]. 博凡，译. 天津：天津人民出版社，2009.
③ 黑格尔. 美学（第一卷）[M]. 朱光潜，译. 北京：商务印书馆，1979.

（我要说这是一种非理性的或纯主观的情感，这种情感本身与审美感知无关）它产生于我们心中，由我们投射到事物中去，而且又通过事物对我们产生影响。"①

在中国的美学思想中，也存在着自然事物因成为主观意蕴的象征而美的观点，这突出地体现为儒家思想中的"比德"说，即把乡野景观和人的道德情操相联系。孔子云："知者乐水，仁者乐山。"朱熹解释说："知者达于事理而周流无滞，有似于水，故乐水；仁者安于义理而厚重不迁，有似山，故乐山。"② 在儒家士大夫眼中，永不停歇的涓涓流水好似君子通晓事理、明智通达的品性，巍峨挺拔的崇山峻岭恰如君子仁义厚重的品性。在中国传统文化中，君子比德的现象有着广泛的存在。《论语》云："岁寒，然后知松柏之后凋也。"③《荀子》说："芷兰生于深林，非以无人而不芳。"④ 清人张潮《幽梦影》："梅令人高，兰令人幽，菊令人野，莲令人淡，春海棠令人艳，牡丹令人豪，蕉与竹令人韵，秋海棠令人媚，松令人逸，桐令人清，柳令人感。"⑤ 梅、兰、竹、菊"四君子"自古便是人们歌咏的对象：梅花喻示坚贞，兰花代表高洁，翠竹寓意谦虚，菊花象征淡泊。文人雅士也多以自然景物自比或抒怀，如屈原之于香草、周敦颐之于莲花、李白之于明月等。元末画家倪瓒《六君子图》堪称自然比德的杰作，画面上共绘有松、柏、樟、楠、槐、榆六株植物，树木姿势挺拔，疏密有度，气象萧索。黄公望阅览此图后，欣然题诗："远望云山隔秋水，近看古木拥坡陀。居然相对六君子，正直特立无偏颇。"⑥ 倪瓒《六君子图》以树喻人，六株傲然挺立的树木象征着君子坦荡无惧、怀德喻义、高风亮节的美好品性。叔本华说："一处美丽的风景可以帮我们过滤和纯净我们的思想。"⑦ 乡野美景正以它客观、优雅的面貌，为人类带去意想不到的审美愉悦："采菊东篱下，悠然见南山"，品味的是一种淡泊与闲适，"大漠孤烟直，长河落日圆"，享受的是一种雄浑与豪迈。当人们纵情山水、放怀乡野，欣赏这些自然美景时，审美主体所体味的神清气爽、悠然

---

① 马利坦．艺术与诗中的创造性直觉［M］．刘有元，等，译．上海：三联书店，1991.

② 朱熹．四书章句集注［M］．北京：中华书局，1983.

③ 张燕婴译注．论语［M］．北京：中华书局，2006.

④ 蒋南华，杨寒清．荀子全译［M］．贵阳：贵州人民出版社，1995.

⑤ 张潮．幽梦影［M］．壬峰评注．北京：中华书局，2008.

⑥ 倪瓒．中国绘画全集（第八卷）［M］．北京：文物出版社，1999.

⑦ 叔本华．叔本华美学随笔［M］．韦启昌，译．上海：上海人民出版社，2009.

自得的心情溢于言表，正所谓："望秋云，神飞扬；临春风，思浩荡。"①
《论语·先进》记载了孔子与子路、曾点、冉有、公西华四个弟子的一次
对话，孔子问其弟子抱负，曾点回答："莫春者，春服既成，冠者五六人，
童子六七人，浴乎沂，风乎舞雩，咏而归。"② 孔子对曾点的发言称赞不
已，发出了"吾与点也"的感叹。清澈的河水、凉爽的春风、嫩绿的杨
柳、悠扬的歌声，沂水边上的自然风景是多么迷人，春游的青少年又是多
么欢乐！孔子对这种寄情山水、玩赏自然的行为予以赞赏，实则表明了他
对人们从自然美景中获取审美喻悦的肯定。

品读中国的田园诗词，我们总会获得这样的意象：水村山郭，乡店茅
舍，桑榆稻田，竹篱古寺；或鸡鸣犬吠，鹤翔鹭走，蝶飞蜂舞，草苍虫
切；或耘田绩麻，伐薪荷锄，踏春寻秋，赏菊把饮。阅览中国的山水画
卷，我们总会看到这样的景象：寒江独钓，松下对弈，登山访友，风雨归
舟；或沙渚掩映，烟波浩渺，飞瀑乱石，平沙落雁；或亭台晚钟，山市晴
岚，潇湘暮雪，渔村秋月。诸种物象自然呈现，不同风景和谐交织，乡村
田园在闲和宁静、清逸悠远、恬淡疏朴的气氛中，显现出一种难以言表的
高妙之美。在中国的田园诗词或山水画中，人只是大自然的点缀，甚至尘
世的人也是多余的，士大夫在诗画中很少赤裸裸地表露情感，而是把人和
人的情思隐匿于自然景物中，透过平淡、悠远的山水田园隐隐约约、半露
半显地释放着某种淡泊、潇逸之情。对中国士大夫而言，自然既是外在于
我的客观存在，又是内心情感的幻化之象，他们既借外在物象寄托自我，
又在情感中主动容纳自然物象，使内心世界与外在自然融为一体，使美的
情感与美的物象结合而得到心灵的愉悦与快适。

在哲人眼中，乡野自然不单单隐喻着君子的气节，寄托着观者的情
思，更是一种客观之美的存在体，诱发人们对人与自然关系的深度思考，
启迪世人对灵感、顿悟、智慧等精神品性的价值追求。超验主义（tran-
scendentalism）哲学家通常都热爱自然，崇尚生命和自由之美，试图透过
难以名状的自然之美思索出人生存于世的神圣价值。超验主义哲人梭罗是
一位名副其实的"自然之子"，他远离嘈杂的尘嚣，只身来到瓦尔登湖畔，
开荒种地，秉烛夜读，沐浴在静谧的大自然中，自在自为，体味直觉之美
和思索之乐。他用浸润着泥土芬芳的笔管，记录着自己在瓦尔登湖畔灵光

---

① 王微. 历代名画记 [M]. 上海：上海人民美术出版社，1964.
② 孔丘. 论语 [M]. 张燕婴，译注. 北京：中华书局，2006.

频现的思想，更描绘着他眼中的自然美景。梭罗这样形容瓦尔登湖的景色："在群山之中，小湖中央，望着水边直立而起的那些山上的森林，这些森林不能再有更好的背景，也不能更美丽了，因为森林已经反映在湖水中，这不仅是形成了最美的前景，而且那弯弯曲曲的湖岸，恰又给它做了最自然又最愉悦的边界线。"① 梭罗的文字细腻而优雅，灵润而唯美，字里行间表露出一位心细如尘的作家对自然之美的无限眷恋，透示出一个深思熟虑的哲人对大自然带给人类的有益启迪的无限赞赏。

对一些禅家来说，大自然中的花飞叶落、鸢翔鱼跃等皆是鲜活的景象，自由自在，无拘无束，透过这无限的天籁和曼妙的生机，可以帮助他们体悟那难以言表的佛法智慧。铃木大拙说："禅师们与自然完全合一。对他们来说，人与自然没有什么区别。"② 林清玄说："如果我们不了解自然，就不能了解禅。"③ 我们阅读禅宗文献发现，许多禅师的悟道或对弟子的点化等皆与自然有关：

僧问：如何是佛法大意？师曰：春来草自青。

——《五灯会元·云门文偃禅师》④

问：有无惧无去处时如何？师曰：三月懒游花下路，一家深闭雨中门。

——《五灯会元·风穴延沼禅师》⑤

禅家追求一种宁静淡远、超尘脱俗的生活，这种生活以向往浑然天成、恬淡悠远的闲适之趣为表征，以自我精神的解脱为旨归，自然适意，不加修饰，展现为一种清、幽、寒、寂的审美境界。禅师无论是在自我顿悟抑或对子弟的点化中，还是在播撒智慧之光、照射众生心房时，皆以自然景物为媒介，以自然事理为寄意对象，使众人在无限的自然和幽谧的宇宙中领悟高深的玄妙佛法，斩断一切世间烦恼与痛苦，获得自我内心的平复与归一。

---

① 梭罗. 瓦尔登湖［M］. 徐迟，译. 上海：上海译文出版社 1982.
② 铃木大拙. 禅风禅骨［M］. 耿仁秋，译. 北京：中国青年出版社 1989.
③ 林清玄. 林清玄说禅之三·好雪片片［M］. 海口：海南出版社 2009.
④ 普济. 五灯会元［M］. 北京：中华书局，1984.
⑤ 普济. 五灯会元［M］. 北京：中华书局，1984.

第三节 山水之情与乡村世界

在中国人的精神血脉里，"山水"是一个丰富、深刻、绮丽而又迷人的文化符号，中国人对"山水"的喜爱源远流长。老子曰："上善若水，水善利万物而不争。"① 《诗经·閟宫》云："泰山岩岩，鲁邦所詹。"② 清人张潮曾这样评价中国人的山水情怀，他说："有地上之山水，有画上之山水，有梦中之山水，有胸中之山水。地上者，妙在丘壑深邃；画上者，妙在笔墨淋漓；梦中者，妙在景象变幻；胸中者，妙在位置自如。"③ 可以说，崇山尚水的情结是根植于中华民族心灵深处的社会潜意识，它不但频频表现于文人的诗作中，使"山水"成为文人雅士精神游憩、心灵抒怀的场域，更进一步沟通了人与自然的交流乃至个人与心灵的和谐，缔造了华夏民族独有的"原天地之美而达万物之理"④ 的审美理路。

美学家宗白华说："自有人类以来，这山水就和人类血肉相连，人类世世代代的情感、思想、希望和劳动都在这山水里刻下了深刻的烙印。"⑤ 具体而言，"山水"在我们民族文化心理中，大致有三种基本面相。第一是自然景观。人们走出家门，登临山水，游目骋怀，如《宋书·谢灵运传》云："出为永嘉太守。郡有名山水，灵运素所爱好，出守既不得志，遂肆意游遨。"⑥ 第二是山水诗篇。出于对山水的喜爱与赞叹，人们吟诗作对，颂赞山水之美，如韩愈《送桂州严大夫同用南字》云："江作青罗带，山如碧玉簪。"⑦ 钱起《陪考功王员外城东池亭宴》云："晴山看不厌，流水趣何长。"第三是山水画作。人们挥毫泼墨，描绘心中的山水田园，唐张彦远《历代名画记》卷九云："吴道玄……因写蜀道山水，始创山水之体，自为一家。"杜甫《戏题王宰画山水图歌》云："尤工远势古莫比，咫尺应须论万里。焉得并州快剪刀，剪取吴淞半江水。"

---

① 老子 [M]. 饶尚宽，译注. 北京：中华书局，2006.
② 程俊英，蒋见元. 诗经注析 [M]. 北京：中华书局，1991.
③ 张潮. 幽梦影 [M]. 北京：中华书局，2008.
④ 陈鼓应. 庄子今注今译 [M]. 北京：商务印书馆，2007.
⑤ 宗白华. 美学与意境 [M]. 北京：人民出版社，1987.
⑥ 沈约. 宋书（卷六十七）[M]. 北京：中华书局，1974.
⑦ 彭定求. 全唐诗 [M]. 北京：中华书局，1960.

　　值得注意的是，上述三种意义上的山水皆与乡村有着密切关联。首先，中国传统村落选址讲究因循自然，要求村落与自然山水相契合，一般选在背山面水、背山面田或近山临水的地方筑村设店，自然山水成为村落的重要组成部分。《后汉书·仲长统传》记载了仲长统对居住环境的要求："使居有良田广宅，背山临流，沟池环匝，竹木周布，场圃筑前，果园树后。"① 宋代大儒程颐说："曷谓地之美者？土色之光润，草木之茂盛，乃其验也。"② 从生态地理学意义上讲，村落背靠山川有利于抵挡冬季寒冷的北风，面朝河湖既有利于迎接夏季掠过水面的南来凉风，还方便村民生活取水、农田灌溉等。村落布局坐北朝南，有利于村民获得良好的采光条件；村落近山临水，周边植被丰富，有助于美化一方环境，保持当地水土，调节局部气候。山东省济南市朱家峪村是中国北方地区典型的山村型古村落，2005 年入选建设部和国家文物局联合发布的第二批"中国历史文化名村"榜单。朱家峪村三面环山，东依东岭，西靠笔架山，南止于文峰山脚，村落位于山坳的狭长地带，呈向心式梯形布局，特殊的断裂带构造使得山区泉水终年不竭，村内形成了三条季节性河流。朱家峪村依山近水，钟灵毓秀，村内小桥流水，巷道纵横，风景十分优美。

　　其次，山水诗以描写山水风景为主，但广袤的乡村大地处处皆有秀丽的山水景观，诗人墨客步入乡村，即可观赏山水，而且近山临水处往往有村落，一座古村就是一篇诗章，许多山水诗明写山水，暗说乡村，山水诗篇与田园乡村你中有我、我中有你，关系十分紧密。山水诗歌对村落环境的描绘，从侧面反映了古人对理想居住环境的向往与追寻，而且诗歌中迷人的意境更向人们展现了乡村世界的淳朴与闲雅。谢灵运《山居赋》云："抗北顶以葺馆，瞰南峰以启轩。罗曾崖于户里，列镜澜于窗前。因丹霞以赪楣，附碧云以翠椽。"③ 山水诗中的乡村意象是多姿多彩的：有的侧重于刻画乡村山水的风光之秀美，景色之宜人，如杜牧《商山麻涧》云："云光岚彩四面合，柔柔垂柳十余家。雉飞鹿过芳草远，牛巷鸡埘春日斜。"④ 李白《下终南山过斛斯山人宿置酒》云："暮从碧山下，山月随人归。却顾所来径，苍苍横翠微。相携及田家，童稚开荆扉。绿竹入幽径，

①　范晔. 后汉书 [M]. 北京：中华书局，1965.
②　程颢，程颐. 二程集 [M]. 北京：中华书局，1981.
③　顾绍柏. 谢灵运集校注 [M]. 郑州：中州古籍出版社，1987.
④　杜牧. 樊川诗集注 [M]. 上海：上海古籍出版社，1978.

青萝拂行衣。"① 有的主要描绘山村生活之闲适，水乡风情之淳朴，如王建《雨过山村》云："雨里鸡鸣一两家，竹溪村路板桥斜。妇姑相唤浴蚕去，闲看中庭栀子花。"② 王维《田园乐》云："采菱渡头风急，策杖林西日斜。杏树坛边渔父，桃花源里人家。"③ 有的书写乡村居住环境之优雅，如杨万里《东园醉望暮山》云："我居北山下，南山横我前。北山似怀抱，南山如髻鬟。怀抱冬独暖，髻鬟春最鲜。松鬣沐初净，山蘙插更妍。"④

　　第三，在山水画的艺术世界中，乡村始终以多样的形象和独特的韵味著称。受农耕文明所熏陶的民族，对大自然春夏秋冬的四时变化非常敏感，对草木枯荣的生长规律极为熟悉，反映到山水画中，便展现为画家对自然事物的细腻描绘和传神表达。王维《山水论》云：

春景则雾锁烟笼，长烟引素，水如蓝染，山色渐清。夏景则古木蔽天，绿水无波，穿云瀑布，近水幽亭。秋景则天如水色，簇簇幽林，雁鸿秋水，芦岛沙汀。冬景则借地为雪，樵者负薪，渔舟倚岸，水浅沙平。⑤

从古人总结的山水画创作规范中，我们可以看到人们对自然景观四季变化的敏感观察，对天象物候发展规律的科学把握，由此可以推知，中国古代山水画所建立的创作范式和赏鉴规则是与农耕文明的生活经验相关联的。这种经验是画家在仔细观察自然变幻、深入理解农耕文化的基础上，把田园山水的细致风韵用笔墨纸砚的形式视觉化地传达出来。由自然山水到艺术世界，由视觉图景到心理感受，山水画已不再是山、水、花、鸟等自然物象的简单叠加，而成为一个农耕民族精神文明的文化缩影。

　　田园乡村是山水画中不可或缺的重要物象。为绘制出理想的山水胜景，画家往往会在画中的山麓脚下安置一片烟村，在河溪两侧添加几处农舍，在山间小道或亭台舟桥中点缀几位农夫，耕者荷锄耘田，渔夫破晓扬帆，村妇汲水浣衣，牧童古道吹笛，呈现出一派安然祥和、自然静美之象。王维《山水诀》云："回抱处僧舍可安，水陆边人家可置。村庄著数树以成林，枝须抱体。"⑥ 唐志契《绘事微言》云："画必须静坐凝神，存想何处是山，何处是水，何处是楼阁寺观，村庄篱落，何处是桥梁人物车

　　① 李白. 李太白全集 [M]. 北京：中华书局，1977.

　　② ⑧彭定求. 全唐诗 [M]. 北京：中华书局，1960.

　　③ 陈铁民. 王维集校注 [M]. 北京：中华书局，1997.

　　④ ⑤杨万里. 杨万里集笺校 [M]. 北京：中华书局，2007.

　　⑤ 俞剑华. 中国画论类编 [M]. 北京：人民美术出版社1986.

　　⑥ 俞剑华. 中国画论类编 [M]. 北京：人民美术出版社1986.

舟，然后下笔。"① 历史上许多流芳后世的山水名作，不同程度上向我们展现了规模不等、形式各异的村落景观，抑或劳作其间的农夫形象，如王希孟《千里江山图》画了数十个大小不等的聚落单元，赵孟頫《水村图卷》描绘了江南水乡的河滨茅店，马轼《春坞村居图》在近景茅舍处点缀了悠然耕作的农夫，樊圻《柳溪渔乐图》在柳树掩映处添加了几间农舍，李可染《清漓胜境图》描绘了漓江两岸翠绿的农田与静谧的屋舍。

中国山水画的乡村情怀还表现在画家对田园乡土的浓厚感情上。许多画家从小生活在乡下，熟悉田园事物，对乡土自然有着深切的情感，成为职业画家后，频频在画作中展示幼时的乡土印象或心中的田园美景。齐白石自幼生活在农村，放过牛、砍过柴，故乡的花草虫鱼给童年的齐白石带来了无限乐趣，也影响了他一生的创作轨迹。今天我们看到的齐白石作品都是一些朴实无华的农家事物和自然有趣的田园之景，如：《我最知鱼》中几条生气蓬勃的小鱼围着钓饵游来游去，《雏趣图》中几只活泼可爱的小鸡啄米嬉戏，《白菜辣椒》中红红——王维·青溪（卷一二五）的辣椒与硕大的白菜赫然对列。齐白石笔下这些栩栩如生的田园草虫、乡村景物不但"使人感到劳动生活的喜悦"②，更代表了一种纯朴、天真的农民审美情趣，寄托着齐白石对乡土万物的深沉眷恋和无限情思，乃至成为他艺术中的乡心、童心和农民之心的综合表露。

一、山水诗中的美丽世界：以魏晋南北朝时期山水诗为例

自古以来，中国人对山水就有一种特殊的情结。《周易·系辞上》云："河出图，洛出书。"③ 中国古代的大禹治水、愚公移山等神话传说，都揭示出远古先民与自然山水的种种关系。先秦以降，古人对山水的喜爱显得愈发浓烈而直接。民间有一些描写山水风景的诗句，如《唐风·扬之水》云："扬之水，白石凿凿。"④

《齐风·南山》云："南山崔崔，雄狐绥绥。"⑤ 这些诗中出现的山水

---

① 俞剑华. 中国画论类编［M］. 北京：人民美术出版社 1986.

② 伍蠡甫. 山水与美学［M］. 上海：上海文艺出版社 1985.

③ 郭彧译注. 周易［M］. 北京：中华书局，2006.

④ 程俊英，蒋见元. 诗经注析［M］. 北京：中华书局，1991.

⑤ 程俊英，蒋见元. 诗经注析［M］. 北京：中华书局，1991.

景物不过是诗人比兴的媒介或比德的客体，仅处于诗篇内容的从属地位，并未被当作独立的审美对象来歌咏。

东晋以后，江南社会经济得到快速发展，一座座园林拔地而起，一处处景观得到修葺，士族文人的物质生活条件比之北方更加宽裕富足。在江南温润的气候与旖旎的风光中，文人士大夫们享受着登临山水、优游园林的舒适生活，游山玩水竟成一时风气。倘若有人不懂得山水之美，则会被讥讽连写诗作文的资格都没有。东晋著名诗人孙绰讽刺人的时候说："此子神情都不关山水，而能作文。"① 与此同时，起源于中原的清谈之风也被过江诸人带至南方，钟嵘《诗品·序》云："永嘉时，贵黄老，稍尚虚谈。"② 在他们清谈玄理的过程中，常常会引用一些老庄自然哲学来描绘江南山水的名言隽语，以此抒发个人志趣。如孙绰《秋日诗》云：

萧瑟仲秋月，飗戾风云高。山居感时变，远客兴长谣。疏林积凉风，虚岫结凝霄。湛露洒庭林，密叶辞荣条。抚菌悲先落，攀松美后凋。垂纶在林野，交情远市朝。澹然古怀心，濠上岂伊遥。③

诗中"抚菌"一句引自《庄子·逍遥游》"朝菌不知晦朔"，感叹人生短促，末两句用《庄子·秋水》的典故，叙说诗人逍遥林野的生活。诗人把对自然山水的观赏和个体人生的体验结合起来，以抽象的玄理看待山水世界。后来，经过长期的酝酿，产生了我国第一位真正意义上的山水诗人——谢灵运。④ 他不仅继承了上古山水遗风，时时处处表露着自己对山水园野的眷爱，而且有意识地把诗歌从"淡乎寡味"的玄理言谈中解救出来，开启了南朝一代新的诗歌风貌。受其影响，一大批文人墨客出入山水之间，优游田园之里，欣赏其中的美，如陶弘景《答谢中书书》云：

山川之美，古来共谈。高峰入云，清流见底。两岸石壁，五色交辉。青林翠竹，四时俱备。晓雾将歇，猿鸟乱鸣；夕日欲颓，沉鳞竞跃，实是欲界之仙都。自康乐以来，未复有能与其奇者。⑤

士大夫把敏锐的目光和细腻的情感投向静谧的山林、广袤的田野，畅游其间，乐赏其美。

谢灵运长期优游名山胜境，其山水诗语言富丽精美，善于雕词琢句，

① 柳士镇、刘开骅. 世说新语全译 [M]. 贵阳：贵州人民出版社，1996.

② 吕德申. 钟嵘（诗品）校释 [M]. 北京：北京大学出版社 1986.

③ 孙绰. 先秦汉魏晋南北朝诗 [M]. 逯钦立，辑校. 北京：中华书局，1983.

④ 谢灵运（385—433 年），原名公义，字灵运。东晋名将谢玄之孙，世袭康乐公，世称谢康乐。南北朝时期杰出的诗人、文学家。

⑤ 王京州. 陶弘景集校注 [M]. 上海：上海古籍出版社，2009.

既有记游式的叙事笔触，又兼具玄言诗的些许蕴旨。《南史·颜延之传》载："延之尝问鲍照己与灵运优劣，照曰：'谢五言如初发芙蓉，自然可爱；君诗若铺锦列绣，亦雕缋满眼。'"① 谢灵运的山水诗之所以显得"自然可爱"原因在于：一方面，与颜诗的"铺锦列绣""雕缋满眼"相比，谢诗显得自然清新；另一方面，当人们读厌了那些"平淡寡味"的玄言诗，接触到谢诗中那些青山碧水与花草鸟兽时，自然会感到清丽鲜美、生气自然。关于谢诗的"自然"，唐代僧人皎然在《诗式》中认为，谢诗"为文真于性情，尚于作用，不顾词彩而风流自然"②。如谢灵运著名的《登永嘉绿嶂山》一诗：

裹粮杖轻策，怀迟上幽室。行源径转远，距陆情未毕。澹潋结寒姿，团栾润霜质。涧委水屡迷，林迥岩逾密。眷西谓初月，顾东疑落日。践夕奄昏曙，蔽翳皆周悉。《蛊》上贵不事，《履》二美贞吉。幽人常坦步，高尚邈难匹。颐阿竟何端，寂寂寄抱一。恬如既已交，缮性自此出。③

谢灵运所描写的风景，不是那些寻常易见的田野风光或故园小景，也不像陶渊明那样满足于"采菊东篱下，悠然见南山"的快活。谢灵运是一位旅行家、探险家，他常常选择攀登奇雄险峻的高山，远涉人迹罕至的江河，去寻觅那无与伦比的美景。

刘勰《文心雕龙》云："宋初文咏，体有因革，庄老告退，而山水方滋；俪采百字之偶，争价一句之奇。情必极貌以写物，辞必穷力而追新，此近世之所竞也。"④ 一语道出了谢灵运山水诗的艺术特点。在《登永嘉绿嶂山》，谢灵运为了达到"情必极貌以写物"的目标，采用新鲜的语词、整齐的对仗来表现眼前绝美的自然景色，如"委"与"迥""屡迷"与"逾密"等，尽力避免词语的单调和重复，营造出活泼的生气与清新的韵致，读来极富律动感。萧子显《南齐书》曾这样评价谢灵运的诗歌："启心闲绎，托辞华旷，虽存巧绮，终致迂回。宜登公宴，本非准的。而疏慢阐缓，膏肓之病，典正可采，酷不入情。此体之源，出自灵运而成也。"⑤

谢灵运之后，谢朓也走上了寄情山水、书写田园的山水诗创作之路。⑥

---

① 李延寿. 南史（卷三十四）[M]. 北京：中华书局，1975.

② 李壮鹰. 诗式校注 [M]. 北京：人民文学出版社，2003.

③ 顾绍柏. 谢灵运集校注 [M]. 郑州：中州古籍出版，1987.

④ 周振甫. 文心雕龙今译 [M]. 北京：中华书局，1986

⑤ 子显. 南齐书·文学传论 [M]. 北京：中华书局，1972.

⑥ 谢朓（464—499年），字玄晖，南朝杰出的山水诗人，"竟陵八友"之一。曾任宣城太守，世称"谢宣城"，因与"大谢"谢灵运同族，世称"小谢"。

谢朓的山水诗作清俊从容，细腻工巧，他特别注重声律、对句等在表情达意、传递情思方面的作用，其诗歌擅长营造平远构图，富于诗情画意，开拓了风景描写的新空间。比如这首《晚登三山还望京邑》①：

瀌涘望长安，河阳视京县。白日丽飞甍，参差皆可见。余霞散成绮，澄江静如练。喧鸟覆春洲，杂英满芳甸。去矣方滞淫，怀哉罢欢宴。佳期怅何许，泪下如流。有情知望乡，谁能鬒不变？

谢朓善于裁剪景物，用新鲜的语言描绘曼妙的景致，以清丽的意象表达心中的情韵，极具艺术特色。钟嵘在《诗品》中称赞谢朓的山水诗作："奇章秀句，往往警遒。"② 杜甫在诗《寄岑嘉州》中云："谢朓每篇堪讽诵，冯唐已老听吹嘘。"③ 李白在诗《宣州谢朓楼饯别校书叔云》则说："蓬莱文章建安骨，中间小谢又清发。"④

魏晋南北朝时期是中国历史上"最富有艺术精神的一个时代"⑤，也是"审美活动作为一种独立的精神实践活动走向成熟的时代"⑥，其中最显著的标志当属山水诗的出现与繁荣。山水诗的作者多是一些对自然山水"素所爱好"⑦ 的士大夫以及一些辞官归乡、隐居田园的闲散文人，他们对自然山水美的认识经历了"以玄、佛对山水"到"纯自然山水"的发展历程。前者（如孙绰）对自然山水的观赏，带有玄学或佛学所追求的对现实人生的超越态度，在登山临水中领悟玄学佛理，后者（如谢灵运、谢朓）以一种艺术自觉的眼光品味山水之美。特别是谢灵运、谢朓创作的山水诗篇，描绘出了山川变幻之象、碧水流动气概以及草木荣枯规律，而且"把现象中的景物从其表面看似凌乱不相关的存在中释放出来，使它们的新鲜感和物自性原原本本地呈现，让它们'物各自然'地共存于万象中"，时时处处表露着一种自然造化之美。

二、山水画的艺术旨趣

山水画是传统绘画的主流，占据着我国艺术之林的至高地位。清人钱

---

①　曹融南．谢宣城集校注［M］．上海：上海古籍出版社，1991.
②　吕德申．钟嵘诗品校释［M］．北京：北京大学出版社，1986.
③　全唐诗·卷二百二十九［M］．北京：中华书局，1960.
④　全唐诗·卷一百七十七［M］．北京：中华书局，1960.
⑤　宗白华．美学散步［M］．上海：上海人民出版社，1981.
⑥　杜书瀛．美学十日谈［M］．北京：中国社会科学出版社，2015.
⑦　沈约．宋书［M］．北京：中华书局，1974.

杜《松壶画忆》云："画以山水为上，写生次之，人物又其次矣。"① 黄宾虹说："画分十三科，以山水为上；山水画尤以水墨为上。"② 在我国画家心中，自然山水和人的精神世界是相通的。郭熙《林泉高致》云："春山澹冶而如笑，夏山苍翠而如滴，秋山明净而如妆，冬山惨淡而如睡。"③ 通过这数尺画幅，画家可以参透山水自然所蕴含的深刻义理。韩拙《山水纯全集·序》云："山水之术，其格清淡，其理幽奥。至于千变万化，像四时景物，风云气候，悉资笔墨而穷极幽妙者。"④ 中国古人对山水画的热爱是建立在他们对大自然的浓情厚意和深刻理解基础上的，大自然的风云雨雪、山石竹木、溪流湖沼、花草虫鱼等鲜活的事物既是画家寄托情思的直接对象，更是他们据此体悟自然哲理、总结人生智慧的重要媒介，当对这些物象的感知愈来愈深刻、情感愈来愈浓烈时，便积淀为文人骚客的一种集体无意识，智者乐水，仁者乐山，最终上升为一种山水喜好观。

中国早期的山水画作，在思想上继承了魏晋崇尚自然的审美风度，一些文人墨客徜徉于山水之间，游赏田园，遍览自然美景，情到深处，以画笔表达他们对大好河山的喜爱。《宋书·宗炳传》云：

"（宗炳）好山水，爱远游，西陟荆巫，南登衡岳……凡所游履，皆图之于室。"⑤

宗炳在《画山水序》中说："圣人含道映物，贤者澄怀味象。至于山水，质有而趋灵……夫以应目会心为理者，类之成巧，则目亦同应，心亦俱会。"⑥ 画家所绘的山水物象要与眼睛看到的自然景观相仿，同时又要与自己内心对此物象的认识相契合。以笔绘物，借物写心，山水画家借此领悟山水之神、自然之理，最终达到一种"万物与我为一"的审美境地。

王维不但是唐代著名的田园诗人，更是赫赫有名的画家。他认为上乘的田园画作可以映射画家的自然之情，参透造化之美。王维说：

夫画道之中，水墨最为上。肇自然之性，成造化之功。或咫尺之图，写百千里之景。东西南北，宛尔目前；春夏秋冬，生与笔下。⑦

在王维的如禅妙笔下，诞生了一幅幅精妙绝伦的山水田园画作，特别

---

① 俞剑华. 中国画论类编 [M]. 北京：人民美术出版社，，1986.
② 伍蠡甫. 山水与美学 [M]. 上海：上海文艺出版社，1985.
③ 俞剑华. 中国画论类编 [M]. 北京：人民美术出版社，1986.
④ 俞剑华. 中国画论类编 [M]. 北京：人民美术出版社，1986.
⑤ 沈约. 宋书 [M]. 北京：中华书局，1974.
⑥ 俞剑华. 中国画论类编 [M]. 北京：人民美术出版社，1986.
⑦ 周积寅. 中国画论辑要 [M]. 南京：江苏美术出版社，1985.

是他的晚期作品，更堪称咫尺千里、大技无痕的艺术典范。晚年他隐居辋川用时所作的《辋川图》流传至今，画中群山环抱，树林青翠，亭台楼榭，端庄静谧，别墅外，流水泛波，几只舟楫划过，江岸景物若隐若现，呈现出一派悠然绝俗的意境。汤垕《古今画鉴》评价说："其画《辋川图》，世之最著者也。"①

相传，苏轼观看了王维的《蓝田烟雨图》后，评价说："味摩诘之诗，诗中有画；观摩诘之画，画中有诗。"② 王维诗、画兼擅并长，读其诗仿佛置身画中，《宣和画谱》云"维善画，尤精山水……观其思致高远，初未见于丹青时，时诗篇中已自有画意"③，并认为"落花寂寂啼山鸟，杨柳青青渡水人""行到水穷处，坐看云起时"等诗是"以其句法皆所画也"④。王维工于写景绘物，画面虽不题诗，但诗意在画内。《唐朝名画录》说王维"《辋川图》，山谷郁郁盘盘，云水飞动，意出尘外，怪生笔端"⑤。王维的"诗中有画""画中有诗"表明诗歌与绘画之间具有相通性。北宋张舜民说："诗是无形画，画是有形诗。"⑥ 清人沈宗骞也说："画与诗，皆士人陶写性情之事；故凡可以入诗者，均可以入画。"⑦ 山水诗与山水画都是作者抒发兴致、寄托情怀之作，是对自然万象"感兴"的结果。文人通过"兴"的作用，将情感移入山水景观中：情趣所致，画中诗意盎然；兴致所为，诗中画意浓郁。诗中有画，诗人创造了言外之"意"；画中有诗，山水画获得了画外之境。诗歌言内之旨与言外之意的统一，即画作画内之象与画外之境的统一，构成了诗的独特意境，成就了画的丰富韵味。

清人郑绩说："唐宋之画，间有书款，多有不书款者，但于石隙间用小名印而已。自元以后，书款始行。"⑧ 元代以后，画家在山水画上题诗作文之风渐渐兴起，中国山水画的画中蕴诗变成了画上有诗。画家直接题写诗句于画面，补衬画面环境，与山水景观相得益彰。钱杜《松壶画忆》云："画上题咏与跋，书佳而行款得地，则画亦增色。"⑨ 画家题诗于画有着具体的要求，不能漫无目的地乱写一气，更不可位置不分地信手涂鸦。

① 卢辅圣. 中国书画全书（第二册）[M]. 上海：上海书画出版社，1999.
② 苏轼. 苏轼文集 [M]. 孔凡礼点校. 北京：中华书局，1986.
③ 潘云告. 宣和画谱 [M]. 长沙：湖南美术出版社，1999.
④ 潘云告. 宣和画谱 [M]. 长沙：湖南美术出版社，1999.
⑤ 于安澜. 画品丛书 [M]. 上海：上海人民美术出版社，1982.
⑥ 周积寅. 中国画论辑要 [M]. 南京：江苏美术出版社，1985.
⑦ 周积寅. 中国画论辑要 [M]. 南京：江苏美术出版社，1985.
⑧ 王振德. 中国画论通要 [M]. 天津：天津人民美术出版社，1992.
⑨ 王振德. 中国画论通要 [M]. 天津：天津人民美术出版社，1992.

张式《画谭》云："题画须有映带之致，题与画相发，方不为羡文。"① 孔衍栻《石村画诀》说："画上题款，各有定位，非可冒昧，盖补画之空处也。如左有高山，右边宜虚，款即在右。右边亦然，不可侵画位，字行须有法，字体勿苟简。"② 诗文以抒情表意见长，绘画以写形状物为优，高妙的画作应通过自然物象传递出诗词的意境，绝佳的诗文应借助清词丽句映射出画作的相貌，邵雍《伊川击壤集》云："画笔善状物，长于运丹青。丹青入巧思，万物无遁形。诗画善状物，长于运丹诚。丹诚入秀句，万物无遁情。"③

值得注意的是，元明以来的山水画名家皆是画上题诗的高手，其画作既有气韵万千的宏幅巨制，又有安逸活泼的小品写生，画上所题诗句，有时偏居一隅只写题目，有时连次铺开书写全诗。《庐山高图》是沈周祝贺老师陈宽七十岁寿辰而创作的巨幅山水。画家采用全景式构图，站在画轴前，满纸的峰峦和繁茂的草木扑面而来，结构严谨，气势恢宏。沈周在画卷右上角配诗云：

庐山高，高乎哉！

……

陈夫子，今仲弓，世家庐之下，有元剜祖迁江东。

尚知庐灵有默契，不远千里钊于公。

公亦西望怀故都，便欲往依五老巢云松。

昔闻紫阳祀六老，不妨添公相与成七翁。

……

荣名利禄云过眼，上不作书自荐，下不公相通。

公乎浩荡在物表，黄鹄高举凌天风。④

这首才气汪洋的诗歌，杂言相间，兼用赋体，律制自由，内容丰富曲折，境界宏伟阔大，配以巍然屹立、高耸入云的庐山形象，给人以雄奇浩荡、傲然俊美之感。高山仰止，景行行止，一幅诗画合璧的《庐山高图》表达了沈周对老师的崇敬和仰慕之情。

沈周的山水画作诗、书、画珠联璧合：其书法学黄庭坚，书风遒劲奇崛；其诗歌模仿杜甫，风格沉郁顿挫。沈周的画作配诗或是直抒创作本

① 王振德. 中国画论通要［M］. 天津：天津人民美术出版社，1992.
② 俞剑华. 中国画论类编［M］. 北京：人民美术出版社，1986.
③ 邵雍. 伊川击壤集［M］. 陈明，点校，上海：学林出版社，2003.
④ 沈周. 沈周集［M］. 上海：上海古籍出版社，2013.

意，向读者坦诚创作的原旨；或是综括山水景象大意，增添画作的诗文气息与艺术韵味；或是简单歌咏，抒发作者的田园情结和山野志趣。如以下两首配诗：

水村图

鱼庄蟹舍一丛丛，湖上成村似画中。

互渚断沙桥自贯，轻鸥远水地俱空。

船迷杨柳人依绿，灯隔蒹葭火映红。

全与吾家风致合，草堂曾有此愚翁。[1]

题画

江草青青江柳新，一双飞燕雨如尘。

轻舟短棹少闲客，翠幕红楼多醉人。[2]

在沈周的山水画作中，诗、书、画三者得到了完美的融合与调适，其字走笔龙蛇，神韵非凡，其诗与画卷相得益彰，交替生辉，其画极具审美张力。

中国山水画最高的审美原则是"气韵生动"，"气韵者非云烟雾霭也，是天地间之真气"[3]，画中万物表现为一种鲜活的洋溢状态，绘画的内在神气和韵味，达到活生而灵动的程度。谢赫《古画品录》云："画有六法……一气韵生动是也，二骨法用笔是也，三应物象形是也，四随类赋彩是也，五经营位置是也，六传移模写是也。"[4] 张彦远《历代名画记》说："若气韵不周，空陈形似，笔力不道，空善赋彩，谓非妙也。"画家在将自然景物纳入画中时，为了艺术地再现自然世界的丰富美感，往往在仔细观照山川草木、花鸟虫鱼后，取乎其神，忘乎其形，加以描摹，既刻画出自然万物的基本形貌，更创造出不同于现实世界的独特韵致。元末画家杨维祯说："故论画之高下者，有传形，有传神。传神者，气韵生动是也。"[5] 北宋画家郭熙认为，山水之象随季节变换而风采各异，树木景观随环境变迁而韵味不同，画家若要再现山水神韵，应留意自然万象和人间四时的互动与共生关系，他说："春山烟云连绵，人欣欣；夏山嘉木繁阴，人坦坦；

---

① 紫都，耿静. 吴门画派 [M]. 北京：中央编译出版社，2004.
② 紫都，耿静. 吴门画派 [M]. 北京：中央编译出版社，2004.
③ 周积寅. 中国画论辑要 [M]. 南京：江苏美术出版社，1985.
④ 俞剑华. 中国画论类编 [M]. 北京：人民美术出版社，1986.
⑤ 周积寅. 中国画论辑要 [M]. 南京：江苏美术出版社，1985.

秋山明净摇落，人肃肃；冬山昏霾翳塞，人寂寂。"①

邓椿说："画法以气韵生动为第一。"② 黄宾虹说："笔力是气，墨彩是韵，气韵生动，千变万化。"③ 但凡画史留名的山水佳作，无不蕴含着生动的韵味。画作若写崇山峻岭，往往表现为山势逶迤起伏，云烟缭绕迷漫，草木葱茏郁秀，如范宽的《溪山行旅图》、李唐的《万壑松风图》；若写大江大河，往往表现为江河波涛滚滚，水面渔舟竞渡，飞瀑一泻千里，如郭熙的《早春图》、吴又和的《溪山飞瀑图》；若写四季美景，往往表现为春季草木初发，夏季莲湖泛舟，秋季山雾朦胧，冬季红梅映雪，如王蒙的《春山读书图》、倪瓒的《渔庄秋霁图》。

中国当代画家李可染十分重视山水画的气韵。为营造美的意境，提升画作的表现力，李可染惯以悲沉的暗黑、苍茫的灰蓝抑或浓烈的朱红等作为山水画的主色调，深深抓住观者敏感的视觉神经，烘托一种浑厚苍茫、崇高博大的氛围。为再现心中理想的山水胜境，李可染借助宽窄不一的线条调控自然事物的外形，通过虚实有度的布局表现变幻莫测的雾气，运用五彩缤纷的颜料展示山川河流的大美，使画卷呈现一种自然洒脱、朦胧散逸的韵致。他说：

中国水墨画从来讲究气氛。"山中有龙蛇"就是说的贯气。又说"苍茫之气""含烟带雨""挥毫落纸如云烟""试看笔从烟中过"等等，都含有这个意思。山水画中留出适当的空白，也是为了有助于气氛的表现。④

1962年至1964年，李可染创作了七张尺幅各异的《万山红遍》。在每幅画中，他均使用了大量朱砂来渲染气氛，满目绯红，意境非凡。无论是朱红的群山、火红的树叶，还是绯红的草丛，现实中几乎不可能同时出现的景物却在李可染的画中相处得自然融洽。红山、红叶、红草，红遍群山万壑，红遍大江南北，《万山红遍》画里画外表露出一股滋润明亮、激情似火的气概。他在另一幅《清漓胜境图》中，一口气描绘了浩浩荡荡的蜿蜒江水、竞相远渡的江面红帆、黑瓦白墙的南方民居、郁郁葱葱的翠绿农田等景观。画面浓厚的黑墨、氤氲的湿气和朦胧的烟雨搭配得和谐巧妙，积墨与泼墨兼用，笔韵与神韵交融，不禁让人联想到苏轼笔下"半壕春水一城花，烟雨暗千家"的江南春雨以及白居易笔下"日出江花红胜火，春

①　卢辅圣. 中国书画全书（第一册）[M]. 上海：上海书画出版社，1993.
②　周积寅. 中国画论辑要 [M]. 南京：江苏美术出版社，1985.
③　伍蠡甫. 山水与美学 [M]. 上海：上海文艺出版社，1985.
④　孙美兰. 李可染画论 [M]. 郑州：河南人民出版社，1999.

来江水绿如蓝"的南国美景，显现出一派深远苍茫、厚重清新的韵味。

中国山水画的透视技法不同于西方。自文艺复兴以来，西方绘画使用焦点透视法，以固定的、静止不动的、"客观"的视角看待物象，观者的眼睛仿佛成为世界万物的中心，他们看到的景物往往是个别的、局部的、具体的。约翰·伯格说："透视法是欧洲艺术的特点，始创于文艺复兴早期。它是以观看者的目光为中心，统摄万物，就像灯塔中射出的光。"① 中国山水画不同于西洋绘画以特定时间、固定角度为创作和欣赏基础的单向度审美法，而是采用散点透视的方式，不断转换欣赏角度，不断变更坐标原点，从不同视点、不同季节、不同场合去赏鉴同一处风景，回环往复，最终获得千变万化的审美感触。宗白华说："中国画的透视法是提神太虚，从世外鸟瞰的立场观照完整的律动的大自然，他的空间立场是在时间中徘徊移动，游目周览，集合数层与多方的视点谱成一幅超象虚灵的诗情画境。"② 北宋画家惠崇十分注重透视之法③，惯于把秀丽山川、树木河沼等，艺术地取入画中，自成一格，脱俗不凡。《沙汀烟树图》是惠崇的传世名作，画面中间浩浩荡荡的江水流向远方，一群水鸟嬉戏江中，或低头梳羽，或振翅戏水，或举翼起飞，观者从江水岸边、江面之上、近处树林等不同角度观赏，均可获得虚旷、深邃的审美体验。范宽的《溪山行旅图》前景和后景之间施以留白，将观者的观赏距离予以巧妙的消解，使观者脱离了单一的赏鉴视点，能获得一种前前后后、上下游动的自由观赏体验。

在取景构图上，中国山水画对物体的间距和视线的高低尤为看重，不同物体间存在的客观距离，以及这种距离映射在观赏者心中的效果，都是画家在创作时所要参考的要素。为此，郭熙提出了高远、深远、平远的"三远"构图理念："山有三远：自山下而仰山巅，谓之高远；自山前而窥山后，谓之深远；自近山而望远山，谓之平远。高远之色清明，深远之色重晦，平远之色有明有晦。"④ 黄公望提出了平远、阔远、高远的"三远"构图之法："山论三远：从下相连不断，谓之平远；从近隔开相对，谓之

① 约翰·伯格. 观看之道 [M]. 戴行钺，译. 桂林：广西师范大学出版社，2005.

② 宗白华. 美学散步 [M]. 上海：上海人民出版社，1981.

③ 惠崇（965—1017年），北宋时期著名僧人，擅长作诗绘画。作为诗人，他专精五律，诗风精工雅洁，如其田园名句"秋近草虫乱，夜遥霜月低"，"露下牛羊静，河明桑柘空"。作为画家，惠崇多写自然小景，擅用白描手法，对后世影响深远。王安石《纯甫出释惠崇画要予作诗》云："画史纷纷何足数，惠崇晚出吾最许。"

④ 卢辅圣. 中国书画全书（第一册）[M]. 上海：上海书画出版社，1993.

阔远；从山外远景，谓之高远。"① 画家取景时，物体距离的远近变化和画家视线的高低不同均会产生不同的审美体验。自山下仰观山巅，山色清晰明确，山峰傲立突出；自山前降望山后，山色阴晦重叠，山体深邃勃然；自近山而远望，远景缥缈模糊，画面冲融平淡。清代画家费汉源说："高远者，即本山绝顶处，染出不皴者是也。平远者，于空阔处，木末处，隔水处染出皆是。深远者，于山后凹处染出峰峦，重叠数层者是也。"②

阅览中国山水画传世名作，我们都会找到"三远"构图法的绝妙案例。高远之势，表现出山岳的巍峨与壮观，如荆浩《匡庐图》危峰重叠，高耸入云，山崖间飞瀑直泻而下，大有"银河落九天"之势，画家采用鸟瞰式全景构图，层次分明，山水壮阔，给人以旷远、峻拔、雄壮而博大的审美感受。深远之法，意在塑造千岩万壑、重峦叠嶂的山川气象，如展子虔的《游春图》画面右上部绘有崇山峻岭，山峦起伏，数峰叠起；左下部绘一低峦小山，与右上边山脉遥相呼应，形成远近、高矮对比。《游春图》以山水为主体，人物为点景，十分注意自然物象之间远近、大小、层次等关系的变化处理，"触物为情，备该绝妙"③。《后画录》评价展子虔的画作"远近山川，咫尺千里"④，《宣和画谱》说展子虔"写江山远近之势尤工，故咫尺有千里趣"⑤。平远构图法，重在展现一马平川的开阔场景，北宋画家惠崇所作的《溪山春晓图》画中布局取"平远"之势，但见崇山叠岭，云蒸霞蔚，气韵深幽，萦绕于山间的河流、湖水与云天融为一片，空灵邈远，境界脱俗。郭若虚《图画见闻志》说："（惠崇）善为寒汀远渚、潇洒虚旷之象，人所难到也。"⑥ 山水画以自然真实为基础，又高度关涉作者的情感体验，画家以"三远"之法构思山水景物，以散点透视营造万象自然，游目周览，层次万千，塑造出一种"咫尺之间显世界，方寸之中铸永恒"的审美境界。

中国山水画的美学旨趣在于创造意境，"意境是山水画的灵魂"⑦。宗白华说："中国画法不重具体物象的刻画，而倾向抽象的笔墨表达人格心

---

① 俞剑华. 中国画论类编 [M]. 北京：人民美术出版社，1986.
② 周积寅. 中国画论辑要 [M]. 南京：江苏美术出版社，1985.
③ 卢辅圣. 中国书画全书（第一册）[M]. 上海：上海书画出版社，1993.
④ 卢辅圣. 中国书画全书（第一册）[M]. 上海：上海书画出版社，1993.
⑤ 潘云告. 宣和画谱 [M]. 长沙：湖南美术出版社，1999.
⑥ 卢辅圣. 中国书画全书（第一册）[M]. 上海：上海书画出版社，1993.
⑦ 伍蠡甫. 山水与美学 [M]. 上海：上海文艺出版社，1985.

情与意境。"① 画家以心会物，思侔造化，追求情与景的和谐，物与我的合一。为达此目的，画家作画讲求"外师造化，中得心源"，画家以造化为师，无须机械地记忆某一物象，拘囿于物象的空间体积、轮廓大小与光影色相等，而是饱游遍览，搜尽奇峰，仔细领悟山川草木的神髓，力求"与天地同参"，达到造化与心源合一、情感与美景相谐的境界。宋人郭熙《林泉高致》云："山近看如此，远数里看又如此，远十数里看又如此，每远每异，所谓山形步步移也。山正面如此，侧面又如此，背面又如此，每看每异，所谓山形面面看也。如此是一山而兼数十百山之形状，可得不悉乎？"② 画家之所以要步步移、面面看，就是要在充分观照自然景物的基础上，抓住外在物象的神形，把握自然景观的韵致，化作胸中意象，发之于笔端，形成情景合一的山水画卷。

当代画家李可染认为，作山水画先要从无到有，再从有到无，即从简单到丰富，再由丰富归于简单。第一个阶段是画家的求实、求真时期，以有我之境观摩自然万物，加以消化吸收，最终通过画笔体现出来；第二个阶段是画家求新、求美的时期，把丰富、繁茂的自然景观归之于简单、归之于虚无，以无我之境加以发挥，信手绘即是绝妙画卷。李可染认为：中国人画画到一定境界，思想飞翔，达到了精神上的自由状态。传统已经看遍了，山水也都看遍了。画画的时候，什么都不用看，白纸对青天，胸中丘壑，笔纸烟霞。③

山水景物，变幻莫测，不可临摹，画家唯有外师造化，全凭胸臆，才能把握自然美景的神貌。宋代画家宋迪论作山水画说："先当求一败墙，张绢素讫，倚之败墙之上，朝夕观之。观之既久，隔素见败墙之上，高平曲折，皆成山水之象。心存目想，高者为山，下者为水；坎者为谷，缺者为涧；显者为近，晦者为远。神领意造，恍然见其有人禽草木飞动往来之象，了然在目，则随意命笔，默以神会，自然境皆天就，不类人为，是谓'活笔'。"④

中国的山水画是"因心造境"，画家将自己的主观情感充分融入自然景物中，借笔挥洒，一气呵成，成就一幅幅灌注着画家浓情厚意的图卷。黄公望晚年创作的《天池石壁图》描绘苏州以西的天池山胜景，画面层峦

① 宗白华．美学散步［M］．上海：上海人民出版社，1981．
② 俞剑华．中国画论类编［M］．北京：人民美术出版社，1986．
③ 孙美兰．李可染画论［M］．郑州：河南人民出版社，1999．
④ 金良年，胡小静．梦溪笔谈全译［M］．贵阳：贵州人民出版社，1998．

叠嶂，松柏苍翠，山溪涓涓，烟云缭绕，显露出一种明润秀拔、温雅平和的气氛。画中山、石、草、木交替生辉，不仅寄托着作者对林泉山野的向往，更折射出黄公望对现实生活的避让、淡然和隐逸的态度。戴进《春山积翠图》近景绘以写实的山石松木，中景和远景的两座山峦交叉对错，左右相接，画面中间施以大面积的留白，或表现如棉如絮、变幻莫测的山巅云海，或烘托丝丝缕缕、轻盈如纱的山腰薄雾，或映衬缭绕无边、随风而动的山麓轻烟。整幅画作虚实相间，刚柔并济，体现出画家某种高古清远、简约素朴的人生情怀。

《尔雅》云："画，形也。"① 早期，中国的山水画家重视对自然事物的逼真描绘，以再现山水景观之貌、还原自然万象之美为创作的目的。宗炳《画山水序》："以形写形，以色貌色也。"② 白居易《画记》："画无常工，以似为工；学无常师，以真为师。"③ 为惟妙惟肖地描绘自然景象，凸显山水景物的丰富美感，中国早期的山水画大多讲究"随类赋彩"的艺术原则，画家既可使用纯客观的自然主义描绘手法，展现山水世界的天然之美，也会在适当的情况下进行变色描绘，以表达特定主题或增强画面的艺术效果。值得注意的是，中国唐宋时期的山水画家大多深谙"形似"之道。无论是展子虔开创的青绿山水之河，用严谨工整的画笔绘就草木山川，还是王维、赵令穰等对画面柔美、和畅之风的追求，以自然诗意的笔法描摹着田园之美和自然之静，乃至惠崇、李成、郭熙等用透视的绘画技艺，把田园湖沼、村社草木等艺术地取入画中，脱俗不凡，洒脱有姿，他们或直抒胸臆，或含蓄婉转，或情深意浓，用生动的绘画语言、逼真的表现技法，表达他们对自然美景的欣赏，对农夫村民的礼赞以及对山林园野的向往。这种浓情写实、寄意自然画风的背后，是山水画家对自然山水的某种超凡脱俗的醒悟之爱，隐喻着自然万物生生不息的神秘力量，更诉说着人与自然之间彼此灌注、和合永恒的无上之美。

随着山水画创作水平的提升，中国的山水画家已不满足于形似之美，开始追求物象的神似，他们提出了"写生者贵得其神，不求形似"④ "写生家神韵为上，形似次之"⑤ "当不惟其形，惟其神耳"⑥ 等主张。在中国画

① 胡奇光，方环海．[M]．尔雅，译上海：上海古籍出版社，2004．
② 俞剑华．中国画论类编 [M]．北京：人民美术出版社，1986．
③ 俞剑华．中国画论类编 [M]．北京：人民美术出版社，1986．
④ 周积寅．中国画论辑要 [M]．南京：江苏美术出版社，1985．
⑤ 周积寅．中国画论辑要 [M]．南京：江苏美术出版社，1985．
⑥ 周积寅．中国画论辑要 [M]．南京：江苏美术出版社，1985．

创作中，形和神是一对既对立又统一的范畴，"形者其形体也，神者其神采也"①，明人高濂说：

> 余所论画以天趣、人趣、物趣取之。天趣者神是也，人趣者生是也，物趣者形似是也。夫神在形似之外，而形在神气之中。形不生动，其失则板；生外形似，其失则疏。故求神似于形似之外，取生意于形似之中。②

形揭示了事物的外延，是具体的、表象的、可视的，神揭示了事物的内涵，是抽象的、本质的、隐含的，形是神得以存在的物理媒介，神是形赋予生命的灵魂所在，二者彼此影响，相互依存。元明之后，一部分画家舍弃写形，走向绘神，主张以虚代实，以简寓繁，侧重笔墨神韵，田园之美逐渐走向诗化、美化的田园情趣和自然宁静的理想境界，田园乡村变成了活跃在纸绢上的文化象征和审美符号。"元人冠冕"赵孟頫批评宋代唯实是举、过于险怪与流于浓艳的画风，他的山水画将丹青与水墨、师古与创新、造境与写意综合于一体，使"游观山水"向"抒情山水"转化。在《水村图》中，赵孟頫画笔线条的变化如同书法一般，丰富潇洒，率意自然，毛笔与纸面接触的痕迹疏松而轻盈，留下一片淡雅、一片清宁，笔墨挥洒间，尽显悠远、苍茫之美，尽表出尘、脱俗之意。黄公望《富春山居图》以浙江地区富春江为描摹对象，画面山峰起伏，松石挺秀，平岗连绵，江水如镜，一片雄秀苍莽、简洁清秀之美。黄公望以清润的笔墨、娴熟的技法，把浩渺连绵的江南山水表现得淋漓尽致，格调"逸迈"③，神韵非凡。

清代画家石涛认为，要想做出神妙兼备的山水画，画家必须亲临山川大河，仔细观摩端详：查看山川形势，度量土地广远，辨识峰峦外观，体会云烟意味，达到"我脱胎于山川""山川脱胎于我"的境界，实现山川与我的"神遇迹化"。唯有如此，才能开创一代山水画风。石涛说：

> 测山川之形势，度地土之广远，审峰嶂之疏密，识云烟之蒙昧。正踞千里，邪睨万重，统归于天之权地之衡也。天有是权，能变山川之精灵；地有是衡，能运山川之气脉；我有是一画，能贯山川之形神。此予五十年前，未脱胎于山川也；亦非糟粕其山川，而使山川自私也。山川使予代山川而言也，山川脱胎于予也，予脱胎于山川也。搜尽奇峰打草稿也。山川

---

① 周积寅. 中国画论辑要 [M]. 南京：江苏美术出版社，1985.
② 周积寅. 中国画论辑要 [M]. 南京：江苏美术出版社，1985.
③ 温肇桐. 倪瓒研究资料 [M]. 北京：人民美术出版社，1991.

与予神遇而迹化也。所以终归之于大涤也。①

在艺术特色方面，石涛的作品笔法流畅自然，松柔秀拙，尤长于点苔，苍郁恣肆，丰富多彩。以石涛的经典代表作《山水清音图》为例，在这幅画作中，石涛用笔劲利沉着，用墨淋漓泼辣，山石以淡墨勾皴，用浓墨、焦墨皴擦，多种皴法相继互施，夹光带毛，水墨交融，生机无限。画面描绘的是错落纵横的山岩，奇松突立，恣意生长；一股瀑布从山巅直泻而下，穿越茂密的竹林和山木，冲击岩石，注入深潭，喷雪趵突，动人心脾。两位高士正对坐桥亭，指点江山，参悟造化。瀑布的巨响，流水的潺潺，秋风的萧瑟，松涛的吟啸，种种天籁交织成一首荡气回肠的交响曲。整体观之，这幅画作笔墨相会，动静有序，粗细得宜，氤氲密布。特别是那洒落漫山遍野的藓苔，配以尖笔剔出的郁郁丛草，使整个画面萧森密盛，苍莽幽邃，体现出一种热情奔放的浩然之气和大气磅礴的壮美之韵，令人震撼，使人动容。

石涛的田园画作用笔恣肆任性，淋漓洒脱，不拘小处瑕疵，作品上下透出一种豪放、郁勃的气势。在画境塑造方面，石涛尤其善用截取法，以特写之景表达深邃之境，作画强调心物统一，艺术形象追求"不似之似"。石涛曾言："名山许游未许画，画必似之山必怪。变幻神奇懵懂间，不似似之当下拜。"② 他认为，作画应从大处着眼，不必拘泥于客观物象，而应该有所概括取舍，以此来表现作者对线条、黑白、有无等构图元素的审美感悟，传递出一般绘画所无法言表的象外之象、景外之景的意涵。事实上，不似之似的绘画理念古已有之，倪瓒《与张仲藻书》云：

图写景物，曲折能尽状其妙处，盖我则不能之。若草草点染，遗其骊黄牝牡之形色，则又非所以为图之意。仆之所谓画者，不过逸笔草草，不求形似，聊以自娱耳。③

倪瓒的不求形似不是全然忽视"形"的界限，也不是任意随性的自由挥洒，而是要使"形"成为胸中逸气的呈现，是"逸笔草草"自然而然地组织、构思的结果，从而变"非所以为图之意"为合乎图的意旨。宋元以来，各路画家在师法前人、继承遗风中又不断寻求突破，宋画追求形神兼备的自然逼真，通过物我两忘的形象塑造，使源于现实的物象妙夺造化、高于现实；元画对自然事物的逼真感要求较低，更加看重画家对物象的把

---

① 道济. 石涛画语录 [M]. 北京：人民美术出版社，1962.

② 汪绎辰. 大涤子题画诗跋校补 [M]. 上海：上海人民美术出版社，1987.

③ 引何良俊. 四友斋丛说 [M]. 北京：中华书局，1959.

握是否能充分表现人的心境与情感，即便是"逸笔草草"的涂抹，同样也是不可多得的艺术珍品；以石涛为代表的明清诸家鲜明直白地追求不似之似，跨越了宋画的逼真描绘和元画的形似心境，用"不似"作为评判画作优劣的标准，创造出超越自然物象的高妙意境。不似之似的结果是画家执着于写我胸臆的自然与洒脱，绘画的技法、手段等技进乎道的标准已成为不登大雅之堂的雕虫小技，画家作画已是功夫在画外，人品、休养、性灵等皆成为创作的参与要素。与写实、写生的宋人绘画相比，明清以来的不似之似妙在内涵的似，不在外形的似。这种舍形以取神、舍象以求意的理念，与名家的"白马非马"、禅家的"亦名为假名"恰有异曲同工之妙。宋人的"似"是通过个别的、具体的自然景物，传达出抽象的、升华的"非似"；元明诸家的"不似"是借助抽象的、升华的意念之物，传达出超越个别、超越具体的"似"。董其昌曾说："以径之奇怪论，则画不如山水；以笔墨之精妙论，则山水决不如画。"中国的山水画艺术发展到明清后，画家对山水美学的追求已大大跳出了前人的艺术窠臼，他们径直从笔墨形式出发，去痛快淋漓地发掘图形的程式美，表达一种"形中透象，象外寓形"的美学旨趣，创造出类似于贝尔（Clive Bell）"有意味的形式"的独特审美意涵。

第四章　乡村叙事美学

本章主要通过研究农耕文化与美学现象、乡土叙事与乡愁情结、诗意乡土与故土情趣等来对乡村叙事美学进行论述。

第一节　农耕文化与美学现象

中国农业有着源远流长的光辉历史，而且"中国人好像一旦踏上了农业路，就再也没有背离过"①。20 世纪 70 年代，考古人员在发掘河姆渡文化遗址时，发现了堆积的稻谷，谷壳和稻叶还保持着原有的形态，稻谷已经炭化。除此之外，考古人员还在遗址中发现了其他植物遗存，如葫芦、酸枣、麻栎果等果实的果壳或果核。这无疑说明，早在石器时代，远古先民就已经学会了种植水稻和其他作物，借此果腹充饥。而在西方，"自从石器时代起，罗马就出产五谷和牲畜，农业状态颇有高度的发展"②。

古罗马学者瓦罗（M. T. Varro）认为，农业"不仅仅是一种技艺，而且是一种既必需又重要的技艺；它教给我们在各种不同的土地上，要种怎样一些庄稼和使用怎样一些方法"③。掌握了农业技艺，不代表就出现了农业美学。事实上，上古先民种植农作物的技术非常原始和简陋，基本上处于刀耕火种的状态。"人们选择好计划种植的林地，先用石斧把树木灌丛砍倒，然后放火烧成灰烬，这既提供了天然的肥料，又把土壤烧得疏松些。垦辟出来的田地不加耕翻，一般种植一两年即地力衰竭而被抛荒，人

---

① 许倬云．汉代农业：早期中国农业经济的形成［M］．程农，等，译．南京：江苏人民出版社，1998.
② 董之学．世界农业史［M］．重庆：昆仑书店，1930.
③ 瓦罗．论农业［M］．王家绶，译．北京：商务印书馆，1981.

们又另行开辟新地。所以有人把刀耕火种农业叫作'生荒耕作制'。"① 因为当时科技文化水平不发达，远古先民仅仅把农业当作生存的手段，似乎并不关心农作物外形的大小、农业技艺的优劣，抑或生态环境的和谐。在此后绵延数千年的封建社会中，农业作为国民经济的根本产业，一直被国家视为社会稳定的基础，被大众当作延续后代的保障，也并未成为一个独立的审美对象出现在人们的视野中。

今天，我们论及农业美学，是以今人的美学理论视角，审视农业在人类发展史上的文化价值与美学意义，找寻农业在延续中华民族数千年文明过程中所扮演的角色，以此推进当下生态农业的发展与科学文化的进步。按农业发展的模块构成，农业美学可分为农作物的美，农业技艺的美学特征，与农业相关的园艺事业、水利技术、节令物候等的美学价值，以及由农业文化派生出的田园艺术（如农业歌谣、农事诗、稻田画等）。

对于农作物有没有美的问题，实际上已不必再作过多纠缠。在凡夫俗子看来，农产品不过是盘中餐、腹中物，当然没有美的因素。但人人都爱又大又红的苹果，都喜欢又脆又甜的西瓜，殊不知，这"大""红""脆""甜"就是美的信息。农作物在大自然中茁壮生长，沐浴朝露晚霞，吸收天地精华，待到成熟时节，把自己的全部奉献给人类，这难道不是一种美吗？倘若我们有一双善于观察的眼睛，就会发现槐树叶呈对生分布，左右对称，相互协调；玉米的主茎节节拔高，由粗渐细，宛如一株绿色的长圆锥伸向天空；油菜花海一片金黄，蜂飞蝶舞，春光无限。由此，无不说明农作物的美是存在的，而且美得自然、美得纯粹。再者，今天我们听到的很多当代歌曲，如《在希望的田野上》《风吹麦浪》《稻香》等，歌词中出现的农作物形象，经过歌者的演绎，不但不觉突兀，反而更能衬托出画面的和谐与意境的优美。

美的农作物离不开农民的精心培育。古往今来，广大农民为追求农作物的丰收丰产，潜心于农艺技术的发明和推广，代代相传，不断发展。今天，我们阅读古人的农学著作，观察遗留至今的农机器具，也会为蕴藏其中的美学智慧所折服。

---

① 范楚玉.试论我国原始农业的发展阶段：兼谈犁耕和牛耕 [J].农业考古，1983（2）.

一、因地制宜的耕耘理念

战国时期，中原农民就已掌握了铁犁牛耕或铁犁马耕的耕作技术。铁制犁具的使用，为土地的深耕细作提供了可能。《吕氏春秋·任地》云："五耕五耨，必审以尽。其深殖之度，阴土必得。大草不生，又无螟蜮。今兹美禾，来兹美麦。"① 农民在犁田时，加大耕犁的次数，深入松动土壤，细化土质颗粒，既有助于作物生根萌芽，又可使农田"大草不生，又无螟蜮"，达到除杂草、防虫病的功效。"在中国北方，只有将土地的表层在翻耕之后打碎成可以覆盖耕地地表的细小颗粒，干燥的黄土地才不会很快失去水分。同时，种子深播于土壤里，就可以吸收来自地下水的水分，得到矿物质和有机质的滋养。"② 随着深耕技术的推广，农民渐渐学会了垄作之法。若在高旱之地，农民则把庄稼种在沟里，借以抗旱保墒；若在低湿之地，农民则把庄稼种在高出的埂上，借以排水防涝。《吕氏春秋·任地》云："上田弃亩，下田弃畎。"③ 作物无论生长在高处还是低处，皆能通风透光、吸水固土，从而提高了农作物的产量。古代中国地域范围广阔，各地的自然地理、气候状况等千差万别，农民在耕种时逐渐摸索出了一套合乎当地实情的耕种规律。根据土壤条件的差异，根据不同的地势特点，农民选种不同的作物，并施以相应的耕作之法，因地制宜、因物制宜，取得了显著的成效。《淮南子·主术》云："肥硗高下，各因其宜。丘陵阪险不生五谷者，以树竹木，春伐枯槁，夏取果蓏，秋畜疏食，冬伐薪蒸，以为民资。"④ 王充《论衡·量知》云："地性生草，山性生木。如地种葵、韭，山树枣、栗。"⑤ 西方哲学家加图说："田地肥美、膏腴、没有树木的地方，应作麦田，如该田云雾笼罩，应当种油菜、萝卜、玉黍，特别是黍稷。在肥沃温暖的土地上，要种植制果饯用的橄榄。"⑥《管子·地员》对全国的土质状况进行了细致地调研，并对各类土壤适宜种植的作物进行了相应的分析。《管子·地员》认为，当时全国的土壤中，以"五粟"

---

① 张玉春. 吕氏春秋译注 [M]. 哈尔滨：黑龙江人民出版社，2003.
② 许倬云. 汉代农业：早期中国农业经济的形成 [M]. 程农，等，译. 南京：江苏人民出版社，1998.
③ 张玉春. 吕氏春秋译注 [M]. 哈尔滨：黑龙江人民出版社，2003.
④ 许匡一. 淮南子全译 [M]. 贵阳：贵州人民出版社，1993.
⑤ 王充. 论衡全译 [M]. 贵阳：贵州人民出版社，1993.
⑥ 加图. 农业志 [M]. 马香雪，等，译. 北京：商务印书馆，1986.

"五沃""五位"为"上土"。五栗之土，湿而不黏、硬而不瘠，适种"大重细重，白茎白花"；五沃之地，疏松多孔，虫鸟易聚，适种"大苗小苗"；五位之土，软硬适中，长有地衣，适种"大苇无细苇无"。①

后来，随着农业实践的进一步发展，勤劳智慧的中国农民逐渐学会了间作、套作、轮作等耕种技术。根据土质条件和气候特征的不同，践行相应的耕作"哲学"。《陈旉农书》云："早田获刈才毕，随即耕治晒暴，加粪壅培，而种豆麦蔬茹。"早稻收获后，立即撤水晾干，加粪翻培土地，可种植小麦、大豆等作物以倒茬。这样做可以"熟土壤而肥沃之，以省来岁功役，且其收又足以助岁计也"。对于晚稻田，陈旉又说："宜待春乃耕，为其藁秸柔韧，必待其朽腐，易为牛力。"② 即晚田应等到来春再耕，此时秸秆已经腐烂，化作肥料，土壤条件较好。至于山坞低洼地，"经冬深耕，放水干涸，雪霜冻冱，土壤苏碎；当始春，又遍布朽薙腐草败叶以烧治之，则土暖而苗易发作，寒泉虽洌，不能害也"，在冬耕后，应把水放干，以利于土壤苏解，开春时再将土地上的枯草败叶放火焚烧，使土暖田肥，以促进禾苗的生长。对于开阔的平旷土地，"平耕而深浸，即草不生，而水亦积肥矣"③，应在秋耕之后，灌水润田，以使土地过冬时杂草不生，保持土壤的肥沃。对于地势较高、种植早稻的田地，在收获后，《王祯农书》云："八月燥耕而煤之，以种二麦……二麦既收，然后平沟畎，蓄水深耕，俗谓之'再熟田'也。"④ 对于地势较低、种植晚稻的田地，《王祯农书》又说："十月收刈既毕，即乘天晴无水而耕之，节其水之浅深，……日曝雪冻，土乃酥碎。仲春土膏脉起，即再耕治。"⑤

农耕技艺的发达，直接促成了民间农耕题材艺术作品的繁荣。以天津杨柳青制作的木版年画为例，杨柳青农耕题材的年画作品具有内容丰富、笔法细腻、色彩明艳的特色。在杨柳青经典木版年画《春牛图》中，画面右端侧卧一头黄牛，目光柔和，神态安详；黄牛旁边坐着一个梳着发髻的牧童，穿着喜庆的红衣，手拿细长的竹竿，似乎在稍作休息，又似若有所思。整幅画作，色彩鲜明生动，画风质朴自然，牧童与黄牛的组合更寄寓着农民对六畜兴旺、五谷丰登的渴盼。木版年画《庄家忙》描绘的是农民

---

① 朱迎平，谢浩范．管子全译［M］．贵阳：贵州人民出版社，1996.
② 万国鼎．陈旉农书校注［M］．北京：农业出版社，1965.
③ 万国鼎．陈旉农书校注［M］．北京：农业出版社，1965.
④ 王祯．王祯农书［M］．王毓瑚，校注．北京：中国农业出版社，1981.
⑤ 王祯．王祯农书［M］．王毓瑚，校注．北京：中国农业出版社，1981.

粮食丰收的现实场景。农民喜获丰收后，在场上一派繁忙：有扬场的，有碾压的，有晾晒的，有装卸的，大家各自忙碌，将粮袋装得满满的，将粮垛堆得高高的，整个场面热闹非凡、喜气洋洋，一派丰收兴旺的景象。在《庄家忙》的绘制过程中，年画艺人既吸收了古代绘画传统，又借鉴了民间木刻版画的艺术表现形式，采用木版套印和手工彩绘相结合的方法，在宣纸上进行印刷，画面色彩恬淡柔和，人物形象圆润饱满，富有和谐生动、自然朴实的美感。

在我国少数民族地区，每到耕作时节，喜悦的农民往往舞之蹈之、歌之咏之。如云南基诺族插秧时要"合乐"，每点完一垅秧苗，男女会合，歌舞自娱；高山族、佤族在春米时，"杵歌"相伴，余音不绝。最为知名的当属朝鲜族的农乐舞。中国的朝鲜族世代生活在关东地区，是一支主要从事水田种植的古老民族。朝鲜族的农乐舞俗称"农乐"，表现朝鲜族农民喜庆丰收的场景。在表演前，器乐手先吹打各种民间乐器暖场，领衔者为敲锣者，舞蹈的开始、中间的变换及结尾，均由敲锣者指挥引导。农乐舞表演时，必须有一位打旗的人，旗上写有"农者，天下之大本也"八个大字，打旗者站在敲锣者之前，尽情舞动，满怀豪情。在农乐舞的表演中，没有演员和演奏者之分，演员既是演奏者又是舞蹈者。吹打各种民间乐器的演员，伴随着音乐旋律手舞足蹈，边舞边鼓，边跳边吹，旋律与动作和谐一致，演员与舞蹈完美融合。这些翩翩起舞的演员，舞姿或柔婉袅娜，如仙鹤展翅，似木槿花开；或刚劲活泼，如鹿鸣跳跃，似清风鸣笛，给人一种和谐、稳重、洒脱、朴实的美感，反映了朝鲜民族奋发激昂、含蓄深沉的精神品格。

二、顺天应时的生命哲学

自农业诞生以来，中国农民逐渐意识到在农业生产的每一个环节，都必须掌握好农时，尽可能把握住有利于作物生长的气候环境。《荀子·王制》云："养长时，则六畜育；杀生时，则草木殖。"[①] 《齐民要术》云："凡秋耕欲深，春夏欲浅。犁欲廉，劳欲再……秋耕埯同埯青者为上……初耕欲深，转地不深……菅茅之地，宜纵牛羊践之……七月耕之，则

---

① 蒋南华. 荀子全译 [M]. 贵阳：贵州人民出版社，1995.

死。"① 《氾胜之书》说："种稻，春冻解，耕反其土。种稻区不欲大，大则水深浅不适。冬至后一百一十日可种稻。稻地美，用种亩四升。"② 《清稗类钞》第五册《农商类·农业》载：

正月，棉花地翻泥。或以人督牛，或人自为之。

二月，麦田菜地施肥料，种紫荷花草。

三月，捞水中草泥，捞时置之舟中。加泥于田塍，种菱养鱼。

四月，获麦，稻田布种，俗曰种秧田。种棉花，种芋。

……

十一月，捕鱼，樵薪，垦桑地。

十二月，樵兼葭，樵绿柴，为染料之用。种薹菜。③

从中我们可以发现，一年四季，农民在不同季节从事不同的农事活动，各项活动被安排得错落有致、井井有条，如同一幅连贯的全景式农事"年画"。《诗经·豳风·七月》是一篇著名的农事诗，其中涉及许多节令、物候信息：

七月流火，九月授衣。一之日觱发，二之日栗烈。无衣无褐，何以卒岁？三之日于耜，四之日举趾。同我妇子，馌彼南亩，田畯至喜。

……

六月食郁及薁，七月亨葵及菽。八月剥枣，十月获稻。为此春酒，以介眉寿。七月食瓜，八月断壶，九月叔苴。采荼薪樗，食我农夫。

九月筑场圃，十月纳禾稼。黍稷重穋，禾麻菽麦。嗟我农夫，我稼既同，上入执宫功。昼尔于茅，宵尔索绹，亟其乘屋，其始播百谷。"④

"三之日于耜"即修整农具，"四之日举趾"即下地耕种，"七月食瓜"即享用瓜果，"八月断壶"即收获葫芦，"九月筑场圃"即修筑场圃，"十月获稻"即收割稻子。农民根据月令，从事不同的农业活动，春种、夏长、秋收、冬藏，顺天应时，科学有度，仿佛在歌唱着一部"天人合一"的农耕史。

在长期的农耕实践过程中，中国农民凭借勤劳的双手与坚韧的毅力，不断总结农作物种植、管理与收获的经验，积累了丰富的物候与历法知识，最终形成了中国独有的"节气—农业"文化。《淮南子·天文》云："日行一度，十五日为一节，以生二十四时之变。斗指子则冬至，音比黄

---

① 谬启愉. 齐民要术校释 ［M］. 北京：中国农业出版社，1998.

② 万国鼎. 氾胜之书辑释 ［M］. 北京：中华书局，1957.

③ 徐珂. 清稗类钞 ［M］. 北京：中华书局，1984.

④ 程俊英，蒋见. 元诗经注析 ［M］. 北京：中华书局，1991.

钟。加十五日指癸，则小寒，音比应钟。加十五日指丑，则大寒，音比无射。……加十五日指壬则大雪，音比应钟。"① 一年之中，地球的公转形成了日地关系的不断变化，太阳辐射因此出现消长演变，从而导致地球出现冷暖干湿等不同的气候特征，最终直接影响到农作物的生荣枯落。所以，二十四节气准确地反映出日地运动与农业气象的紧密关系。

二十四节气自诞生后，就被农民广泛地应用于农业生产。例如，《氾胜之书》在论及耕作时，提到立春、夏至、秋分等季节，在栽培管理方面，多次以夏至为基准，推算适宜的农时。东汉崔寔《四民月令》中的农事活动按月份编排，其中提及了雨水、春分、清明、谷雨、立夏、芒种、夏至、处暑、白露、秋分等节气，并且以物候指示农时，引导农民从事农业劳动，如"布谷鸣，收小蒜""昏参夕，杏华盛，桑葚赤，可种大豆"等②。今天，与节气相关的农谚仍广泛地流传于中国乡间，如"清明前后，种瓜点豆""谷雨栽早秧，节气正相当""白露没有雨，犁地要早起"等，这些农谚自然朴实、简单明晰，形象地揭示出农民群众对农业生产规律的科学把握。

农业生产的时令性和循环性决定了农耕生产方式的经验累积和周而复始，使得"古老的氏族传统遗风余俗、观念习惯长期保存、积累下来，成为一种极为强固的文化结构和心理力量"③。瓦罗说："农业的要素也就是构成宇宙的要素：水、土、空气和阳光。"④ 张岱年先生说："中国古代的哲学理论、价值观念、科学思维以及艺术传统，大都受到农业文化的影响。"⑤ 从表面上看，二十四节气的定名是季节、物候现象、气候变化三者的综合，实则凸显出中国农民"天人合一"的宇宙观与"知行统一"的认识论：

夫稼，为之者人也，生之者地也，养之者天也。

——《吕氏春秋》⑥

上因天时，下尽地财，中用人力，是以群生遂长，五谷蕃殖。

——《淮南子》⑦

顺天时，量地力，则用力少而成功多；任情返道，劳而无获。

---

① 许匡一. 淮南子全译 [M]. 贵阳：贵州人民出版社，1993.
② 石声汉. 四民月令辑释 [M]. 北京：中华书局，1965.
③ 李泽厚. 中国古代思想史论 [M]. 北京：人民出版社，1985.
④ 瓦罗. 论农业 [M]. 王家绶，译. 北京：商务印书馆，1981.
⑤ 张岱年. 张岱年全集（第八卷）[M]. 郑州：河北人民出版社，1996.
⑥ 许维. 吕氏春秋集释 [M]. 北京：中华书局，2009.
⑦ 许匡一. 淮南子全译 [M]. 贵阳：贵州人民出版社，1993.

——《齐民要术》①

农民劳作在原野上，耕耘于天地间，从日月星河的变换中，总结出"四时八节"的历法规律，从燕来蛐鸣的端倪中，摸索出春耕秋收的农事法则，代代相传，不断超越，直至上升为基层农民大众道法自然、顺天应时的生命哲学，并孕育出自强不息、躬行实践、吃苦耐劳的民族精神。

三、耕读传家的处世态度

在数千年的历史长河中，"农本商末"理念始终是中国传统经济思想的主调，历朝历代统治者莫不推行"重农抑商"的治国理政策略，"农业在中国人的生活方式中始终保持着至高无上的地位"②。在此背景下，耕耘稼穑始终是我国广大人民群众的首要事业，村野农民自不必说，有时达官显贵为体现对农业的重视，也会对农事劳动倾注较多心力。宋代士大夫辛弃疾自号"稼轩"，他说："人生在勤，当以力田为先。"③ 朱熹在漳州为官时，颁布《劝农文》："契勘生民之本，足食为先。是以国家务农重谷，使凡州县守倅皆以劝农为职。"④ 纪昀在《训子书》中说："吾特购良田百亩，雇工种植，欲使尔等随时学稼，将来得为安分农民，便是余之肖子。"⑤ 有时，当朝天子为垂范百姓，也会选择亲耕的方式，以昭示苍生、兴发农业。如《礼记·祭统》曰："天子亲耕于南郊，以共斋盛。"⑥ 清人方苞《圣主躬耕耤田颂》云："乃以仲春元辰，躬临耤田，展事先农，秉耒三推，登台以观，终亩于时。"⑦

对一些文人而言，服田力穑有着非比寻常的意义，它既可以使人自给自足、存活于世，更能磨砺筋骨、修养意志，获得一种精神的丰足或超越。东汉经学家郑玄一边耕作一边授徒讲学，"客耕东莱，学徒相随已数

① 谬启愉. 齐民要术校释 [M]. 中国农业出版社, 1998.
② 许倬云. 汉代农业：早期中国农业经济的形成 [M]. 程农, 等, 译. 南京：江苏人民出版社, 1998.
③ 脱脱. 宋史 [M]. 北京：中华书局, 1977.
④ 曾枣庄, 刘琳. 全宋文 [M]. 上海：上海辞书出版社 2006.
⑤ 包东坡. 中国历代名人家训荟萃 [M]. 合肥：安徽文艺出版社, 2000.
⑥ 杨天宇. 礼记译注 [M]. 上海：上海古籍出版社, 2004.
⑦ 方苞. 方苞集 [M]. 刘季高, 校点. 上海：上海古籍出版社, 1983.

百千人"①。东晋大诗人陶渊明退居田园后，过着"既耕亦已种，时还读我书"②的耕读生活，常以"衣食当须纪，力耕不吾欺"③自勉，"其妻翟氏，志趣亦同，能安苦节，夫耕于前，妻锄于后"④。在陶渊明看来，劳动生活虽然让人身体繁累困乏，但比起钩心斗角、摧眉折腰的官场生活，却是让人从心底轻松快乐不少。北宋文豪苏轼幼时过着半耕半读的田园生活，"我昔在田间，但知羊与牛。川平牛背稳，如驾百斛舟。舟行无人岸自移，我卧读书牛不知"⑤。后来被贬黄州时，他亲自开荒辟地，躬耕园野，"某见在东坡，作陂种稻，劳苦之中，亦自有乐事。有屋五间，果菜十数畦，桑百余本：身耕妻蚕，聊以卒岁也"⑥。在中国人的传统中，耕田与读书并为人生的头等大事，二者相互影响、紧密联系，共同构成了华夏民族立身处世的基本范式。耕田是体力劳动，是人生存的前提；读书是脑力劳动，是人发展的保障。耕田与读书相辅相成，农民通过耕田"而使他们的土地丰产，同时他们可保持自己的身体强壮"⑦，为读书活动创造一定的经济基础；而读书可提高人的精神修为，为更好地从事农业生产提供智力支持。张履祥在《训子语》中说："读而废耕，饥寒交至；耕而废读，礼仪遂亡。"⑧清代大儒曾国藩自幼生活在农村，熟悉农事，勤俭持家。后来他官居高位，仍念念不忘农家生活，多次叮嘱子女重视耕读，他在给儿子曾纪泽的信中说："男子须讲求耕读二事，妇女须讲求纺绩酒食二事。"⑨"耕"以立家，"读"以兴家，耕读传家的思想蕴含着一种克勤克俭的美德化育，吃苦耐劳的品格塑造和知书达理的人文理想，它反映了儒家学者在士农工商四业选择中基本的价值追求，寄寓着士大夫对家庭建设和社会发展的深切情怀。

"在乡下住，种地是最普通的谋生办法"⑩，但有追求的农民往往不会满足于此，他们知晓读书与做人的道理，明白知识对改变人的命运的作用。所以，在科举时代，农家子弟一般都要入塾读书。《王祯农书》云：

① 范晔. 后汉书 [M]. 北京：中华书局，1965.
② 袁行霈. 陶渊明集笺注 [M]. 北京：中华书局，2003.
③ 袁行霈. 陶渊明集笺注 [M]. 北京：中华书局，2003.
④ 李延寿. 南史 [M]. 北京：中华书局，1975.
⑤ 苏轼. 苏轼诗集 [M]. 北京：中华书局，1982.
⑥ 苏轼. 苏轼文集·与李公择 [M]. 孔凡礼，点校. 北京：中华书局，1986.
⑦ 瓦罗. 论农业 [M]. 王家绶，译. 北京：商务印书馆，1981.
⑧ 陈祖武. 杨园先生全集（卷四十八）[M]. 北京：中华书局，2002.
⑨ 曾国藩. 曾国藩全集 [M]. 北京：京华出版社，2001.
⑩ 费孝通. 乡土中国 [M]. 北京：北京出版社，2004.

"古者，田有井，党有庠，遂有序，家有塾。新谷即入，子弟始入塾，距冬至四十五日而出。……散则从事于耕，故天下无不学之农。"①

农家少年从小被置于"子曰诗云"的熏陶中，希望有朝一日可以蟾宫折桂，实现"朝为田舍郎，暮登天子堂"的蜕变。

农民对科举考试的迷恋，反映在他们的言行中，也记录在乡间文艺作品中。我们今天看到的许多古代戏曲，通常都有着"家庭困顿—参加科考—金榜题名—衣锦还乡（或娶妻做官）"的桥段。对科举考试改变命运的渴求，对耕读传统的重视，已成为封建社会中基层农民普遍的集体无意识，并影响了各种形式的乡土文艺叙事主题。以陕西凤翔年画《耕读渔樵四民乐》为例。画面中间是一株参天老树，一位读书人依偎在树旁埋头苦读；画面左边一个渔夫正在张网捕鱼，身旁竹篓里的鲤鱼正活蹦乱跳，渔民忙得无暇他顾。在河上横卧一座桥，樵夫荷柴从桥上走过，准备赶往集市以卖柴换米、供养家室；画面右边一株古柳弯曲有致，树边良田数亩，田间小道上一童子正向近处赶来。童子的正前方，一个头戴斗笠、手握锄柄的农夫，挥手招呼着手提壶浆竹篮的孩童，似在高声呼唤，又似叮咛嘱咐。整幅画作人物线条流畅自然，纹理清晰劲健，敷彩朴拙老道，耕田、读书、捕鱼、伐薪皆是乡村再平常不过的场景，却被年画艺人巧妙地汇集在一幅图卷上，足见"耕读传家、渔樵度日"在农民心目中的重要地位。

四、传统乡村文化的特质

中国数千年乡土社会的发展，凝结成了灿若星河、连绵不绝的乡村文化图景。在早期的广袤原野上，先民为抵抗自然灾害以及获得更好的生存方式，逐渐学会了使用原始的生产工具，如石头、木棍等，以此进行生产与生活的实践活动。随着历史的车轮滚滚向前，人类改造自然的实践范围不断扩大，社会化交往进一步拓展，在不断改造自然界面貌的同时，人类也在改造着自身。人们的劳动智慧、生存能力、社会经验等均获得了极大的提升，社会化的劳动大分工就此诞生：他们变成了可以使用铁制农具耕耘田畴的农民；变成了可以创制陶器、青铜器进行生产生活的手工业者；变成了可以绘制美好山水田园画卷的乡土画师；甚至变成了可以高唱"农人告余以春及，将有事于西畴"的解甲归田的士大夫……实践的作用，使

---

① 王祯. 王祯农书［M］. 王毓瑚，校注. 北京：中国农业出版社，1981.

乡间大地逐渐走出了原始的愚昧野蛮状态，脱掉了未开化、无教养的标签。就这样，如星星之火的乡村文化得以不断发展旺盛，并随着基层百姓的不断实践，进一步地燃烧到整个乡土中国。乡村文化的产生和发展不是一蹴而就的，而是一个漫长的社会化的历史过程。在此过程中，乡土群众改造自然和社会的巨大力量逐渐成形，并由此确立了乡村文化在人类文明进程中的地位和作用。所以，乡村文化是一种社会历史现象，它是乡村人民在实践过程中依靠乡土环境、自身能力和社会经济条件等所创制的一系列物质精神财富的总称。它既有别于动物机械的、无意识的活动能力，也不同于城市人群凭借发达的教育背景、商业气息和政治权力的中心地位所造就的城郭文化或都会文化。乡村文化产生和发展的过程，是乡野群众日益丰富自身人生观、世界观和价值观，并由此确立了属于乡土百姓的思想观念、情感认知、行为态度以及审美趣尚的过程。

《尚书·禹贡》云："东渐于海，西被于流沙，朔南暨声教，讫于四海。"从世界地理版图上看，中国地处亚欧大陆的最东边，北方是戈壁草原和西伯利亚寒带冰原，西部是帕米尔高原及连绵的群山，东面和南而是浩渺的大海，种种天然屏障为中华民族的繁衍生息提供了相对安全的隔绝机制，避免了华夏文明遭到外部势力的民族屠戮或文化殖民。然而，相对隔绝的自然地理环境，既助长了华夏儿女"足乎己无待于外"的封闭自足意识，客观上也促进了中国自给自足的农耕文明的发展。然而，农耕文明的发达，使得一切社会制度、伦理规范或经济发展模式等，通通向农业、农村和农民靠拢。马克思曾指出："像在古代社会和封建社会，耕作居于支配地位，那里连工业、工业的组织以及与工业相应的所有制形式都多少带有土地所有制的性质。"在农耕文明高度发达的中华大地上，乡土文化的繁荣显然也就不足为奇了。

中国传统乡村文化是在农耕文明大背景下产生和发展起来的，它所呈现的诸种特质表现为历史的稳定性与连续性。概括来说，主要有以下几个方面。

（一）宗族传统的根本影响

在乡村宗族系统中，以成年男性为中心，按照父子相承的继嗣原则上溯下延，成为宗族的主线。主线之外存有若干支线，支线的位次根据一主线之间血缘关系的亲疏远近而定。在整个宗族脉络中，父权始终是权力的核心，瞿同祖在《中国法律与中国社会》中说：

中国的家族是父权家长制的，父族是统治的首脑，一切权力都集中在他的手中……中国的家族是重祖先崇拜的，家族的绵延，团结家族的一切伦理，都以祖先崇拜为中心——我们甚至可以说，家族的存在无非为了祖先的崇拜。在这种情形下，无疑家长权因家族祭司（主祭人）的身份而更加神圣化，更加强大坚韧。

通常情况下，一个宗族所包括的人口有多有少，少则数十人，多则成千上万人。《汉书·辛庆忌传》云："宗族支属至二千石者十余人。"《后汉书·天文志上》说："夷灭述妻宗族万余人以上。"数量庞大的宗族成员往往聚居在一起，通过一整套严格规范的族谱、族规来维系族内的关系。《白虎通义·宗教》云："族者，何也？族者，凑也，聚也。谓恩爱相流凑也。上凑高祖，下至玄孙，一家有吉，百家聚之，合而为亲，生相亲爱，死相哀痛，有会聚之道，故谓之族。"上至"高祖"，下至"玄孙"，宗族成员聚居在同一个地域，共用一个姓氏，族内辈分等级鲜明，俨然成为居住地一支突出、庞大的社会文化"单元"。这种以血缘宗法为纽带的宗族传统极其稳固，使得古老的氏族传统遗风余俗、观念习惯长期保存、积累下来，成为一种极为强固的文化结构和心理力量。

中国传统的村落基本上是由婚姻血亲关系构成的社会群体，而且血缘群体与地缘群体高度重合，我们翻看相关典籍发现：

一村唯两姓，世世为婚姻。亲疏居有族，少长游有群。

无论哪一县，封建的家族组织十分普遍，多是一姓一个村子，或一姓几个村子。

——毛泽东《井冈山的斗争》

邑俗旧重宗法，聚族而居，每村一姓或数族，姓各有祠。

这种一村仅有一姓或数姓的村落人口结构，在中国南北方的乡村地区几乎普遍存在，其村庄名字多冠以族姓，如"李家村""王家庄""张家屯"等。"几乎所有中国人的姓都可以用来指称乡村的名称。有时，两个或更多的姓被连在一起作为乡村的名称，如'张王庄'，即张家和王家的乡村"。

乡村宗族内部关系的界定和维护通常会借助祠堂、家谱、族规等文化要件。祠堂一般供奉着祖先的神主牌位，每年拜祭时节，全族成员在此祭奠先人。黑格尔在《历史哲学》中曾说："中国每一家族都有祠堂一所，全族每年聚集在祠堂内一次。在祠堂内，曾任职高官的祖宗都悬有遗像，其他在族中较为次要的男女，都记名在神主牌位上。"不仅如此，有时族亲商议族内重要事务、各房子孙办理婚丧寿喜、族长训示灌输宗族家法等，也多在本族祠堂内进行。清代学者全祖望有言："而宗祠之礼，则所以维四世之服之穷，五世之姓之杀，六世之属之竭，昭穆虽远，犹不至视若路人者，宗祠之力也。"与祠堂相比，家谱更多地承载了家族档案文书的作用。在一个乡村宗族中，家谱是记录家族内部世系繁衍及相关人物事迹的重要文书，它不仅记录着本家族的历史来源、迁徙轨迹、分布地域，有的还包含了该家族繁衍生息、仕宦科第、婚配通亲等历史文化。

（二）朴素多样的民间信仰

民间信仰的产生有其悠久的历史根源。在上古时代，人们对日月交替、寒来暑往、风雨雷电、生灵万物的理解处在蒙昧和混沌状态，仅凭幻想和想象去认识事物，相信冥冥之中有一种超自然的力量控制着大千世界的万般变化，因而产生了自然崇拜、万物有灵的思想。《山海经·海内东经》云："雷泽中有雷神，龙身而人头，鼓其腹。"《博物志·史补》云："神降甘雨，庶物群生，咸得其所。"《尚书·洪范》云："星有好风，星有好雨。"汉族先民所崇拜的自然万物，所敬仰的超自然力量，即是"神"的雏形。恩格斯曾说："在原始人看来，自然力是某种异己的、神秘的、超越一切的东西。在所有文明氏族所经历的一定阶段上，他们用人格化的方法来同化自然力，正是这种人格化的欲望，到处创造了许多神。"这种原始的迷信思维随着时间的推移一直延续到后世。两汉时期，民间谶纬之书泛滥成灾，巫术占卜遍布乡间。反映在民间信仰上，则是各种神祇的出现，乡间大地从此成为空前的"众神膜拜"的狂欢世界。

根据神祇司职功能的不同，民间信仰活动可分为以下几类：

首先，灶王神崇拜。民间供奉灶神的传统起源较早，《礼记·月令》云："天子乃祈来年于天宗，大割，祠于公社及门闾，腊先祖五祀。"郑玄解释说："五祀，门、户、中溜、灶、行也。"先秦时期，灶神便被列为主要的"五祀"对象之一，与门神、井神、厕神和中溜神五位神灵共同护佑一家人的安乐。在民间信仰中，灶神除了掌管人们的饮食起居、赐予百姓生活上的便利之外，更是玉皇大帝派遣到凡间督查一家善恶表现的天官。东晋葛洪《抱朴子·微旨》云："月晦之夜，灶神亦上天白人罪状。大者夺纪，纪者，三百日也；小者夺算。算者，三日也。"

在传统的民间习俗中，农历腊月十三日（或廿四日）是灶神离开人间，上天向玉皇大帝述职的日子，又称"辞灶"，所以家家户户都要"送灶神"。然而，送灶之期也分阶层，关于何时送灶，汉族民间有所谓"官辞三、民辞四、邓家辞五"的说法。"官"指官绅权贵，于腊月廿三日辞灶；"民"指一般平民白姓，一般会在腊月廿四日辞灶；"邓家"指水上人家，通常会在腊月廿五口辞灶。在辞灶时，家家户户都会准备三盐五盏，用面盛有送灶神的供品，如糖瓜、柿饼、年糕等，希望用这些又黏又甜的东西，塞住灶神的嘴巴，让他上天庭时多说些好话，所谓"吃糖瓜，说好话"，"好话传上天，坏话丢一边"。如鲁迅在《送灶日漫笔》中说：

灶君升天的那日，街上还卖着一种糖，有柑子那么大小，在我们那里也有这东西，然而扁的，像一个厚厚的小烙饼。那就是所谓"胶牙饧"了。本意是在请灶君吃了，粘住他的牙，使他不能调嘴学舌，对玉帝说坏话。

辞灶的供品十分丰盛，祭灶时的礼节仪式则更加隆重、严肃。在我国北方某些地区，腊月廿三日晚上祭灶时，祭灶人常常在灶王神像前焚香烧纸、跪拜作揖，孩子怀抱公鸡跪于大人的后面，男主人斟酒叩头，嘴里念念有词，念完后执酒（或水）浇鸡头，若鸡头扑棱有声，说明灶爷已经领情。清末民国时期，学者胡朴安记录了当时河南省沘源县（今唐河县）的祭灶仪式："旧历腊月二十三日，俗谓小年节。是晚，各村各户，无不祀灶神者，名曰祭灶……主祭之人，必为家长。礼拜时，身后跪一幼童，双手抱一雄鸡。家长叩头毕，向灶神祷祝数语，祝毕，一手握雄鸡之颈，将鸡头向草料内推送三次，一手将凉水向鸡头倾洒。鸡若惊战，便谓灶神将马领受。祭毕晚餐，食时豆腐汤为不可少之物，并食祭神时之灶火烧，谓之过小午节。"

其次，门神信仰。门神最初的含义是"司门之神"，它源于上古时期的自然崇拜和神灵信仰。当时，人们认为凡与日常生活有关的事物皆有神祇司理，如家中的房门、锅灶等。在古人看来，门主出入，在整座房子中占据重要的地位，所以对"门"的祭祀始终是古代先民一种极其重要的朴素信仰。《礼记·丧大记》："君至，主人迎，先入门右，巫止于门外。君释菜，祝先入升堂。"郑玄注解："释菜，礼门神也。"但这里提到的"门神"并没有形象和姓氏，不过是一种抽象的神物。王充《论衡》引《山海经》云："沧海之中，有度朔之山，上有大桃木，其屈蟠三千里，其枝间东北曰鬼门，万鬼所出入也。上有二神入，一曰神荼，一曰郁垒，主阅领万鬼。"东汉蔡邕《独断》云："岁竟十二月，从百隶及童儿而时傩，以索宫中，驱疫鬼也……已而立桃人、苇索、儋牙虎、神荼、郁垒以执之。"

蔡邕所记，是汉代时腊月的一段习俗，反映了当时人们不解患病的根源，以为有鬼魅作祟，故在新年来临时，打扫房舍，清理环境，然后用桃木模板雕刻成神荼、郁垒等威武人形，置于门上，以震慑鬼怪、驱魔降瑞。魏晋时期，"绘门神"的习俗在民间已广为流行。南朝宗懔《荆楚岁时记》云："绘二神贴户左右，左神荼，右郁垒，俗谓之门神。"

随着历史的推进，门神的含义和范围发生了一系列的变化。除了早期能驱除鬼魅、镇守家宅的门神外，唐宋以降，民间出现了能成就功名利禄、福寿延年的福运门神，如赐福天官、招财童子等。同时，武将门神增加了秦琼、尉迟恭等人。富察敦崇在《燕京岁时记》所说："门神皆甲胄执戈，悬弧佩剑，或谓为神荼、郁垒，或谓为秦琼、敬德。"魏征、包拯、文天祥等人则被列入文官门神的队伍，钟馗、哼哈二将等民间传说人物加入辟邪门神的行列，均受到百姓的热情膜拜。清人戴璐在《藤阳杂记》中记载了当时学者赵翼所作的一组咏门神的诗：

> 剑笏森森谨护呵，东西相向俨谁何？
> 满身锦绣形空好，一纸功名价几多。
> 辟鬼漫同钟进士，序神还让寇阎罗。
> 欲稽故实惭荒陋，或仿黄金四目傩。
> 执戟垂绅将相权，曾传褒鄂壮凌烟。
> 描来花样辉三径，报满瓜期例一年。
> 人欲登龙先伫望，门虽罗雀肯他迁？
> 谁家健妇夸持户，劳绩殊难企及肩。
> 漫嗤两脚踏空虚，身已离尘迹自疏。
> 甘守仓琅监锁钥，肯随朱履上堂除！
> 无言似厌人投刺，含笑应羞客曳裾。
> 暮夜金来君莫受，防他冷眼伺门闾。

第三，敬奉财神。财神是道教俗神，汉族民间流传着多种多样的财神形象，如天官武财神赵公明、文财神比干、智慧财神范蠡、义财神关羽、福德财神土地公、活财神沈万三、准财神刘海蟾等。在"财神日"这一天，人们一般会燃放爆竹、布置供品、焚香点烛，众人顶礼膜拜，祈愿在新的一年里财源广进、衣食无忧、大吉大利。在中国各地，"接财神""拜财神"的习俗也不尽相同：

（正月）初五日，俗谓之五路财神生日。各商店开市。鞭炮之声不绝。乡间农人，有来城掉龙灯者。（江苏武进）

正月初四夜接财神，用糕团等类斋供。城乡各铺莫不皆然。倘店主拟歇某伙，是日不令其拜神，即示意不联生意也。（浙江湖州）

七月廿二日，俗称为财帛星君诞，建醮庆祝，各界皆拈香虔礼之，并有燃花炮、接胜灯之举。（广东广州）

在祭拜财神时，财神挂像或年画自是必不可少。在绘制财神像或年画时，民间匠人常选用色彩艳丽、对比强烈的颜料绘制财神形象，选用喜庆的大红色填涂画面版底，意在营造衣冠楚楚、富贵逼人的形象。而且，财神一般会手持如意、元宝等物件，其周围或伴有童子、寿星等人物，或伴有聚宝盆、金元宝等珍宝，给人以强烈的视觉冲击与感官享受，具有一定的审美观赏价值。

除此之外，还有其他许多与乡村百姓生产、生活息息相关的神祇，也受到农民的重视。譬如，求雨拜龙王，写文章拜魁星，考功名拜文昌，求姻缘拜月老，市易货物拜关公，出海捕鱼拜妈祖，祈寿拜南极老人和麻姑，等等。

（三）以儒家伦理为基础的精神纽带

中国的乡土社会是一个"泛道德社会"，在其中，人们的言行规范、社交习俗、个人发展等均受到伦理道德的影响和约束。在传统乡村社会中，这些伦理道德教化对促进个人安身立命、家庭邻里关系和睦、社会和谐稳定等发挥了不可替代的重要作用，是维系乡土百姓生存与发展的精神纽带。

中国的传统伦理道德最早追溯到先秦时期。孟子云："人之有道也，饱食暖衣，逸居而无教，则近于禽兽。圣人有忧之，使契为司徒，教以人伦：父子有亲，君臣有义，夫妇有别，长幼有叙，朋友有信。"在这五伦中，孟子认为父子、君臣两伦最重要，"仁之实，事亲是也；义之实，从兄是也"，孝悌成了五伦的中心，所谓"人人亲其亲，长其长，而天下平"，"入则孝，出则悌，守先王之道"，都将孝悌作为德行的最高表现。在乡村家族伦理中，通过父慈子孝、兄友弟恭、夫义妇顺的人伦规约，处理好家族内部的关系后，由内及外，由近及远，逐渐扩展到四周的远近亲疏各色人等，如叔侄之间、婆媳之间、长幼之间、朋友之间等，构筑起以家族为同心圆的伦理道德实践模式。由于小农经济落后的生产力，以及封建体制下的社会保障关系并没有覆盖及广大农民群众，由血缘亲情联结起来的家族便成为农民个人利益的天然保护屏障，农民的个人经济社会利益与家庭、家族紧紧地捆绑在一起，乃至形成了他们对家族伦理的高度认同，家有家长，族有族长，每个团体中的人都清楚自己所处的地位以及需要扮演好的角色。这种无处不在的隐形规约，深深地印记在乡土社会心理领域的各个层面，凝结成一种牢固、稳定的社会习俗，时时刻刻影响和支配着农民的思维习惯和行为模式。钱穆说："'家族'是中国文化一个最主要的柱石，我们几乎可以说，中国文化，全部都从家族观念上筑起，先有家族观念乃有人道观念，先有人道观念乃有其他的一切。"

由于传统乡土社会的人口是不流动或半流动的，人们生于斯、死于斯，从小形成了一种安土重迁、落叶归根的潜意识，信奉"梁园虽好，不是久恋之家""金窝银窝不如自家的草窝"以传统血缘关系为核心的乡村家族伦理，发展出一种地缘关系的含义，"地缘不过是血缘的投影"，一个人要想融入村落中成为村集体的一员，有两个条件："第一是要生根在土里：在村子里有地。第二是要从婚姻中进入当地的亲属圈子。"在这种家族血缘和地域情感强有力的形势下，农村社会人与人之间彼此熟知，抬头不见低头见，人们更倾向于选择"人情"作为人际交往和立身处世的基本原则，家族伦理价值取向演变为封建时代乡土社会稳定发展的内部调控机制。

第二节　乡土叙事与乡愁情结

一、乡土叙事的美丽与哀愁

乡土文学，最为常见的形式是乡土小说，是指靠回忆重组来描写故土乡村生活，并带有浓厚乡土气息和地方色彩的小说。据考证，中国现代文学史上对乡土文学的阐述最早来源于鲁迅，他在评述蹇先艾等人的作品时说："蹇先艾叙述过贵州，裴文中关心着榆关，凡在北京用笔写出他的胸臆来的人们，无论他自称为用主观或客观，其实往往是乡土文学，从北京这方面说，则是侨寓文学的作者。"[1] 尽管鲁迅对"乡土文学"未做出正面

---

① 鲁迅. 鲁迅全集（第六卷）[M]. 北京：人民文学出版社，2005.

的定义，但他勾画出了当时乡土小说的创作面貌。当时乡土文学的作家群体大多寄寓在都市，如寓居北京的许钦文、蹇先艾、台静农、黎锦明，寓居上海的许杰、彭家煌等，他们沐浴着现代城市的文明，领受着新文化之潮的洗礼。现代文明和进步思想的烛照，几乎成为当时作家书写乡土文学的一个重要的创作准备。尽管鲁迅对乡土文学未正面做出定义，但他勾勒出了当时乡土小说创作的大致面貌。

（一）传统批判与露骨写实

新文化运动是几千年来中国社会文化发展的一场伟大变革，包括马克思主义在内的西方近现代先进文化思潮纷纷涌入中国。在中国的都市里，大批知识分子作为西方文化的介绍者、传播者，以不同于古代文人士大夫的眼光重新审视我们的民族、文化在周遭世界格局的地位与面临的问题。在五四运动和新文化运动的感召下，一批祖居偏远乡村的知识分子走入都市，他们一方面吸取了西方的先进思想文化，能以更加全面、更加科学的眼光批判养育他们的乡村故土，特别是其中闭塞的、落后的封建文化；另一方面，作为出身乡村、生活在都市里的一批人，在新的都市文化和西方文化的双重夹击下，他们也表现出了自我心理上的疑惑、冲突、彷徨和调适。

正是在这样的大环境下，鲁迅扛起了现代中国文学的大旗，发出了最振聋发聩的呐喊，成为中国现当代乡土文学的开山之人。鲁迅能与乡土文学结下不解情缘，实则与独特的家庭背景和人生经历有关。一方面，鲁迅自小经历了家道中落的变故，对人情的冷暖、世态的炎凉、中上层社会的虚伪等体会最为深刻，记忆刻骨铭心。另一方面，鲁迅从小就广泛接触绍兴乡下的农民群众，亲身体会农村乡土生活。鲁迅说：

我母亲的母家是农村，使我能够间或和许多农民相亲近，逐渐知道他们是毕生受着压迫，很多苦痛。

——《集外集拾遗·英译文〈短篇小说选集〉自序》①

我生长在农村中，爱听狗子叫，深夜远吠，闻之神怡。

——《准风月谈·秋夜纪游》②

对丑恶现象的反感和鄙夷以及对纯朴乡民的亲近和同情，成为鲁迅乡土写作的"核心符码"，灌注于他一生的传统批判和现代性启蒙，构筑起

---

① 鲁迅. 鲁迅全集（第七卷）[M]. 北京：人民文学出版社，2005.
② 鲁迅. 鲁迅全集（第五卷）[M]. 北京：人民文学出版社，2005.

鲁迅乡土文学独有的艺术表征。早在 1925 年，张定璜的《鲁迅先生》一文就已指出："（鲁迅）满熏着中国的土气，他可以说是眼前我们唯一的乡土文学家。"[①] 当时，鲁迅的小说集《呐喊》已于 1923 年 8 月由北京新潮社出版发行。其中，不乏《阿 Q 正传》《故乡》和《风波》等乡土文学名篇。这些作品处处显露着浙东水乡浓郁的地方色彩，如：河道上缓缓行驶的乌篷船，鲁镇祝福时的祭祖仪式，赵庄临河空地上的社戏，未庄土谷祠前空荡的街景，充满地域色彩的乡土人物等，这一切无不反映了江浙一带的水乡生活气息和地方乡土文化景观。

当然，仅凭几处乡土景观的描绘、几个农村人物的刻画，不足以构筑起乡土文学丰满的艺术天空。茅盾后来进一步指出了乡土文学的主要特征。他认为，乡土文学应具有对现实世界的深刻凝思与判断，对乡土群众命运挣扎的揭示与展现，即对乡土人物本身普遍性的发掘与分析。茅盾先生说："关于'乡土文学'，我以为单有了特殊的风土人情的描写，只不过像看一幅异域图画，虽能引起我们的惊异，然而给我们的，只是好奇心的餍足。因此在特殊的风土人情而外，应当还有普遍性的与我们共同的对于运命的挣扎。一个只具有游历家的眼光的作者，往往只能给我们以前者；必须是一个具有一定的世界观与人生观的作者方能把后者作为主要的一点而给与了我们。"[②]

因各地风土的千差万别，20 世纪初叶的中国乡土文学也形成了风格各异的地域文化群落。首先是江浙地区的吴越文化区，其代表作家有鲁迅、王鲁彦、许钦文等。他们把吴越风土的厚重、清新带给了广大读者，写出的乡土文学作品朴实不失鲜艳，沉静不失温情。其次是两湖地区的荆楚、湖湘文化区，其代表作家有废名、彭家煌等人。其乡土作品多带有楚风湘韵的瑰丽和荒蛮，融入乡土人物的血脉里且挥之不去，读来令人印象深刻。最后是以蹇先艾为代表的黔贵地区乡土文学。其风格兼具朴实和顽愚的两面性，将西南乡土的野蛮和粗犷、把西南百姓的善良与率直，皆刻画得淋漓尽致。此外，还有以台静农、徐玉诺等为代表的中原地区的乡土文学，灌注于他们文学记忆深处的是无边的保守和浓厚的质朴。中原地区自古以来是兵家必争的战略要地，它东通江淮、西接关中、南邻荆楚、北系燕赵，当地农民既有东部沿海农民的外向和质朴，也有西部内陆农民的保守和持重，反映在乡土文学上，则表现为刚柔并济、内外兼通的复杂个性

---

① 张定璜. 鲁迅先生 [J]. 现代评论, 1925（1）.
② 茅盾. 关于乡土文学 [J]. 文学, 1936（6）2.

和现实态度，既难以捉摸，又真实存在。可以说，不同的地域风土造就了乡土作家迥异的文学风格，继而从整体上绘制出一幅光怪陆离的中国乡土文学画卷。

在 20 世纪初叶的乡土作家中，鲁迅的文学成就最高，影响也最大。其乡土文学作品如同写实的油画，以现实主义的笔触描绘了中国乡村大地的真实面貌，影响并带动了后来诸如王鲁彦、彭家煌、台静农、蹇先艾、许杰等一大批乡土文学作家。这些后生晚辈以鲁迅为榜样，拿笔墨作利剑，勇于直面惨淡的乡村光景，敢于正视严峻的社会现实。他们以清醒的头脑和冷静批判性的视角，揭示了乡村社会的落后和苦难，预言了故乡的衰败和毁灭之路，大胆地写出了农民所遭受的沉重压迫和精神的愚昧无知，笔风雄浑又不失果敢，思维清晰又不失深刻，似乎因为乡村大地的粗野、暴烈和无常声声"呐喊"。

鲁迅对乡村不幸小人物的绘饰，并非是出于鲁迅要做一个伟大的救世主，抑或无可奈何的卑微看客。五四一代的小说家心中有着强烈的反传统倾向，鲁迅将幽深的笔墨触向一个个既可怜又可悲的乡土生灵，意在揭示传统文化陋习对人性的摧残与压制。但另一方面，鲁迅骨子深处又未对传统做彻底的决裂和批判，他始终怀疑中国的国民性之病是否真的无可医治，中国的传统文化是否已腐化到一文不值。鲁迅在《呐喊·自序》中说：

假如一间铁屋子，是绝无窗户而万难破毁的，里面有许多熟睡的人们，不久都要闷死了，然而是从昏睡入死灭，并不感到就死的悲哀。现在你大嚷起来，惊起了较为清醒的几个人，使这不幸的少数者来受无可挽救的临终的苦楚，你倒以为对得起他们么？①

虽然鲁迅"自有我的确信"，却还不能"抹杀希望"，因为"希望是在于将来"②。这种既沉痛又抱有希望的两难情结，导致了鲁迅小说人物的复杂面相和美学风格。可惜的是，鲁迅对传统抱有希望的因素，并未使他找到一条将传统加以创造性转化的光明大道，反而让他陷入深深的自我困扰中，以致对自己坚信不疑的反传统主义产生了精神分裂式的困惑与内伤。

王鲁彦是一位带有批判思维和露骨写实主义（hard-core realism）倾向的乡土小说家。《菊英的出嫁》是他的一部乡土文学佳作。他以细致的笔

① 鲁迅. 鲁迅全集（第一卷）［M］. 北京：人民文学出版社，2005.
② 鲁迅. 鲁迅全集（第一卷）［M］. 北京：人民文学出版社，2005.

墨展示了浙东农村特异的冥婚习俗。菊英是一个只有八岁阳寿的女孩，在她病逝十年之后，其母理所当然地认为她已到适婚年龄，顺理成章地为菊英订了一门"婚事"，并倾全力为她逝去的女儿准备了丰厚的嫁妆，然后吹吹打打、热热闹闹地把菊英的棺材由青色的轿子抬到男方家，将菊英"嫁"了出去。事实上，冥婚制折射出当时农村群众愚昧落后的原始信仰，即认为人死后依然成长，并且灵魂不灭。小说有关这一事件的始末，通过一位失去女儿的母亲乐此不疲的行为逐渐浮出水面。作者在对农村农民落后习俗和行为进行批判与揭露的同时，却浸染着母亲对女儿浓浓的爱意。《黄金》叙述了那个时代下浙东小镇的世态炎凉。主人公如史伯伯本是家境殷实的人家，儿子在外工作并按月汇款到家，而小镇又似乎是个民风淳朴的世界，如史伯伯在这一带相当受人尊重，邻里之间关系融洽。然而，某月儿子的汇款不知何故迟迟未到，如史伯伯的处境由此发生了戏剧性的改变：人们猜测他的儿子在外招惹事端，已无力资助家庭。于是，关于如史伯伯破产的流言迅速蔓延开来，乡人对如史伯伯家的态度也随之起变。上门行乞的乞丐突然变得盛气凌人，满含鄙夷；债主们纷纷提前上门索款，并随意搜查；如史伯伯的女儿在学校无端受到欺侮，连他家的狗也被人打伤。仅仅因为一个毫无根据的臆想，昔日备受尊重的如史伯伯却如同丧家之犬一般，惶惶不可终日。王鲁彦以他对故乡人情世故的谙熟，通过一种戏剧性情景的设置，将浙东乡村百姓的势利心态揭示得淋漓尽致。

五四一代的乡土小说家热衷于露骨写实的文字游戏，他们的乡土小说多以批判的眼光审视故乡旧习，对愚昧、落后的农村社会生态进行尖锐、深刻的讽刺与谴责。他们选择站在道德制高点对下层人物的种种形态进行毫不留情地深刻分析，这种写实主义（realism）的风格似乎成为当时约定俗成的写作范式，任何想要涉足乡土写作的青年作家，抑或正在着手基层人物塑造的各色乡土叙事，无不或明或暗地暴露着"呐喊""彷徨"式的批判风格。事实上，这种唯写实马首是瞻的话语体系是一把双刃的利剑，过度的露骨写实招致歇斯底里的批判，而过度的反讽情调导向狭隘的笔墨游戏。鲁迅、彭家煌、蹇先艾等人似乎早已看到了其中无法克服的悖论难题，所以他们的乡土小说在批判、写实的基础上，试图找寻一条不断嬗变的内在叙事逻辑，将某些表述话语和情感书写进行恰当合理地重构与编排，营造出一种内部具有复杂符码系统、外部具有无限演绎张力的话语体系，以消解露骨写实中不可调和的潜在悖论。为此，他们一面描绘乡村现实生活的痛楚与苦难，一面展露自己复杂与深沉的思想态度，批判中兼具同情，讽刺中带有哀怜，形成乡土小说悲剧与喜剧交相融合的美学风格。特别是在批判和描绘故乡的愚昧习俗、麻木人性时，在陈述和反思农村小人物的凄凉人生、悲痛结局时，以鲁迅、彭家煌为代表的乡土小说作家仍然保持一份对故乡的暗自依恋①，而这份依恋又往往与某种失落感交织在一起，喜忧参半，五味杂陈，使其乡土作品显得凄美沉郁、厚重哀婉。

（二）诗体写作与革命传奇

对乡土世界中政治、经济、阶级斗争等问题的关注，也是现当代中国乡土文学的一股叙事潮流。从早期具有左翼色彩的乡土文学创作开始，延续到革命战争年代的孙犁、赵树理，中国文坛形成了以"荷花淀派"和"山药蛋派"为代表的乡土小说流派。在这两派的乡土写作中，革命斗争和战争生活成为小说话语的主题内容，人物刻画、故事描写等皆让位于现实的革命叙事。而且，在关于革命和战争的叙述中，这些作家通常以土著者或农民自居，其语言表述和思维感知充满了浓重的乡土气息，无时无刻不在诉说着革命年代的乡土生存艺术。事实上，这种以革命叙事为主线的乡土文学，暗合了五四一代，特别是鲁迅推崇的"以笔为枪"的革命主义（revolutionism）书写潮流，只不过这一时代的作家更侧重描绘革命对乡村社会美好生活的追寻与期待。他们以乡土小说为输出革命和继续革命理念的阵地，通过塑造乡土世界中具有高度革命觉悟的农村革命新人，达到"文以载道"的崇高目的。

"荷花淀派"是以孙犁、刘绍棠、丛维熙等为代表的一个乡土文学流派，形成于20世纪40年代，活跃在50年代中期的中国文坛。整体观之，"荷花淀派"的叙事格调充满了浓郁的革命乐观精神和浪漫主义气息，小说语言清新朴素，故事结构紧凑有序，乡土人物逼真活泼。其小说作品宛如一幅幅迷人的乡土风情画，既浪漫又真实，既唯美又深刻。可以说，"荷花淀派"的作品作为一股叙事潜流，重新发掘了乡村社会的诗意价值，并间接定义了"乡土革命"存在的现实意义。譬如，以孙犁的代表作《荷花淀》为例，在激烈残酷的、事关民族存亡的抗日战争大背景下，孙犁没有着手鸿篇巨制式的激情阐述，抑或进行喋喋不休式的琐碎描写，他只是选取河北白洋淀的一隅，通过几位典型的乡土人物和几次激烈的枪战冲突，展露了波澜壮阔的革命斗争的风貌。令人称奇的是，在孙犁"以小博

---

①　虽然鲁迅后来居住在大都市，但对从小生活的故乡，却有一种割舍不断的乡愁。他说："凡这些，都是极其鲜美可口的；都曾是使我思乡的蛊惑。"

大，以简驭繁"的叙述过程中，小说的语言却保持了诗意之美的格调，小说的人物充满了乐天知命的达观思维，《荷花淀》也取得了某种"诗体小说"的典型特征。而且我们也看到，《荷花淀》的表现内容是多元交织的，夫妻之情、战友之谊、家国之爱，诸多元素融合在一起，使整部作品显得厚重温婉、激烈壮美。在乡土语言叙说方面，《荷花淀》继承了孙犁向来追求的语言质朴简雅，内涵隽永丰满的美学风格。譬如，水生告诉水生嫂自己参军的那一段，孙犁写道：

水生小声地说：

"明天我就到大部队上去了。"

女人的手指震动了一下，像是叫苇眉子划破了手。她把一个手指放在嘴里吮了一下①

我们单看这里的一"震"一"吮"，寥寥两字，不过是水生嫂在劳动中一个不经意的习惯动作，却生动地表露了水生嫂机敏多情、坚贞勇敢的农村妇女形象，也让我们看到一个平凡的农家妇女在面对个人私情与民族大义的矛盾抉择中，内心深处的深深触动，她似乎已做出了一个大胆而明智的决断：支持水生上前线。在如火如荼的硝烟战争中，如水生、水生嫂一般的乡土人物，其纯美的人性、崇高的品格、朴实的生活，恰如白洋淀盛开的荷花，灿烂芬芳，惊艳无比。

《荷花淀》的大背景被置于轰轰烈烈的抗日战争中，但令人称道的是，孙犁无意描写血肉横飞、枪林弹雨的激烈战斗场面。在作者笔下，整个战争过程不过只听到几声枪战而已，这种将战争有意"虚无化"的手法是孙犁一贯的叙述风格。战争的残酷让位于人性的美好，现实的磨难让位于乡民的乐观，民族的矛盾让位于大众的存在，作者解构了战争叙事的一般特征，换来的是明朗的人性、纯真的自然，以及对战争全局的深层次理解和战略性把握；作者抛弃了苍白现实的所有概念，换来的是丰满的人物形象、和谐的邻里关系，以及超越时代和地域的生活本真之美。《荷花淀》如同一幅悠然纯美的乡土田园画卷。偶尔点缀其中的人物，与周遭出淤泥而不染的荷花融为一体，具有纯洁的品格、明净的外观和旺盛的力量。这种对极致美的痴情描绘，实则是孙犁乡土小说创作的一贯追求。孙犁说：

我经历了美好的极致，那就是抗日战争。我看到农民，他们的爱国热情，参战的英勇，深深地感动了我……我的作品，表现了这种善良的东西

---

① 孙犁. 孙犁全集（第一卷）[M]. 北京：人民文学出版社，2004.

和美好的东西。①

在另一部作品《风云初记》中，孙犁描写的是七七事变后的抗战初期，中国共产党在滹沱河两岸组织人民武装、建立抗日根据地的曲折历程。同样地，作者没有从再现战火硝烟的斗争场面入手，而是通过日常的生活描写，侧面反映时代的风貌，通过平凡的街谈巷议，展露深刻的社会主题。孙犁用饱含诗意的笔触，塑造了一个个鲜活生动的乡土人物，特别是在抗日风暴中成长起来的农村妇女和人民战士，对这些人，作者给予了高度的肯定和由衷的礼赞。

刘绍棠也是"荷花淀派"的一位重要作家，青年时期受到孙犁和肖洛霍夫的影响，走上了乡土文学创作之路。其作品题材多以京东运河（北运河）一带农村生活为叙事对象，语言清新淳朴，格调浪漫新奇，乡土色彩浓郁，被众人誉为"文坛老农"。《蒲柳人家》是刘绍棠的乡土文学代表作，作者用诗化散文的叙事笔法，描绘京东运河沿岸农村独特的地域风貌和民俗风情；用传奇小说的构思逻辑，追述浪漫唯美的乡愁话题。事实上，20 世纪 20 年代的许多乡土：小说也在叙说"乡愁"，只不过当时很多人惯用隐晦的笔触渲染这一亘古不变的主题，如鲁迅笔下萧索但略带温情的鲁镇、未庄，沈从文笔下纯净美好的边城等。与他们不同的是，刘绍棠的乡愁叙事语言直接简练，结构奇诡谨实，并伴有鲜明的牧歌情调和耐人寻味的喜剧色彩。之所以出现这种美学风貌，主要在于刘绍棠把古代传奇小说元素带入乡土小说创作的缘故。与此同时，刘绍棠又自觉结合时代精神和历史背景，着力表现现实社会给乡村生活带来的巨大影响。我们以《蒲柳人家》为例略窥刘绍棠的乡土美学秘密。在这部曲折离奇的小说中，乡土人物个个神秘可爱，故事情节段段紧张，充满了浓郁的地方传奇色彩。比如，柳罐斗被何大学问称作"活赵云""赛平贵"，他与董太师女儿的恋情以及他逃走后练就百发百中的枪法，还有他与鼓书艺人云遮月的浪漫故事等，都是地地道道的民间传奇；再如何大学问向来自视甚高，他天生仗义疏财、慷慨豁达的性情以及他甘为朋友两肋插刀的气派等，都与古典侠义小说或历史演义故事中的英雄形象有着或明或暗的关联。《蒲柳人家》的结构布局虽然简单清晰，但其小说人物有血有肉、故事情节新奇动人，充满了浓厚的地域传奇情调。虽篇幅短小，但却格高意远，留给读者丰富的想象空间与阅读趣味。

---

① 孙犁. 孙犁全集（第五卷）［M］. 北京：人民文学出版社，2004.

以孙犁、刘绍棠为代表的"荷花淀派"，其乡土作品虽然也在论及残酷的现实社会以及生活在战争年代的乡土人物的存在状态，但贯穿他们乡土叙事始终的，是一种在痛苦中快乐着的神秘符码，愈是危险的战争生活，愈能表现乡村普通百姓的乐观与坚韧；愈是死亡女神的倾情眷顾面前，愈能展露乡土人物置之度外的生死观。所以，"荷花淀派"的乡土小说通常以现实主义为根基，糅合了革命浪漫主义、人生乐观主义的情调，其作品着力描写乡村的风光之美，赞颂故土的人性之光，时时处处散发着浓郁的泥土芬芳，激荡着作者对故土的无限眷恋和对乡民的深切礼赞。特别是对农村青年女性的刻画上，"荷花淀派"的作家不仅擅长描写她们美丽的容貌和善良的性情，而且更深入她们丰富细腻的内心世界，从她们的言谈举止、心理变化中，反映出一个时代的风云突变和社会的演进历程。

（三）乡土革命与时代新人

20 世纪 40 年代后，在毛泽东《在延安文艺座谈会上的讲话》精神的引导下，解放区以赵树理、马烽、西戎等为代表的作家，创作了一批广受农民欢迎的乡土小说。这批作家大多是山西人，当地群众喜食山药蛋，评论家便将这一流派称作"山药蛋派"。"山药蛋派"作家长期扎根山西农村，深入体验基层生活，挖掘乡土叙事素材，写出了一系列通俗晓畅、耐人寻味的乡土作品。整体观之，"山药蛋派"的乡土小说语言朴素凝练，层次清晰分明，结构完整严密，作品追求原色美，不加修饰地把乡村生活中的农事劳作、婚丧嫁娶、衣食住行乃至家长里短、吹拉弹唱等乡土面貌原原本本地呈献给读者，具有浓厚的地域文化色彩和乡土人文风情。

赵树理是"山药蛋派"的开创者，他出生于山西省一个贫苦的农民家庭，早年受过五四以来新文学的影响，但很快发现"（中国）文坛太高了，群众攀不上去，最好拆下来铺成小摊子"[①]，他决意绕过新文学传统，直接"向农村进军"，自觉地从民间文化、地方艺术中汲取创作的营养，以期在革命年代为农村的发展变化、农民的觉醒进步提供必要的精神协助。赵树理说："我写的东西，大部分是想写给农村中识字人读，并通过他们介绍给不识字的人听的。"[②] 这种把阅读对象具体化的创作，在新中国成立初期的文艺界是较为少见的。而赵树理所要服务的群体——"农村中识字人"和"不识字的人"是极其广大的，这些基层有文化与没有文化的农民的规

---

① 陈荒煤．赵树理方向迈进［N］．人民日报（晋冀鲁豫版），1947-8-10.

② 赵树理．赵树理全集（第四卷）［M］．太原：北岳文艺出版社，2000.

模占据了中国人口的绝大多数。他们不是作家意念中的农民，也不是抽象化的群体符号，他们是实实在在地生活在乡间大地上的人民群众，他们的理解能力、主观喜好、审美趣味和艺术胃口成为赵树理等人创作时主动考量的因素。赵树理试图找到一条既让农民看得懂、听得明白，又不失民间知识分子风范的叙述模式，正如他说："我是个农民出身而又上过学校的人，自然是既不得不与农民说话，又不得不与知识分子说话。"① 为自由游走于农民与知识分子之间，赵树理想到了民歌、民谣、鼓词、评书等乡间百姓喜闻乐见的曲艺项目，借此树立他乡土叙事的独特范式。赵树理说：

农民在传统上也听评书，也听鼓词，也听识字人读章回小说或说唱脚本，也听口头故事，也听民歌，也看戏；有创作才能的人，也把现实中的特殊任务、特殊事件加以表扬或抨击，加油添醋说给人听。②

在赵树理的乡土小说中，评书、板话等民间曲艺已深深反映到他的大部分作品中，成为小说叙事的主要线索和联结人物关系的秘密武器。与周立波、柳青等乡土作家长篇大论式的写作套路不同，赵树理习惯于平铺直叙式地编排群体农民的生存故事，细腻逼真地写出他们日常生活的全部过程，恰如一个民间说书人在乡场上事无巨细地向听众讲述传奇故事，说者毛举细事，听者如痴如醉。当时"文艺为政治服务"的文艺主张在解放区广泛传播，作为一名民间左派知识分子和草根式的乡土作家，赵树理在借壳曲艺，叙说乡土的过程中，不可能无动于衷。为此，他将取材于民间生活的现实案例，经由自己灵活地处理和妥帖地表述，创作出一部又一部脍炙人口的乡土叙事作品，旨在实现劝教乡民、服务家国的崇高目的，他说：

俗话常说："说书唱戏是劝人哩！"这话是对的。我们写小说和说书唱戏一样（说评书就是讲小说），都是劝人的……说老实话，要不是为了劝人，我们的小说就可以不写。③

在如火如荼的革命战争年代，农村作为中国最广大人民生活的场域，既有着血色浪漫式的动人民间故事，但也有琐碎繁多的人民内部矛盾。问题或矛盾，对深陷其中的农村百姓来说，是避之唯恐不及的事由，但对一个目光敏锐且有着浓厚故土情结的乡土作家而言，却是极好的创作素材。赵树理说："我在做群众工作的过程中，遇到了非解决不可而又不是轻易

---

① 赵树理. 赵树理全集 [M]. 太原：北岳文艺出版社，2000.
② 赵树理. 赵树理全集（第四卷）[M]. 太原：北岳文艺出版社，2000.
③ 赵树理. 赵树理全集（第四卷）[M]. 太原：北岳文艺出版社，2000.

能解决了的问题，往往就变成所要写的主题。"① 这种"问题写作"的思维灌注于赵树理的创作过程中，成为他小说叙事、故事构思的鲜明理路。譬如《小二黑结婚》中，农村青年小二黑、小芹的婚恋不仅遭到了金旺、兴旺兄弟明目张胆地破坏和阻挠，而且还受到了父母家人基于封建迷信思想的反对和异议，人物冲突激烈，跌宕起伏，故事情节令人啼笑皆非。再如《登记》中小飞蛾的婚姻悲剧，《邪不压正》中妇女对以势压人的不合理婚姻的反抗，《李有才板话》中李有才与地主阎恒元的尖锐斗争，《李家庄的变迁》中农民与豪绅地主之间的激烈冲突，《"锻炼锻炼"》中干部对农民的欺辱以及农民的消极怠工等。赵树理的"问题小说"充满了光怪陆离的家族矛盾、惊心动魄的阶级冲突或烽火连天的革命斗争，通过对问题的接连呈现和精准剖析，赵树理把现实社会的复杂难题巧妙地转化为大众可感可知的民间故事，受到了当时文艺界的一系列好评。周扬称赞他是"一位具有新颖独创的大众风格的人民艺术家"②，赵树理遂成为当时民间写作的"方向性"人物③。

在政治和文艺相伴而行的解放战争年代，赵树理的乡土小说成为当时文艺界的"旗帜""标杆"并不足为奇。但以今人的眼光来看，赵树理的许多乡土作品不过是紧密结合时代主题、客观呈现历史风貌的现实主义小说，如《"锻炼锻炼"》对"大跃进"的反映，《三里湾》对农业合作化运动的再现等。这些紧扣时代脉搏的乡土小说，谈不上远见卓识的深刻、抑或月章星句的优美，甚至其小说本身也存在着"重事轻人""有多少写多少"等问题。关于《三里湾》创作的得失，赵树理坦诚道：

一、重事轻人。在实际工作中，任何事都是多数人做的，其中虽然也有骨干，而骨干也是多数，每个人发挥出他一部分积极作用就把事办了。在一个作品中自然应该集中一些，节约一些不必要的人物，突出几个有代表性的人物。要做到这一步，自然就应该更深入一些去体会每个人的积极面。我因为在这方面的努力不够，所以常常写出一大串人，但结果只有几个人写得周到一些，把其余的人在故事里用一下就故过去，给人一个零碎的印象。

············

三、有多少写多少。在一个作品中按常规应出现的人和事，本该是应

① 赵树理. 赵树理全集（第四卷）[M]. 太原：北岳文艺出版社，2000.
② 周扬. 论赵树理的创作 [N]. 解放日报（延安），1946-8-26.
③ 陈荒煤. 向赵树理方向迈进 [N]. 人民日报（晋冀鲁豫版），1947-8-10.

有尽有，但我往往因为要求速效，把应有而脑子里还没有的人和事就省略了，结果成了有多少写多少。①

过于重视群体叙事，自然忽略了对典型人物的塑造；过于迷恋昔日的生活经验，自然遗忘了对新鲜事物的学习和吸收；过于追求写作的速效，自然淡化了文章本有的阐释逻辑与美学机理。赵树理对自身写作缺点的定位是客观成立的，但我们也不能因文艺作品本身存在些许瑕疵，而过于苛责前人。事实上，这些问题不只出现在赵树理一个人身上，新中国成立初期的乡土文学界，几乎均存在着政治话语驾驭文艺叙事、乡土写作典型性缺失等现象。

而近几年，学界又掀起了"重读赵树理"的潮流，通过对赵树理作品的深度解读，学者们试图破解赵树理乡土小说复杂面相背后的真实符码。孙晓忠先生说：

赵树理文学的当代性意义正越来越多地释放出来，重新发现赵树理显然源于我们当下中国及中国乡村的现实问题。今天阅读赵树理，是要寻找他无人企及的独一无二性，还是讲出他的普遍意义？赵树理的文学如果今天还有意义，这个意义是什么？他是呈现了地方性知识的民间曲艺家、民俗专家？还是秉承了中国某种传统文化的旧文人？是一个社会主义的旁观者，一个"永远批判"的冷静的知识分子？还是社会主义参与者和建设者？是一个不讲政治的"自然主义"作家，还是一个政治的传声筒？是有浓厚民粹意识的农民代言人，还是一个极具先锋性的本土作家？上述问题都错综缠绕在赵树理的作品中，真正体现了他的复杂性和丰富性，在既定的知识框架和文学观念中，很难有效地解释赵树理现象。②

不管怎样，赵树理的作品毕竟作为一支"乡土革命叙事"的中坚力量，生动地记录了 20 世纪风起云涌的中国乡村革命浪潮，既写出了农村社会翻天覆地的历史性巨变，又描绘出了在革命运动中成长起来的乡村百姓；既写出了新中国成立前后中国农村各阶层的冲突与矛盾，又点明了基层群众不畏强暴、向往光明幸福的感人态度。

赵树理的乡土小说是地地道道的农民小说，"动作是农民的动作，语言是农民的语言"③。坚定的农民立场使赵树理小说中的乡土气息"更加大

---

① 赵树理. 赵树理全集（第四卷）[M]. 太原：北岳文艺出版社，2000.
② 孙晓忠. 有声的乡村：论赵树理的乡村文化实践 [J]. 文学评论，2011（6）.
③ 周扬. 论赵树理的创作 [N]. 解放日报（延安），1946-08-26.

众化、通俗化、口语化"①；但赵树理笔下的农民，已不再是五四一代小说家眼中迂腐、粗笨、弱小、无知的乡间"行尸走肉"，而成为爱憎分明、敢说敢为、精神饱满、斗志昂扬的时代新人。老舍曾说："世界上著名作品大都是这样：反映了这个时代人物的面貌，不是写事件的过程……而是让事件为人物服务。"② 以赵树理为代表的"山药蛋派"正是通过对历史事件的精细描写，刻画出一个个栩栩如生的农民形象。这些翻身的农民积极投入乡村建设、保家卫国的宏伟事业，成为新时代顶天立地的不屈力量。

（四）故土寻根与走向未来

从 20 世纪 70 年代末开始，中国大陆文坛掀起了一股文化寻根、人性探秘的潮流，其中许多乡土小说家自觉地参与到这场史无前例的文学盛事中。借着轰轰烈烈的文化寻根浪潮，乡土文学不仅对人的意识、人的价值有了全新的定位和判断，明确了"文学之根"与"传统文化"的复杂关联，更对后来中国大陆文学界的先锋小说、新写实小说、女性文学等文坛创作流派提供了必要而有意义的养料。

坦白地讲，寻根潮流的崛起，有着复杂而又深厚的国内外社会、文化背景。当时，在国际文学界，正值欧美后现代主义攻城略地之后的迷惘消长之际，第三世界国家的文学话语逐渐融入国际主流体系，各国民族主义和异域风情的展示日渐高涨。其中，有拉美魔幻现实主义对印第安古老文明的阐扬，苏联一些民族作家对异域民风的描写，乃至以川端康成为代表的东方作家对本土文化的书写等。特别地，许多中国本土年轻作家，从马尔克斯充满拉美地域色彩的作品中，看到了第三世界国家文学走向国际的希望，因而在创作中表现出强烈的文化寻根倾向。他们认为，只有立足于流传千年的民族文化根脉，继承和发扬本民族社会心理遗产，找寻属于自身特色的文化符号与文学样式，中国本土叙事才有资本傲立世界文学之林。韩少功在《文学的"根"》中说："文学有'根'，文学之'根'应深植于民族传说文化的土壤里，根不深，则叶难茂。"③ 当时，全球化的浪潮方兴未艾，寻根文学作为一股民族文化思潮，一开始即与全球化结下不解之缘。一方面，寻根文学肇始于全球化所带来的各国联系日益紧密的环境下，各国有觉悟的知识分子能以更加宽广的眼光看待本国文化在世界舞

---

① 丁帆. 中国乡土小说史论 ［M］. 南京：江苏文艺出版社，1992.
② 老舍. 人物、语言及其它 ［M］. 北京：作家出版社，1964.
③ 韩少功. 文学的"根"［J］. 作家，1985（6）

台上的地位；另一方面，随着寻根浪潮的不断涌进，这股文学潮流也部分消解了全球化对各国民族文化的侵蚀与掠夺，为各国延续本土文化、传承民族精神血脉提供了宝贵的机会。

在整个寻根文学浪潮中，知青作家群体扮演了关键的角色。这些人大多都参与过"上山下乡"运动，既保有城市文明的思想文化意识，又亲身体验过乡村生活，在繁重的体力劳动之余，在深入了解复杂的基层群众关系之后，他们对乡土风情和民间传统文化有了更加真实、客观的体会。当改革开放的春风吹遍神州大地后，面对西方思想文化艺术的"破门而入"，以及 20 世纪 70 年代末断壁残垣的中国传统文化景象，一批知青作家凭借自己游走于城市和乡村的独特经历，试图通过笔墨文字探寻散失在民间的传统文化价值，以表达他们对生于斯、长于斯的故土的深切情怀。寻根文学作家没有走以往的乡土文学叙事道路，他们彻底摒弃了对乡村和历史进行单层次、纯线性剖析的写作技法，较少采纳"非制度即思想"或"非痛苦即欢乐"等简单二分法的叙事范成，而把探寻的笔触伸进了民族历史文化的深层心理结构上，把批判的视角提高到历史文化与人性善恶的抽象理论高度，以破解生活在乡土中国的基层大众苦难与幸福的症结。

寻根文学所探求的"根"，不是虚无缥缈的文化符号；寻根文学所热衷的"寻"，也不是回归到封建传统或孔教伦常等被历史蹂躏无数次的异质文化。从宏观上说，寻根文学表现为对民族文化的再认识、再发掘，以获得新的阐释与定位。其中有对传统文化价值的重新定义（阿城《棋王》），对古老生存方式和民族文化的全新思考（王安忆《小鲍庄》），以现代人的理性眼光所领略到的古代文化遗风（张承志《北方的河》）。而从微观上看，寻根文学表现为对乡土人物百态的抽象化和差异化描述，以及对基层文化习俗的根源性探究和哲思性批判。

尤为重要的是，寻根文学虽然也写民俗，但抛弃了以往的把民俗只作为花瓶式点缀品的写作模式，选择以更加宏大的视野审视民俗文化，以更深邃的视角探究历史地域文化，如贾平凹"商州系列"对陕南地区秦风汉俗的挖掘，李杭育"葛川江系列"对浙江沿海吴越风情的考察，乌热尔图对北方游牧民族（鄂温克族）文化的眷恋等。在深入地域文化肌理、探寻地方乡民存在意义的基础上，许多寻根文学作家自觉不自觉地从中华文化的历史基因中搜集养料，如王安忆《小鲍庄》中所宣扬的朴素儒学思想，阿城《棋王》对道家和道教文化的忘情留恋，汪曾祺《受戒》对佛学文化或明或暗的阐释等。可以说，寻根作家既继承了五四以来的传统文化批判与反思的衣钵，又从现代、后现代的西方文艺思潮中汲取营养，所以，他们写出的乡土小说通观历史情怀和时代眼光，兼具人文品性和艺术价值，是中国乡土文学走出民间、走向未来，塑造独特审美艺术形态和全新文艺理念的重要体现。

韩少功是走上寻根之旅的一个最具代表性的作家。20世纪80年代初，他在武汉大学进修时，发表《文学的"根"》一文，引起了文学界的极大关注，被视为寻根文学的宣言书。1985年，韩少功发表于《人民文学》上的《爸爸爸》，成为伴随他一生的标签式的作品。尽管后来他对《爸爸爸》有着这样那样的"不满意"①，但不可否认的是，这部小说成为引领寻根文学潮流的奠基之作。《爸爸爸》以一种富于想象力的魔幻现实主义手法，借助象征、寓言等技巧，通过描写一个原始村落鸡头寨的历史变迁，展示了一种封闭、愚昧、荒诞的民族文化形态，隐含着作者以现代性思维对古老传统文化的理性批判。这种批判集中展现在鸡头寨村民某种未开化的非理性意识中。《爸爸爸》的主人公丙崽，是一个"未老先衰"、永远"长不大"的小老头，外形奇怪猥琐，内心理智缺失。然而，就是这样一个智商低下、语言不清、思维混乱的小人物，却受到了鸡头寨全体村民的顶礼膜拜，成为指点迷津的"丙仙""丙大师"。理性缺失者成为理性健全者的指路人，无文化者成了有文化者眼中的文化圣人，这种荒唐的逻辑反映了乡土大众存在的某种病态心理症候，映射出传统文化在乡村的极度异化以及民族文化之根的缺失与虚无。

韩少功写这篇小说时，正值20世纪70年代末，80年代初百废待兴的"四化建设"时期。经历过"上山下乡""破四旧""批林批孔"等种种事件的他，面对昔日传统文化的骤然解体、诗书礼义的价值迷失，作为一名基层文人，不得不考虑种种磨难背后的深层缘由：是政治与文化对立统一的逻辑关联，是人性善恶与社会环境的协调、迷离的多面共振，还是历史传统与时代主题的合作、背反的人类难题？种种问题背后，《爸爸爸》以隐喻的方式、象征性的阐述，作了不言自明的回答。所以，韩少功通过鸡头寨这样一处臆造的原始村落，解剖了古老文化、现实政治、人性伦常等多维形态在当代难解难分的复杂关系。韩少功后来说：

要我开出一个《爸爸爸》的产品配方，我也会感到为难。因为写这个作品的时候，我动用了自己对政治的感受，也动用了自己对文化和历史的

①　韩少功曾说："《爸爸爸》确实不是一个我满意的作品，但它的要害之处可能不是什么'四不像'，因为在我的词汇里，'四不像'不是什么贬词。"

感受，而且这些感受在多大程度上能传达到读者那里，我并不知道，毫无把握。这个作品里当然有尖锐的批判，但也有同情甚至赞美……各种复杂甚至自我对抗的心绪扭结在一起，就形成了这样一个作品。①

贾平凹的《商州初录》也是一部寻根色彩浓郁的文学作品。以此为起点，他写出了《天狗》《腊月·正月》《鸡窝洼的人家》《小月前本》等"商州系列"小说，这些作品整体上保持了一贯的风格，都将视线聚焦于农村在现代化进程中所面临的传统与现代、守旧与革新、继承与发展等纷繁复杂的内在矛盾。贾平凹着重点明了在中西会通、古今对比的激烈交锋中，农村现代化所面临的问题与可能的意义。贾平凹通过《商州初录》这样一部由十四篇相对独立的故事结合而成的著作，对他成长的故乡商州在现代化浪潮中所面临的存在状态与深层问题作了集中展示。在作品的《引言》部分，贾平凹说：

外面的世界愈是城市兴起，交通发达，工业跃进，市面繁华，旅游一日兴似一日，商州便愈是显得古老，落后，撵不上时代的步伐。但亦正如此，这块地方因此而保持了自己特有的神秘。当今世界，人们想尽一切办法以人的需要来进行电气化、自动化、机械化，但这种人工化的发展往往使人又失去了单纯，清静，而这块地方便显出它的难得处了。②

事实上，这种"难得"是当今中国农村普遍存在的现象。与其他寻根作家不同，商州是贾平凹生于斯、长于斯的故土，作者在对故乡农村农民深情分析的同时，也保留了一份挥之不去的乡愁眷恋和民俗情怀，淡远悠长，如诗如歌。如《黑龙口》中，主人夫妇留客人与自己同床过夜，坦荡的胸怀令人起敬；再如，《桃冲》中以德报怨的农家男儿，《小白菜》中心怀良知的乡土演员，《莽岭一条沟》中救死扶伤、舍生取义的乡村郎中。在《商州初录》中，我们仿佛看到商州的乡村百姓个个活得有价值、有追求、有尊严，正如贾平凹坦言："（商州）男人是这么强悍，但女人却是那么多情，温顺而善良。"③《商州初录》宛若一幅优美的乡土风俗画卷，集中展示了西北农村淳朴善良、实在又厚重的民风。

虽然贾平凹笔下的商州乡村带有某种理想化或诗意化的色彩，但这恰好表达出他对中国乡村理想面貌的真情寄托，一如他所倡导的"以中国的

---

①　韩少功，李建立. 文学史中的"寻根"[J]. 南方文坛，2007（4）.

②　贾平凹. 商州三录 [M]. 西安：陕西旅游出版社，2001.

③　贾平凹. 商州三录 [M]. 西安：陕西旅游出版社，2001.

传统的美的表现方法，真实地表达现代中国人的生活和情绪"①。这种特有的中国情绪来源于民族文化之根，而贾平凹所要找寻的根，不在虚无缥缈的历史记忆里，也不在飘摇不定的闲言絮语中，而在现代化进程中商州乡民内心深处所传承与延续的精神血脉里，根深蒂固，代代不竭。贾平凹曾说：

"历史的进步是否会带来人们道德水准的下降而虚浮之风的繁衍呢？诚挚的人情是否适应于闭塞的自然经济环境呢？社会朝现代化的推移是否会导致古老而美好的伦理观念的解体或趋向实利之风的萌发呢？"②

可见，贾平凹寻根的过程，也是他触摸农村现代化进程、感知农民心理脉动、寄予个人深切厚望的过程，更是他自觉地明晰农家男儿人生定位、升华个人精神境界的自我扎根、固根的过程，根深才能叶茂，叶茂方可长生，贾平凹的寻根之旅由此多了一分特有的人伦温情和哲思高度。

寻根文学作为20世纪80年代中国文坛的一股清流，唤起了人们对故土传统文化的追思和审视，为处在改革开放大潮下的中国乡村找到了一条融合传统与现代、本土与西化的智慧发展道路提供了有益的精神借鉴。随着中国乡村现代化进程的不断推进，寻根文学所造成的影响，超出了先前几个寻根作家所笔耕的范围，带动并启迪了后来形形色色的中国文学思潮，如先锋小说、生命写作、新写实主义等。这些林林总总的文学流派，既注重从中国传统文化和地域风俗中汲取营养，不论儒墨道法、玄禅理心之学，还是齐鲁楚汉、燕赵吴越之风，皆成为可资参考的素材；同时，他们又广泛吸收借鉴西方文学艺术思潮，如象征主义、未来主义、达达主义、表现主义、存在主义、超现实主义、抽象派、意识流派、荒诞派等，中西合璧，兼收并蓄，写出了一系列传世华章，其中不乏乡土文学名篇。譬如，在历史传统与民族记忆交织下乡村家族的纷争血泪史（陈忠实《白鹿原》）；在乡土百姓命运的风云变幻中一处古镇所透射出的民族灵魂的困境与挣扎（张炜《古船》）；在大时代历史进程中乡土人物所经历的艰难曲折的"平凡"生活（路遥《平凡的世界》）；在城乡互动视野下农村群众悲欢离合的生命赞歌（周大新《湖光山色》）。

当时创作的乡土文学作品中，莫言的《红高粱》曾影响一时。莫言后

---

① 贾平凹. 贾平凹文集［M］. 北京：中国文联出版公司，1995.
② 贾平凹. 腊月［M］. 北京：北京十月文艺出版社，1985.

来一直奔走在乡土叙事的道路上，最终摘取了诺贝尔文学奖的桂冠①。《红高粱》是一段民间视域下的乡土抗日故事，作者通过第一人称"我"为叙述主体，一方面描写了"我爷爷"余占鳌率队伏击日军的英勇壮举，另一方面又刻画了"我爷爷"余占鳌和"我奶奶"戴凤莲的爱情往事。小说的男主人公余占鳌身兼土匪、英雄、情种三重身份，个性复杂多变，既具有土匪的粗豪与狂野、英雄的坚韧与担当，又具有情种的浪荡和浮夸。而女主人公"我奶奶"既具有大家闺秀的聪慧和贤淑，又具有普通民间女子的温热丰腴、泼辣果敢，以及对生存本能与自然情欲的热切渴望。《红高粱》将故事的背景置于一段悲怆又艰苦的特殊岁月里，当时乡间大地上处处显露着某种蛮荒、诡谲、粗野而又亢奋的神秘气氛。然而，越是离奇的故事、紧张的氛围，越能展现人性的美丑善恶的叙事张力；越是复杂的关系、痛苦的经历，越能说明一方百姓存在的价值与意义，莫言据此写出了这部彪炳文学史册的《红高粱》。有学者评论说："（莫言）以超验的感知方式，表现了充分矛盾的内在纷扰，几乎是将一种最初状态的情绪直接地表达了出来。一方面是凄苦、苍凉、沉滞、压抑，另一方面则是欢乐、激情、狂喜、抗争。这极像交响乐中两个相辅相成的旋律，彼此纠结着对话。前者是经验性的，后者是超验性的，前者是感受、体验，是对外部生活的情绪性概括，后者则是向往，是追求，是灵魂永不止息的呐喊。而忧郁的主调，也正是这不胜重复的灵魂，将被压抑的生命力不断外化为生动鲜活的具象之后，如释重负般的叹息。"②

值得注意的是，在《红高粱》中，个性化的民间语言俯拾皆是。凭此，读者既能感受到高密东北乡村的浓浓乡土气息和粗朴的民俗民风，又能体会到乡土人物内心深处最原始、最有力的呐喊，令人印象深刻。譬如，"我奶奶"临死前，对其一生总结道：

天赐我情人，天赐我儿子，天赐我财富，天赐我三十年红高粱般充实的生活……天，什么叫贞节？什么叫正道？什么是善良？什么是邪恶？你一直没有告诉过我，我只有按着我自己的想法去办，我爱幸福，我爱力量，我爱美，我的身体是我的，我为自己做主，我不怕罪，不怕罚，我不怕进你的十八层地狱。③

---

① 2012年，瑞典文学院授予莫言诺贝尔文学奖，授奖辞为：通过幻觉现实主义，将民间故事、历史与当代社会融合在一起。

② 季红真. 忧郁的土地，不屈的精魂［J］. 文学评论，1987（6）.

③ 莫言. 红高粱家族［M］. 北京：当代世界出版社，2004.

这段独白泼辣直接、洒脱不羁、如流动的意识奔涌而来，自由自在、毫无章法却极具审美意义。"我奶奶"把跟"我爷爷"在高粱地的野合，说成是"对自己身体做主"；把和长工罗汉大爷偷情，定性为"对幸福的追求"。从某种层面上讲，"我奶奶"的所言所语、所作所为有悖于中国传统伦理道德对女子的规约，但从"我奶奶"最后的呼喊声中，读者全然不会觉得这是一个水性杨花、轻佻放荡的女人在强词夺理，而是一个敢说敢做的女权卫士对幸福、对自由的执着追求。

《红高粱》不过是莫言乡土著作的一个缩影。随着生活阅历的增长和文学体验的深入，莫言后来创作了诸如《丰乳肥臀》《生死疲劳》《蛙》等一系列经典名篇。这些作品，或热情讴歌母亲的伟大、朴素与无私（《丰乳肥臀》），或集中展现农民与土地难以割舍的复杂情感（《生死疲劳》），或借计划生育之名，表达对生命的由衷礼赞和敬畏之情（《蛙》）。总之，莫言的创作风格，融合了魔幻现实主义、意识流、地方风俗文化等元素，美学色彩亦真亦"幻"、亦古亦新、亦土亦洋，具有极高的艺术水准与审美价值。

二、乡愁情结与田园诗词

中国人的乡愁情结源远流长。屈原《九章·涉江》云："乘鄂渚而反顾兮，欸秋冬之绪风。"洪兴祖注曰："言己登鄂渚高岸，还望楚国，向秋冬北风，愁而长叹，心中忧思也。"[1] 屈原在流放途中，屡屡以登高回望的方式，抒发对故国家园的沉重忧思。汉乐府民歌《悲歌》云："悲歌可以当泣，远望可以当归。思念故乡，郁郁累累。"[2] "悲歌当泣""远望当归"，天涯游子对故土家园的深沉眷恋可见一斑。魏晋时期，"田园"这一承载着深厚文化底蕴的物象，频频出现于文人的诗作中，最终成为独立的审美对象。田园诗的出现，不仅使田园成为文人雅士精神游憩、心灵抒怀的场域，更进一步沟通了人与自然的交流乃至个人与心灵的和谐，缔造了华夏民族连绵不绝的故园乡愁情愫。陶渊明是我国田园诗派的开山之人，他曾任江州祭酒、镇军、参军等职，最末一次出任彭泽县令，八十多天后便辞官而去，从此归隐田园。当陶渊明的身体与家园合二为一时，便剥离

---

① 洪兴祖. 楚辞补注 [M]. 北京：中华书局，1983.
② 郭茂倩. 乐府诗集 [M]. 北京：中华书局，1979.

了乡愁问题（nostalgia）出现的一切可能，成为我国第一位"在场"的"隐逸诗人"①。

魏晋之后，特别是随着唐诗宋词繁荣局面的到来，田园诗又迎来了丽日经天的壮观之象。王维、孟浩然、范成大等人继承了陶渊明的传统，形成了一个与边塞诗派交相辉映的"山水田园诗派"，留下了数不胜数的杰出诗篇。在他们的田园诗作中，既有雄浑壮美的自然景象，清逸雅致的山水画面，又有写实与写意交织的田园风情，浪漫与现实并列的乡土世界，开创了自然美、田园美、生活美描写的新境地。这些文人，既是诗人，又是农夫，既是观察家，又是绘画家，他们把自然景物倾注在自己无边的情思中，又把自我消融在诗意的田园热土上，形成了儒、庄、禅和合如一的至高境界。

（一）回归田园：陶渊明的故土情结

文献记载，陶渊明"自幼修习儒家经典，爱闲静，念善事，抱孤念，爱丘山，有猛志，不同流俗"②。《饮酒》其十六云："少年罕人事，游好在六经。"③ 他早年熟读儒家经典，有过"猛志逸四海，骞翮思远翥"④（《杂诗》其五）的志向；也曾有过"日月掷人去，有志不获骋"⑤（《杂诗》其二）年华易逝、报国无门的伤感；二十岁时，陶渊明开始了他修齐治平、报效国家的游宦生涯。《饮酒》其十云："在昔曾远游，直至东海隅。道路迥且长，风波阻中途。此行谁使然？似为饥所驱。倾身营一饱，少许便有余。恐此非名计，息驾归闲居。"⑥ 这首诗即是他游宦历程的写照。待到饱尝官场冷暖、深感百无聊赖之后，陶渊明感悟到"实迷途其未远，觉今是而昨非"（《归去来兮辞》）⑦，于是开始了他回归故里的谋划。义熙元年（405），陶渊明最后一次出仕彭泽，数月后便解印归田，正式开始了他的归隐生活，直至生命结束。

陶渊明是中国田园诗的开创者，他的田园诗恬淡淳朴、玄奥睿智，常常表露出他对自然宇宙、社会人生的观察和思考，既有着儒家士大夫关注

① 吕德申. 钟嵘《诗品》校释［M］. 北京：北京大学出版社，1986
② 袁行霈. 陶渊明集笺注［M］. 北京：中华书局，2003.
③ 袁行霈. 陶渊明集笺注［M］. 北京：中华书局，2003.
④ 袁行霈. 陶渊明集笺注［M］. 北京：中华书局，2003.
⑤ 袁行霈. 陶渊明集笺注［M］. 北京：中华书局，2003.
⑥ 袁行霈. 陶渊明集笺注［M］. 北京：中华书局，2003.
⑦ 袁行霈. 陶渊明集笺注［M］. 北京：中华书局，2003.

个体修养、偏爱义理思悟的品性，更显现出道家崇尚自然之美、解构名教伦常的洒脱与自由。而后者，以及受老庄哲学影响的魏晋玄学，对陶渊明思想世界的建构起到了决定性的作用。陈寅恪说："渊明之为人实外儒而内道，舍释迦而宗天师。"① 在道家思想中，"自然"是一个重要的范畴，老子提出了"道法自然"（《老子·二十五章》）、"以辅万物之自然而不敢为"（《老子·六十四章》）等观点。庄子继承了老子的学说，认为任何的人际行为都是一种庸人自扰，唯有"顺物自然"（《庄子·应帝王》），人类才能安心，世间方可安定。《庄子·天运》云："天有六极五常。"② 郭象注解说："夫物事之近，或知其故，然寻其原以至乎极，则无故而自尔也。"③ 世界的万事万物皆不是人类所能操纵的，人只有尊重自然的存在，顺应自然的变化，才能步入自由自在的境地。

陶渊明的田园诗中处处充溢着他对自然的深刻理解，他眼中的自然是以现实的乡村田园为场域，通过对山川、草木、鸟兽的观察与赞美，获得一种自由自在的本真体验。从现实环境看，陶渊明回归田园，走向山林，是以身体步入自然为标志；而从精神背景观之，陶渊明"复得返自然"，是依循自己的本性，找回原初的存在状态，保持一种未经世俗异化的、天真的性情，实现老庄追慕的自由自在的境界。在陶渊明看来，周遭污浊的环境对人的存在是一种无形的束缚，世俗的功名利禄更不值得入朝思暮想，他常常借眷恋山林的归鸟形象，表达自己对自然与自由的渴望，如"羁鸟恋旧林，池鱼思故渊"④ "云无心以出岫，鸟倦飞而知还"⑤ "山气日夕佳，飞鸟相与还"⑥。飞鸟既已回归山林，世人也应走向自然，回到原始的、淳朴的存在状态，忘却利禄的诱惑，剥离名教的束缚，乐享一种恬淡、自由的生活。

陶渊明的田园诗充满了浓郁的自然本色，没有"为赋新词强说愁"的矫揉造作，也没有"吟安一个字，捻断数茎须"的苦吟投入，他有了感触就脱口而出，有了体会便信笔写就，率真而直接，朴实又自然。清人朱庭珍《筱园诗话》云："陶诗独绝千古，在'自然'二字。"⑦ 在陶渊明的诗

---

① 陈寅恪. 金明馆丛稿初编 [M]. 上海：三联书店，2001.
② 孙通海. 庄子 [M]. 北京：中华书局，2007.
③ 郭象注，成玄英疏. 南华真经注疏 [M]. 北京：中华书局，1998.
④ 袁行霈. 陶渊明集笺注 [M]. 北京：中华书局，2003.
⑤ 袁行霈. 陶渊明集笺注 [M]. 北京：中华书局，2003.
⑥ 袁行霈. 陶渊明集笺注 [M]. 北京：中华书局，2003.
⑦ 朱庭珍. 清诗话续编 [M]. 上海：上海古籍出版社，1983.

中，我们找不到夸张的描述，看不到奇特的意象，他所描写的都是最普通的乡土事物，如村舍、鸡犬、桑麻、炊烟、稻谷农夫等，这些平淡无奇的乡间凡物，一经笔端，便化作一幕幕淳朴的田园生活景象，恬淡素朴，生趣昂然。朱熹说："渊明诗平淡出于自然。"① 当代学人也说："陶诗艺术境界的特出地方，就在它把平凡的生活中所蕴含的美极为自然质朴地写了出来。"②

魏晋玄学继承了老、庄崇尚自然的思想，但玄学家对自然与名教关系的理解又各不相同。夏侯玄认为"天地以自然运，圣人以自然用"，天地是自然而然的，圣人的作用也是合乎自然的，他提出了调和名教与自然的论题。王弼认为，自然与名教是本末体用关系，二者是统一的，他主张"举本统末"，用自然统御名教，使众人各安其位，复归自然。嵇康、阮籍不满司马氏标榜名教而实际篡权的行为，极力批判名教。阮籍认为名教是束缚人性的枷锁，是"天下残贼、乱危、死亡之术"③，嵇康主张"越名教而任自然"④，他们蔑视礼法，愤世嫉俗，强调名教与自然的对立。陶渊明对自然和名教关系的认识，基本上倾向于嵇康和阮籍，以自然对抗名教，但陶渊明又不像嵇康、阮籍那样放浪形骸，他颂赞自然，歌咏田园，将对名教不服从的态度，隐喻在一花一草、一鸟一林的诗歌意象中，或明或暗地表露着自己率真的性情。

陶渊明从小生活在农村，性情简单纯朴，即便是在朝为官，也没有一般世俗官老爷飞扬跋扈的习气。这样的性格终究还是与官场显得格格不入，所以归隐田园、依循本性，成了陶渊明最在意的事。譬如，他的第一首《归园田居》咏道：

少无适俗韵，性本爱丘山。误落尘网中，一去三十年。羁鸟恋旧林，池鱼思故渊。开荒南野际，守拙归园田。方宅十余亩，草屋八九间。榆柳荫后檐，桃李罗堂前。暧暧远人村，依依墟里烟。狗吠深巷中，鸡鸣桑树颠。户庭无尘杂，虚室有余闲。久在樊笼里，复得返自然。
⑤

在这首诗中，陶渊明以追悔开始，以庆幸结束。陶渊明追悔自己"误

---

① 黎靖德. 朱子语类 [M]. 北京：中华书局，19863.
② 李泽厚，刘纲纪. 中国美学史（第二卷）·上 [M]. 北京：中国社会科学出版社，1984.
③ 阮籍. 阮籍集 [M]. 上海：上海古籍出版社，1978.
④ 戴明扬. 嵇康集校注 [M]. 北京：人民文学出版社，1962.
⑤ 戴明扬. 嵇康集校注 [M]. 北京：人民文学出版社，1962.

落尘网"，"久在樊笼"的压抑与痛苦，最后庆幸自己终"归园田居"，"复得返自然"，获得了内心的惬意。陶渊明自认为是一个真诚率直的人，他的本性与淳朴的乡村、宁静的自然，似乎有一种内在的共通之处。正因为"少无适俗韵"，不懂得钻营取巧、阿谀奉承，不如依循自己的天性，回归田园、乐赏丘山，无须勉强自己，混迹于俗世。在乡下，耕种十亩农田，闲住草屋几间，散养鸡狗数只，燃起一灶炊烟，过一种自给自足的俭朴生活，即是陶渊明向往的生活图景。

所以，陶渊明在这首诗中，勾勒出了他心目中理想的田园景象。那里有"暧暧远村""依依墟烟"，有"狗吠深巷""鸡鸣桑颠"。在其中，我们仿佛看到了炊烟袅袅、村落远隔的世外桃源，仿佛走进了"鸡犬之声相闻，民至老死不相往来"的理想社会。总体观之，这首诗语言朴实无华、不加藻饰，风格明媚清新，意境淡远悠然，宛如一幅写实生动的田园生活画卷，宁静纯美，安闲自在。品诗如品人，这种恬淡、悠然的诗风正是陶渊明真实性情的写照，钟嵘《诗品》论陶渊明诗："文体省净，殆无长语；笃意真古，辞兴婉惬。每观其文，想人其德。"① 这种"其诗如其人"的特点正是陶渊明田园诗的魅力所在。所以，弃官而去、归隐田园，既暗合了陶渊明自然纯真的天性，更为后世留下了一系列"笃意真古，辞兴婉惬"的不朽诗篇。

耕田是一项体力劳动，孔子曰："耕也，馁在其中矣。"② 孟子云："劳心者治人，劳力者治于人。"③ 陶渊明无意"治人"，无心做一个"闻达于诸侯"的士大夫，而甘愿"治于人"，毅然决然地辞去彭泽县令，返回田园，心甘情愿地扛起锄镐、收拾园野。所以，与那些生活在城邑、未尝劳动艰辛而编织出"田园牧歌"诗篇的诗人相比，陶渊明算是前进了一大步。他亲身参与生产劳动，耕耘稼穑、亲力亲为，饱尝田畴苦乐，所以他写出的田园诗篇更加深入人心、更富生命活力。让我们再仔细品读一首：

人生归有道，衣食固其端。孰是都不营，而以求自安？开春理常业，岁功聊可观。晨出肆微勤，日入负耒还。山中饶霜露，风气亦先寒。田家岂不苦？弗获辞此难。四体诚乃疲，庶无异患干。盥濯息檐下，斗酒散襟颜。遥遥沮溺心，千载乃相关。但愿长如此，躬耕非所叹。

① 吕德坤. 钟嵘《诗品》校释［M］. 北京：北京大学出版社，1986.
② 孔丘. 论语［M］. 张燕婴，译注. 北京：中华书局，2006.
③ 杨伯峻. 孟子译注［M］. 上海：上海古籍出版社，2004.

——《庚戌岁九月中于西田获早稻》①

开春不忘料理日常农务，一年收成尚且可观，清晨出门从事轻微的劳动，日落扛着收获的稻禾回还。短短几句平铺直叙式的语言，道出了农村生活的酸甜，田家虽苦，但陶渊明深知"弗获辞此难"的道理，所以他享受这种劳作之苦的快乐。耕作劳累了一天，洗去手脚的泥土，静静地坐在屋檐下养神，品一杯自酿的水酒，放松困倦的身心。比起官场上的尔虞我诈、劳神费思，田园劳作虽然在躯体上劳累了一些，但人的精神却是自由洒脱的，人的心灵是无拘无束的。这也正是陶渊明向往的"引壶觞以自酌，眄庭柯以怡颜"的生活。

在古代，农民的生活异常辛苦。人们风餐露宿、早出晚归地忙活在田野上，布衣麻服、粗茶淡饭，一年的时光全投入到田地里，若遇到暴雨冰雹或干旱蝗灾等恶劣自然条件，一年的心血便会付之东流。陶渊明作为一名"农夫诗人"，不可能不知农民生活的不易。但他的伟大之处在于，他既对农民生活的清苦了然于胸，又把看似粗朴、平凡的农家生活描述得诗意盎然、超然物外。在陶渊明的田园诗中，既有现实的农民劳作的辛苦，又不失田园生活的诗意，两者中和有度、自然妥帖。对此，钟嵘《诗品》评价道："风华清靡，岂直为田家语耶？"② 所以，陶渊明出入田园却游离田园之外，在躬耕田园的生涯中，实现了他"聊乘化以归尽"的人生志趣。

（二）庄、禅境界与田园诗梦：以王维为例

王维是唐代伟大的田园诗人，他的田园诗常用五律或五绝的形式，篇幅短小，语言精美，音节较为舒缓，用以表现优美恬静的田园区光和萧散闲逸的乡土生活，如《宿郑州》："田父草际归，村童雨中牧。主人东皋上，时稼绕茅屋。"③《淇上田园即事》："牧童望村去，猎犬随人还。静者亦何事？荆扉乘昼关。"④ 《济州过赵叟家宴》："深巷斜晖静，闲门高柳疏。荷锄修药圃，散帙曝农书。"⑤ 中年以后，王维日渐消沉，"与道友裴迪浮舟往来，弹琴赋诗，啸咏终日"，在庄学禅理和纵情山水中寻求寄托，

① 袁行霈. 陶渊明集笺注 [M]. 北京：中华书局，2003.
② 吕德坤. 钟嵘《诗品》校释 [M]. 北京：北京大学出版社，1986.
③ 陈铁民. 王维集校注 [M]. 北京：中华书局，1997.
④ 陈铁民. 王维集校注 [M]. 北京：中华书局，1997.
⑤ 陈铁民. 王维集校注 [M]. 北京：中华书局，1997.

他自称："一悟寂为乐，此生闲有余。"① 这种心情也充分反映在他后期的诗歌创作之中，如《渭川田家》云：

> 斜阳照墟落，穷巷牛羊归。野老念牧童，倚杖候荆扉。雉雊麦苗秀，蚕眠桑叶稀。田夫荷锄至，相见语依依。即此美闲逸，怅然吟《式微》。②

夕阳照村，牛羊归圈，鸡宿蚕眠，农夫交谈，《渭川田家》描写的都是乡间平常的事物，却展露出诗人高超的写景技巧和独具匠心的刻画手法。在诗中，我们看不到喧闹嘈杂的市井场景，也没有忧国忧民的君子情怀，王维不过以朴素、简洁的白描手法，道出了人与物皆"有所归"的景象，归向田园，归向自然，去平静悠然地乐享乡土生活。

王维说："我心素已闲，清川澹如此。请留磐石上，垂钓将已矣。"③ 王维对走向田园的眷恋，不免让我们联想到庄子对"回归自然"的痴迷，庄子直言："卧则居居，起则于于，民知其母，不知其父，与麋鹿共处，耕而食，织而衣，无有相害之心，此至德之隆也。"④ 庄子眼中的大自然是一种纯美的化身，他要求否定一切文明和文化，回到原始的自然状态，无欲无求，自在逍遥。庄子又说："一受其成形，不亡以待尽。与物相刃相靡，其行进如驰，而莫之能止，不亦悲乎！终身役役而不见其成功，苶然疲役而不知其所归，可不哀邪！"⑤ 尘世的功名利禄，世间的富贵荣华，对人的本性是一种羁绊，与其被烦琐的外物所役，为冗杂的社会关系所累，不如回归自然，徜徉自由，探寻人类生存于世的真谛。

随着王维参禅悟道、品佛论理的深入，禅学意境成为王维后期田园诗作的鲜明表征，其田园诗获得了"不是禅诗，胜似禅诗"的地位。在现存的四百多篇王维诗文中，处处可见他对佛学禅理的阐释与表露，其中又多与《维摩诘经》《华严经》《法华经》《涅槃经》等佛经著作暗自关联。在众多佛经典籍中，《维摩诘经》对王维的影响最为深远。因仰慕《维摩诘经》中的大乘菩萨维摩诘居士，王维为自己取名维，并字摩诘，誓愿以维摩诘居士为榜样，学习他的无上德行、如海智慧和超凡才能。《维摩诘经》主张运用不二法门消解一切矛盾，泯灭一切对立，从而获得对生命自由的无限体认。《维摩诘经·入不二法门品》云：

---

① 刘昫. 旧唐书 [M]. 北京：中华书局，1975.
② 彭定求全唐诗 [M]. 北京：中华书局，1960.
③ 彭定求全唐诗 [M]. 北京：中华书局，1960.
④ 陈鼓应. 庄子今注今译 [M]. 北京：商务印书馆，2007.
⑤ 陈鼓应. 庄子今注今译 [M]. 北京：商务印书馆，2007.

文殊师利问维摩诘："我等各自说已，仁者当说，何等是菩萨入不二法门。"

时，维摩诘默然无言。

文殊师利叹曰："善哉！善哉！乃至无有文字语言，是真入不二法门。"①

这里的"不二法门"是放弃一切语言、一切技巧、一切形式，只凭自然直觉、默然顿悟，去实现"如如平等""一实之理"的至高境界。事实上，禅宗所宣扬的"悟"，不为在激烈的社会冲突中寻求解救，也不为在痛苦绝望中获得超脱，而在于在平静淡泊的日常生活中，在观赏大自然时心与心的沟通中，获得愉悦的感受、超然的放松。在品评大自然的过程中，诗人所体会到的个体与大自然的完美合一，以及整个宇宙、万千世界的合目的性，与禅宗所追求的淡远心境、瞬间永恒等，确有异曲同工之妙。我们且看王维的几首"田园禅理"诗：

空山不见人，但闻人语响。返景入深林，复照青苔上。

——《鹿柴》

独坐幽篁里，弹琴复长啸。深林人不知，明月来相照。

——《竹里馆》

木末芙蓉花，山中发红萼。涧户寂无人，纷纷开且落。

——《辛夷坞》②

远处的微微语响，衬托着空山幽谷的存在；密林里射下一线日光，点缀出某种幽静空灵的境界（《鹿柴》）。诗人登山，听到的却是人语，诗人入林，触摸到的却是时光，这种"空间中有时间，时间中透空间"的复杂本相，获得了某种"禅本体"的意涵，这是禅宗的第一重境界。独自弹琴吟啸，明月自来观照；选择与空寂为伴，大自然却感知如我（《竹里馆》）。在这里，声与色合一，动与静有度，虚与实相随，在亦真亦幻的超空境界里，诗人已实现破法执我、自在自为的状态，这是禅宗的第二重境界。辛夷花自开自落，得之自然，归于自然（《辛夷坞》）。看似无欲无求、泯灭时空，实则天与人、物与我、情与景完全浑然一体，达到"一即一切，一切即一"的地步，这是禅宗的第三重境界。

为何诗人可以通过对大自然的观赏品悟获得禅的体悟呢？为何田园诗派的某些诗歌可以为佛学禅理代言？究其原因，在于大自然本身的无目的

---

① 赖永海．维摩诘经［M］．北京：中华书局，2010.
② 陈铁民．王维集校注［M］．北京：中华书局，1997.

性。花开花谢，鸟来鸟去，水流水干，日升日落，本身都是无目的、无意识、无规划、无部署的。大自然是"无心"的存在，它不因主客位置、时空距离、好恶美丑而变化多端，正是在"无心"的境况下，诗人可以凭此窥见那超脱一切的"大心"，正是在"无意"的境况下，诗人可以获得刹那永恒的无上体验。并且，只有在"无心""无欲""无意"的状态下，禅师才更能体会人类的"有心"、万象的"有欲"、宇宙的"有意"是何等的微不足道！铃木大拙说：

禅是处在变化无常的大海之中，根本不想逃离颠簸起伏的波涛。它不与自然相对立，不把自然看成必须加以征服的东西，也不远离自然。实际上，它就是自然。

大自然一切现象都是无意识的，它从不考虑、计较、忖度自己行为的目的，因而它是神圣的。在禅家眼中，人类不是超越自然，更不是征服自然，而是和自然完全合一。譬如，我们以"山"为例。禅家眼中的山不是主观意念上的"山"，而是先于人类存在的现实的"山"。当禅家观山时，"我见青山多妩媚，料青山见我应如是"，我看到的山就是山看到的我，两者并无分别。这时，自觉体成为本然体，人与自然完全合一。然而，虽然山和入已融为一体，山却没有消失，我也没有把山忽视，山和人的"二分"依然存在，这便是禅家"真如"的境界。在禅家眼中，山是山却又不是山，人是人却又不是人，这种"真如即空，空即真如"的理念，正是佛学禅理"自然观"的生动写照。

王维的田园诗作出入庄禅之中、参悟天地之外，成为当时一股清新美丽的潜流。事实上，庄、禅作为盛行于华夏大地的思想形态，它们在哲学意义上并不完全相同。例如，庄子对待"生死"仍相当执着，坚持用相对主义的理性探讨或思辨论证，达到"齐生死"的境界；而禅学则完全参透生死，不谈抽象本体，不为外在形式或语言文字束缚，只为直观的感悟与心灵的体验。再者，庄子非常重视"真人""至人"等某种理想化的人格神，主张把个体升华到与宇宙并生的高度，追求一种生命的超越；而禅学则完全鄙视"真人""圣人"等人格神，在禅家眼中，真实的存在不是超越一切、获得永生，而在于客体灵魂的直观感觉、心灵境地的大彻大悟。然而，在某些维度层面，庄、禅又是相通的，它们都重视形上体验，强调个体感知，追求愉悦人生等。

与儒学相比，虽然庄、禅对中华民族社会心理的建构和传统文化的贡献要逊色许多，但庄、禅却为沉迷于"内圣外王"之道的士大夫，平添了一缕清新的空气，一种自由的意志，以及一处任意遨游的思想天地。然而，在田园诗人眼中，庄、禅却有男一种独特意义：当历经仕宦的知识分子在饱尝官场冷暖，特别是在遭到贬谪、入狱、流放等磨难时，大多数人没有选择了结自己的生命，而是求助于某种个人体验，放浪园野，参悟生死，获得心灵上的超脱与生存下去的勇气。而如王维这样的知识分子已全然看破红尘世俗，选择隐逸遁世，既保持了洁身自好、高风亮节的君子品性，又为后人留下一首首满含禅理哲思、参透造化之美的不朽诗篇。

第三节 诗意乡土与故土情趣

当"诗意乡土"这个词语出现在读者面前时，人们往往联想到某种山清水秀、草长莺飞的田园景象，小桥流水、山乡夜色或空灵雨景常常成为乡土家园的唯美写照，牧归的老人、梳妆的女孩、鸣叫的公鸡或觅食的黄狗时常是田园故土的典型背景，昭示着乡土世界所可能具备的某种超然的美学特征。当然，温和的场景中也会间有彪悍的民风，甚至是粗犷野蛮的陋习。所以，在一些乡土文艺作品中，粗野的阳刚之气与纤细的阴柔之美同在，田园牧歌的纯朴情调和波澜壮阔的现实生活都可以为乡土作品所容纳。至于乡土文艺的作者，他们更愿意为自己贴上"农民"的标签，如沈从文自命为"乡下人"，刘绍棠自称为"土著者"，齐白石自封"山翁"等。从表面上看，他们的乡土田园作品似乎只专注于乡村世界的纯美事物；细究起来，却有着深层次的现实文化背景和叙事逻辑理路。因为，身处风起云涌的中西会通的年代，任何一位以乡土事物为题材的文艺家，几乎都无法完全回避现代性和外部世界对乡村的影响。这种影响有时以直接冲突的方式展现出来，有时以含蓄温婉的形式间接说明问题的症结与要害，致使他们的乡土格局显得诗意与平凡并存，浪漫与现实交织。

一、田园牧歌与诗意乡土：以废名和沈从文为例

20 世纪初期的乡土文学，以鲁迅为代表的一批人扛起了"土"性批判的大旗，写出了一系列见解犀利、思想深刻的经典文章。当时也有另一批

乡土文学家，他们以废名和沈从文为代表，对传统的乡村宗法社会和乡村诸种生活百态，以淡淡的、略带忧伤的文字书写心中悠远散漫的情怀。其描述的物象或是牧笛横吹、渔舟唱晚，或是樵夫探路、农人耕田；其写作风格或是抒情中兼有写实，或是描写中兼有叙述，语言明快流畅，情感饱满真挚，以浪漫主义的笔触描绘了他们心目中的乡村光景，向我们展现了"诗意乡村"和"现实故土"的全部风貌。

废名原名冯文炳，是 20 世纪中国文学史上最有影响力的文学家之一，1925 年出版的《竹林的故事》是他的第一本小说集，其后相继创作有小说、散文、诗歌等。废名的小说以"散文化"著称，他将古代散文、唐诗宋词以及现代白话文等要素熔于一炉，并加以实践发挥，文辞简约幽深，格调朴拙生险，营造出与众不同的美学风格。然而，与其他乡土小说作家不同的是，废名似乎并不热衷于批判乡土社会的丑陋或揭露现实社会的诸种难题。从整体上看，他的乡土小说所构筑的场景是远离现实生活的，他所塑造的小说人物角色是纯朴善良的，甚至连小说的环境氛围都是寂静纯美的。沈从文曾评点废名说：

（废名）所显示的神奇，是静中的动，与平凡的人性的美。用淡淡的文字，画一切风物姿态轮廓。①

当代学者杨义认为："废名的小说在表现人物的情感美、道德美，在发掘自然的占朴美、意境美，在追求文字的质朴、凝练和隽永等方面，都留下了一个早期探索者应该受到赞赏的某些成绩"。② 废名的寂静环境与纯美人性交相辉映的写作手法，时常见于他的乡土作品中。譬如《菱荡》中的陶家村，一年四季总是那样的宁静，深藏在茂密的树林之中，一池河水、一个水洲把它与县城的热闹隔绝开来，偶尔听得见涣林中樵夫伐木的产响，以及陈聋子、张大嫂们那些似断非断的两声打趣，看似有声，实则无声，充满了"蝉噪林愈静，鸟鸣山更幽"式的祥机，构成了一种平淡洁净、大音希声的艺术表征。与此同时，为了突出乡村的和谐与环境的寂静，消解现实的冲突与世道的不平，废名求助于佛家顿悟、直觉、虚无的形而上的理念，表达自己对自然、乡土和人文的体认与感知。所以，废名的乡土小说中出现了许多直觉式的描述。在《菱荡》中聋子浇菜园这一幕，废名写道：

---

① 沈从文．沈从文全集（第 16 卷）［M］．太原：北岳文艺出版社，2002．
② 杨义．中国现代小说史（第一卷）［M］．北京：人民文学出版社，1986．

　　一日，太阳已下西山，青天罩着菱荡圩照样的绿，不同的颜色，坝上庙的白墙，坝下聋子人一个，他刚刚从家里上园来，挑了水桶，挟了锄头。他要挑水浇一浇园里的青椒。他一听——菱荡洗衣的有好几个。风吹得很凉快。水桶歇下畦径，荷锄沿畦走，眼睛看一个一个的茄子。青椒已经有了红的，不到跟前看不见。①

　　废名的语言是天马行空式的，无中生有、横空出世，显得干脆而直接、空灵而绝美，充满了禅家的顿悟与直观之美。这样的神来之笔可随处见诸他的作品中，读者倘若没有经过合理的联想、仔细的品读和认真的思考，可能会陷入不知所云的迷惑中。再如，废名写花红山，"没有风，花似动，——花山是火山！白日青天增了火之焰。"② 这样自由洒脱的语言和率性恣意的描述，与佛家强调的主体感知、个人顿悟有异曲同工之妙。由此也不难发现禅学佛理对废名及其创作的巨大影响。废名出生在湖北省黄梅县，自隋唐以降，黄梅一直是佛教兴盛之地，五祖弘忍、六祖惠能的故事在当地家喻户晓，甚至弘忍大师本人就是黄梅人。废名从小对黄梅的禅宗圣地五祖寺向往之至，他说："五祖寺是我小时候所想去的地方，在大人从四祖、五祖带了喇叭、木鱼给我们的时候，幼稚的心灵，四祖寺、五祖寺真是心向往之。"③ 这种融合禅宗境界与传统田园叙事的乡土文学风格，造就了废名不同于其他诸家的鲜明美学特征。佛家眼中众生皆平等，人与人之间应是和谐友好的。受此影响，废名小说中的人物关系简单，人物性格大多单纯和善。我们看不到圆滑世故者的飞扬跋扈，也看不到老谋深算者的尔虞我诈。《菱荡》中的陈聋子、《桥》中的三哑等，他们纯朴敦厚，鲜受尘世污染，他们没有如簧的巧舌去制造那些令人作呕的噪声，更没有精明的头脑去左右周遭的人际关系以获取一己私利，他们只是静静地存在于乡间，静静地生活在乡土大地上。其中，《菱荡》中陈聋子更具象征意义，因为耳聋，他的世界永远是宁静的，因为听不到俗世的污浊之音，才能永葆着一颗纯真美好的心灵，所以能够自由地体认世界万物的原初面相。"道可道，非常道"，这种简单朴拙的乡土人物因而具有了一层超越的精神境界，让人分辨不清是乡土人物的本相如此，还是废名的禅道乡土观发挥了作用二这也成就了废名乡土文学独特的存在价值与审美意义。

① 王风. 废名集（第一卷）[M]. 北京：北京大学山版社，2009.
② 王风. 废名集（第一卷）[M]. 北京：北京大学出版社，2009.
③ 王风. 废名集（第三卷）[M]. 北京：北京大学出版社，2009.

　　与废名相比，沈从文的创作风格更趋向于浪漫主义（Romanticism）。沈从文的小说融写实、象征等于一体，语言古朴，句式短小，意境纯美，整体风格单纯而不失厚重，质朴而不失精致，具有浓郁的地方文化色彩与鲜明的诗意特征。从某种意义上说，沈从文以乡村为题材的小说是一种典型的"乡村文化小说"。它不仅在整体上与都市现代文明相对照，而且始终将目光聚焦于湘西世界朝现代转型的过程，不同的文化在这里碰撞，多样的传统在这里交织，乡下人的生存方式、人生足迹及历史命运等在沈从文的小说中得到全部地展现与表露，整个作品充满了对现实的隐形批判和对人生的诗性反思。

　　沈从文擅长以诗意的笔墨、深切的情怀表现乡土世界的复杂与美好，挖掘出乡土生灵存在的价值与生命的意义。沈从文说："我是个对一切无信仰的人，却只信仰'生命'。"① "美固无所不在，凡属造型，如用泛神情感去接近，即无不可见出其精巧处和完整处。生命之最高意义，即此种'神在生命中'的认识。"② 在沈从文眼中，世间一切生灵都值得人们去观照、去体味，唯有在关爱一切生命中，才能获得至高无上的神圣美感。所以，沈从文笔下的乡土人物似乎都充沛着"生命的神性"，并表现出一种"优美、健康、自然，而又不悖乎人性的人生形式"③。沈从文曾说：

　　这世界上或有想在沙基或水面上建造崇楼杰阁的人，那可不是我。我只想造希腊小庙。选山地作基础，用坚硬石头堆砌它。精致，结实，对称，形体虽小而不纤巧，是我理想的建筑，这庙供奉的是"人性"。④

　　中篇小说《边城》是沈从文"人性"乡土写作的名篇，它以20世纪30年代四川、湖南交界的边城小镇茶峒为背景，以兼具抒情诗和小品文的优美笔触，描绘了湘西地区特有的风土人情以及乡村小人物善良、美好的品性。

　　为塑造明净素朴的乡土人物形象，沈从文惯于借助各种的心理描写手法。其一，通过人物的对话或独白、行为或姿态、表情或动作等，直接剖析，深入挖掘，让读者从人物的细节举止中去体味他们内心的奥秘。如《边城》中翠翠听着爷爷唱的"那晚上听来的歌"，自言自语说："我又摘

---

① 沈从文．沈从文全集［M］．太原：北岳文艺出版社，2002.
② 沈从文．沈从文全集［M］．太原：北岳文艺出版社，2002.
③ 沈从文．沈从文全集［M］．太原：北岳文艺出版社，2002.
④ 沈从文．沈从文全集［M］．太原：北岳文艺出版社，2002.

了一把虎耳草了。"① 这一幕让人自然而然地感受到情窦初开的翠翠对甜美爱情的痴迷与向往。其二，采用幻想串联、梦境揭示等手法，凭借人物内心些许的蛛丝马迹，间接揭示人物的内心世界与外在形象。如翠翠离奇的"胡思乱想"，让人感到渐渐有了自己心事的少女的孤单寂寞以及爱情幼芽生长时心灵的躁动；翠翠"顶美顶甜"的梦境则展示出少女对朦胧爱情的甜蜜感受以及潜意识里对爱情的向往。其三，借助景物描绘、气氛渲染等方式，侧面烘托处于诗情画意氛围中人物所具有的心理特征。在《边城》中，沈从文不遗余力地向我们展现南国乡间清新秀丽的自然风光，实则是为人物内心的描绘、作者情感的抒发埋下或明或暗的伏笔。沈从文或以黄昏的美丽、平静与萧索反衬翠翠爱情萌动时内心的躁动以及淡淡的愁绪；或以柔和的月光、溪面浮着的层层薄雾、夏虫的清音奏鸣等，烘托翠翠对傩送情歌的浪漫期待与羞涩渴望。在沈从文的乡土文学世界里，自然界的一切事物都是有灵性的，花草可谈吐，鸟兽能做梦，山河会呼唤，风雪在舞蹈，大自然的神性映衬出芸芸众生的人性，二者巧妙合一、自然贯通，成为主宰沈从文乡土世界的神秘力量。

在沈从文诗意乡土的写作过程中，贯穿其作品始终的是意犹未尽的抒情性。沈从文不断揣摩诗歌的抒情性以及新诗中的自由意象，他对徐志摩诗歌中的"景物衬情"和周作人散文的"清淡朴讷"之风推崇备至②，不断总结借鉴，以期获得小说写作的某些微妙灵感。沈从文说：

一切艺术都容许作者注入一种诗的抒情，短篇小说也不例外。由于对诗的认识，将使一个小说作者对于文字性能具特殊敏感，因之产生选择语言文字的耐心。对于人性的智愚贤否、义利取舍形式之不同，也必同样具有特殊敏感，因之能从一般平凡哀乐得失景象上，触着所谓"人生"。尤其是诗人那点人生感慨，如果成为一个作者写作的动力时，作品的深刻性就必然因之而增加。③

这一点不免让人联想到雅罗斯拉夫·普实克（Jaroslav Prusek）对中国现代小说的定性，他认为"抒情化"是中国文学现代化的第一潮流。作家借助于古典诗学的抒情传统和个人主观表达的合理想象，追求作品深层次的人物性情书写和情感阐释。据此，我们看到了沈从文小说所洋溢的诗意

① 沈从文. 沈从文全集 ［M］. 太原：北岳文艺出版社，2002.
② 沈从文. 沈从文全集（第16卷）［M］. 太原：北岳文艺出版社，2002.
③ 沈从文. 沈从文全集 ［M］. 太原：北岳文艺出版社，2002.

抒情的浪漫笔调，如语言的自由挥洒所营造的如梦如幻的乡土世界（《边城》），神秘淳朴的民风中"心与心的沟通"（《神巫之爱》），天真烂漫的少年如诗如歌的追爱之旅（《龙朱》），自然与神性纵情交织的田园叙事（《媚金·豹子·与那羊》），痴情男女殉情于乡村陋习时甜蜜而痛苦的爱欲挽歌（《月下小景》）。沈从文用精妙的文字编排和处理技巧，同时伴以灵活的段落布局和叙述结构，将浓郁的情思与深沉的乡土眷恋，寄寓在一出出纯美的乡村故事中，情深意切，凄婉感人。王德威先生说：

> 沈从文几乎有一种难以自制的冲动，要将田园主题与现实中的恐怖、悲怆糅为一体，为梦幻在历史的混沌中保有一席之地，或在死亡与暴力的场景中提炼爱欲的伟力。①

沈从文的乡土文学创作主要集中在民国年间，当时的社会动荡、人心不古，未必对沈从文毫无影响，但他宁愿选择从人性善、人性美的视角描绘乡土世界，有意无意地回避社会的诸种假丑恶现象，旨在为生活在社会下层的乡土百姓营造出一种"好人应有好梦"的理想境地，为苦难的中国人找寻一条心灵上的救赎之路。沈从文这种率真淳朴、超然物外的写作态度，在当时是一种"另类"或"异质"的叙述体系，但沈从文醉心于他心中的乡村哲学，并将之发挥到极致。在他笔下，平凡的小人物有着高尚的大境界，简单的言谈举止蕴藏着丰富的人生哲理，淡美的田园风景暗含永生的存在力量。这种柔弱胜刚强、粗野胜文明的乡土文学思想，可以说是一种崇高、至美、聪慧的人生哲学，大音希声，大智若愚，潜移默化地对所谓现代社会的种种弊端构成了超越性的批判。总之，以废名和沈从文为代表的"田园派"乡土文学作品，基本上抹去了农村社会中血腥粗犷的一面，更多的是呈现一种简单而忙碌、淳朴而和谐的乡土生活景象，为我们描绘了一种充满理想主义色彩的乡土世界。事实上，废名、沈从文等人无意通过乡土小说去引导人们思考社会的现实难题，践行传统的"文以载道"的重任。他们只不过借此抒发自己的乡土观，表露个人眼中世界本来的美好面貌。在中国的乡土文学之林中，他们的乡村小说作为一种独特的文学式样静静地存在着，宛如一幅淡然古朴的田园画卷，又恰似一曲空灵悠远的田园牧歌，绝世独立，凄美动人。

---

① 王德威. 现代中国小说十讲［M］. 上海：复旦大学出版社，2003.

二、自然野趣与田园情怀：以齐白石为例

齐白石是中国近现代绘画大师①。他作画通常选用浓艳、明快的色彩，配以简练、稚拙的造型和笔法，图像构成不求逼真形似，但求平正见奇的神似，从而传递出一种淳朴厚实的意境，充盈着浓厚的乡土气息。胡适先生说："朴实的美最有力量，最能感动人。"② 庄子云："朴素而天下莫能与之争美。"③ 观白石画作，我们仿佛看到画面背后是一位躬耕园野的田间农夫抑或天真烂漫的玩耍孩童，以纯真的态度去"讲述"乡土的平凡事物，用饱满的情愫去阐释农村的寻常景象，自然素美，朴实无华，无时无刻不在勾起你我的故园之思和乡野之情。

虾是齐白石笔下最常见的艺术形象。无论是游弋嬉戏的群虾、举螯行进的斗虾，还是弯身弹跳的游虾、追逐觅食的小虾，皆活灵活现、妙趣横生地出现在齐白石的画卷上。画虾时，齐白石以浓墨竖点为睛，横写为脑，脑袋中间用一点焦墨，左右两笔淡墨，虾的头部适当留白、显现出晶莹剔透之美。然后，齐白石再用细笔写须描爪，而虾的腰部，一笔一节，连续数笔，形成了虾腰节奏由粗渐细的自然变化。最后，配以纤弱的柔笔不断变换技法，虾的腰部最终呈现出各种姿态，有躬腰向前的，有直腰游荡的，有弯腰曲跳的，有摆腰嬉戏的；虾的尾部仅画寥寥几笔，既有弹力，又有透明感。整幅画作每只虾均形态各异，灵动活泼，神韵充盈，已入化境。

在颜色运用方面，齐白石对色彩的搭配、黑白的对比极为重视，他把黑色和其他色彩进行对照，并以此确立事物的骨干和支架，而对花朵、果实、鸟虫的关键部位往往施以明亮的、鲜艳的色彩，将文人的写意花鸟画和民间泥塑玩具的彩绘融会贯通，形成了一种全新的艺术面相。在《兰花麻雀》中，兰花的花和叶施以淡雅的黑墨，而麻雀的背羽和头部涂以鲜艳的红色，红黑对比、美不胜收；《梅鹊图》中对盛开的梅花绘以浓重的大红色，花红朵朵、一派春光，而对喜鹊则施以通体的黑褐色，鹊喙向左上

---

① 齐白石（1864—1957年），原名纯芝，字渭青，号兰亭。后改名璜，字濒生，号白石、白石山翁、老萍、饿叟、借山吟馆主者、寄萍堂上老人等。生于湖南湘潭，是近现代中国绘画大师。

② 胡适文集（第七卷）[M].北京：北京大学出版社，1998.

③ 孙通海译注.庄子[M].北京：中华书局，2006.

方顶起，红黑结合、上下互动。色彩的处理和浓淡的搭配，成为齐白石艺术构思的核心形式，并构成了齐白石艺术的外在生命。反过来，齐白石又借助这些形式，加以施治，融会贯通，以此表现出他心中理想的田园胜境，使画卷处处透着浓厚的乡土气息和如此如歌的田园情节。

齐白石不只画花鸟虫鱼，他的山水田园画也颇为知名。不同于前代诸家的是，齐白石的山水田园画作中没有绝世独立的世外桃源，更没有山高水长的萧索荒野，而更多的是描绘自然朴实的农村生活和简单有主的乡土景观。以齐白石早期的代表作《石门二十四景图》为例，齐白石受友人之托绘制了这组画卷，整组画卷分为《柳溪晚钓图》《龙井涤砚图》《藕池观鱼图》《湖桥泛月图》《竹院围棋图》《曲沼荷风图》《疏篱对菊图》《松山竹马图》《霞绮横琴图》《蕉窗夜雨图》《香畹吟樽图》《秋林纵鸽图》《仙坪试马图》《雪峰梅梦图》等二十四幅。在这组图画中，齐白石没有选取巍峨的高山、磅礴的巨浪或古远的野舍等形象，而是采用生活中最平常的乡村风景、最简单的农家事物和最普通的生活小事，这些元素在齐白石的笔下自由构图、和谐成趣。无论田园村舍、孩童农夫、雀鸟鱼虫，还是河溪岭丘、梅兰竹菊，种种形象跃然纸上，可谓是匠心独运、妙笔生花。

令人称赞的是，《石们二十四景图》每幅画作都配有田园气息浓厚的诗句，诗情画意，兴致益然。如《松山竹马图》配诗："堕马扬鞭各把持，也曾嬉戏少年时。如今赢得人夸誉，沦落长安老画师。"① 《古树归鸦图》配诗："八哥解语偏饶舌，鹦鹉能言有是非。省却人间烦恼事，斜阳古树看鸦归。"② 画中人物形态各异，或提壶解渴，或临河垂纶，或林野跃马，或松下抚琴，或蕉窗听雨，笔笔成趣、人人欢悦，不禁让人联想到东坡先生的"赏心十六事"：

清溪浅水行舟，凉雨竹窗夜话，暑至临流濯足，雨后登楼看山，柳荫堤畔闲行，花坞樽前微笑，隔江山寺闻钟，月下东邻吹箫，晨兴半柱茗香，午倦一方藤枕，开瓮忽逢陶谢，接客不着衣冠，乞得名花盛开，飞来佳禽自语，客至汲泉烹茶，抚琴听者知音。③

《石门二十四景图》中，齐白石用墨清淡爽宜，线条勾勒简美，画面开阔清远，无论是纤细的树木、高耸的山丘，还是别致的房屋、活动的人

① 齐白石全集（第1卷）[M]. 长沙：湖南美术出版社，1996.
② 齐白石全集（第1卷）[M]. 长沙：湖南美术出版社，1996.
③ 蔡镇楚. 域外诗话珍本丛书（第五册）[M]. 北京：北京图书馆出版社，2006.

物，都是一派田园气息、乡土风光，表现了画家对田园乡土的眷恋、感悟和赞美。

齐白石的田园画作构图极简，没有古人那些"平铺细抹死工夫"，晚年的齐白石画风更趋简化，突破了以往线条、形式、色彩的构图原理，渐臻于"不似之似""无法而法"的高妙境界。李可染曾这样评价白石先生："白石老师平时作画，既不看真实的对象，又不观看粉本和草稿（除了特殊的题材），就是那样'白纸对青天''凭空'自由自在地在纸上涂写；但笔墨过处花鸟虫鱼、山水树木尽在手底生长，而且层出不穷，真是到了'胸罗万象''造化在手'的地步。"①

---

① 孙美兰. 李可染画论［M］. 郑州：河南人民出版社，1999.

第五章　乡村美的展望

本章是对乡村美的展望，主要从乡村生态美学意义、乡村风土审美情趣、乡村艺术美的承载三个方面入手。

第一节　乡村生态美学意义

一、生态文明从美丽乡村起航

人类社会经历了几千年的农业文明时代，又经历了三百多年的工业文明时代。那么，未来将向什么新文明时代演进呢？现在，越来越多的人认识到未来生态文明将超越工业文明。当下中国正在努力迈向生态文明新时代，将会开启可持续发展的新时代。未来的美丽乡村将是宜居、宜业、宜游的美丽大花园。

（一）未来生态文明将超越工业文明

随着工业文明的发展以及随之而来日益严重的生态问题，生态文明的兴起并将超越工业文明正在成为全球的新共识。关于生态文明建设，国内外学者进行了多方面、多角度、多层次的研究。西方面对工业化出现的"生态危机"，雷切尔·卡逊撰写了《寂静的春天》，罗马俱乐部发表了《增长的极限》，引发了人们对生存环境的思考和研究：生态伦理观、绿色思潮和环境主义、可持续发展理念应运而生，联合国通过了《人类环境宣言》。我国学者王慧敏认为，生态文明的核心内容是"生态平等"，包括人地平等、代际平等、代内平等。生态文明建设是一项系统工程，需要从各个方面、各个环节上努力。郭强提出，要树立生态文明观念，切实增强

"环境是最稀缺资源，生态是最宝贵财富"的意识。张俊杰等人提出，发展循环经济是我国目前重要的战略选择。传统经济是由"资源—产品—废物"所构成的单向物质流动，造成自然资源的粗放式高强度开采和生产加工过程污染废物的大量排放。而循环经济则是组成一个"资源—产品—再生资源"的循环流动过程，上游生产的废物成为下游生产的原料，倡导"减量化、再利用、资源化"，使经济系统以及生产和消费的过程基本上不产生或只产生很少的废弃物。利于协调经济发展与资源环境之间的尖锐矛盾，是走新型工业化道路的具体体现和转变经济增长方式的迫切需要。丁开杰等人认为，生态环境治理的范式要转换：一是要从治疗入手到预防入手，二是从局部治理到整体治理，三是从政府管制到多元治理。

党的十七大首次提出生态文明建设的思想，党的十八大提出建设"美丽中国"的愿景，进行了经济建设、政治建设、文化建设、社会建设、生态文明建设"五位一体"的总体布局。2015年4月25日，《中共中央、国务院关于加快推进生态文明建设的意见》正式下发，同年9月11日，中共中央政治局审议通过了《生态文明体制改革总体方案》。党的十九大进一步强调"建设生态文明是中华民族永续发展的千年大计"。为我国生态文明建设指明了方向，做出了部署。一幅青山绿水、江山如画的生态文明建设美好图景，正在神州大地铺展。一场关乎亿万人民福祉、中华民族永续发展的绿色变革，已经开启征程。

（二）中国生态文明将从美丽乡村起航

生态兴则文明兴，生态衰则文明衰。我国是农业大国，农村地域广、人口多，要实现美丽中国的目标，必须建设美丽乡村。纵览历史，我国从未像现在这样既面临着巨大的生态环境压力，又迎来了全面、广泛、深刻的生态文明建设变革，形成了以建成美丽中国为核心的全新治理目标。建设美丽中国，关键在于建设美丽乡村。《中共中央 国务院关于实施乡村振兴战略的意见》对实施乡村振兴战略进行了重大部署，要求"把乡村建设成为幸福美丽新家园"。在2013年底召开的中央农村工作会议上，习近平总书记强调指出："中国要强，农业必须强；中国要美，农村必须美；中国要富，农民必须富。"将农村美与农业强、农民富联系起来，充分显示出以习近平同志为核心的党中央对建设美丽乡村的坚定信念，对造福全体农民的坚强决心。因此，我们必须以习近平生态文明思想为指导，注重保护生态环境，发展绿色产业，优化村镇布局，改善安居条件，培育文明乡风，建设产业兴旺、生态宜居、乡风文明、治理有效、生活富裕的社会主义美丽乡村。

保护生态环境。建设美丽农村，必须以保护好自然生态环境为基本前提。习近平总书记指出："我们既要绿水青山，也要金山银山。宁要绿水青山，不要金山银山，而且绿水青山就是金山银山。"① 绿水青山和金山银山绝不是对立的，而是有机统一的整体。大自然中的山水林田湖草，作为一个相互依存、联系紧密的生态系统，不仅为人类的生存发展提供了物质基础和条件，而且还共同构成了人类的精神家园。然而，由于各种复杂的历史因素，我国农村在长期的发展过程中，注重环境保护与生态平衡不够，毁林开荒，围湖造田，过度垦殖，结果导致水土流失，旱涝灾害频发，盐碱化、荒漠化和环境污染日趋严重，使生态环境遭到了破坏。因此，建设美丽乡村必须将保护生态环境放在首要位置，实行严格的环境保护制度，科学统筹山水林田湖草系统治理，形成绿色发展方式和生活方式，坚定走生产发展、生态良好的可持续发展道路。

发展绿色经济。绿色产业是美丽乡村建设的重要支撑，是实施可持续发展的必由之路。建设美丽乡村，并不是单纯追求田园风光之美，而是要在保护环境的前提下进一步发展生产，保证农民持续增收，过上幸福美满的生活。要实现这一目标，必须确立绿色发展的理念，积极探索促进生态农业发展的新途径。通过建立以市场为导向、农民为主体、政府指导和社会参与的联动机制加快美丽乡村建设，鼓励农民根据市场需求和资源条件，选择最适合本地发展的优势和特色产业，重点扶持和培植果蔬业、林茶业、竹木业、中药材业和特色养殖业等，并大力推进专业化生产、规模化经营和品牌化建设。开发、整合乡村旅游资源，将文化展演、健身娱乐、民宿服务、农家餐饮与旅游观光结合起来，加快形成美丽乡村建设与农民增收致富互促共进的良好局面。

改善安居条件。适度发展中小城镇，大力改善安居条件，打造新型农村社区，是建设美丽乡村的一项重要内容。通过实施村组合并、异地搬迁、新建居民点等方式，引导农民从零星分散向环境优美、设施配套、功能齐全的新型社区集中，并提供城乡一体化的基础设施和均等化的公共服务，不断提高农民的生活质量与幸福指数。此外，还要加强对古村落、古民居和古建筑的保护与开发利用，注重保留不同地域、民族、宗教的传统

---

① 习近平. 之江新语 [M]. 杭州：浙江人民出版社，2007.

建筑与民居特色，实现历史与文化、传统与现代的有机结合，把农村打造成为"宜居宜业宜游"的幸福家园。

培育文明乡风。文明乡风是维系乡愁的重要纽带，是传承历史文化的载体，也是推进美丽乡村建设的动力。培育文明乡风，有利于提高农村社会的文明程度，形成团结、互助、平等、友爱的人际关系，构建温馨、和谐、美好的农家村镇。发挥文化育人的重要作用，通过开展形式多样、内容丰富的文化活动，引导农民积极践行社会主义核心价值观，大力培育乡村文明新风尚，共同建设生态美好、社会和谐的美丽乡村。

（三）浙江全力打造新时代的"富春山居图"

在美丽中国建设的征途上，浙江一直主打"生态牌"。浙江省的生态省建设是习近平生态文明思想在省域的先行先试。2002 年底，浙江省提出生态省建设战略；2003 年，创建生态省成为"八八战略"的重要组成部分；2005 年，时任浙江省委书记的习近平在安吉进一步提出"绿水青山就是金山银山"的重要理念。

在"八八战略"和"两山"理念的指引下，浙江省不断探索生态省建设推进路径——"千村示范、万村整治"工程、全国首个跨省流域生态补偿机制、"河长制"……这一系列可复制可推广的全国首创，为我国探索绿色发展之路提供了"浙江经验"。

十几年间，绿色正成为浙江发展最动人的色彩。作为浙江省绿色发展先行地，安吉县于 2008 年在全国率先开展美丽乡村建设。2019 年，安吉实现地区生产总值 469.59 亿元，比 2005 年增长了 5 倍；全县农民年人均纯收入达到 33488 元，高于全省平均水平。2020 年 3 月 30 日，习近平总书记再次来到安吉县余村，感慨道：余村现在取得的成绩证明，绿色发展的路子是正确的，路子选对了就要坚持走下去。

安吉县是浙江绿色发展的美丽缩影。多年来，浙江省绘出了两条获得感满满的发展曲线：一条是金线，浙江省 GDP 从 2002 年的 8003.67 亿元增长到 2018 年的 56197.2 亿元，增长了 7 倍多；一条是绿线，同期，浙江省万元 GDP 能耗、水耗分别下降 61.3%、88.1%。在国家生态省建设的 16 项指标中，浙江省的城镇居民人均可支配收入、农民年人均纯收入、环保产业比重等指标远超标准。浙江省已成功建成全国首个生态省。

浙江省第十四次党代会提出，谋划实施大花园建设行动纲要。这是浙江省贯彻中央推进生态文明和美丽中国建设重大战略的实际举措，也是高水平谱写实现"两个一百年"奋斗目标浙江篇章的重大路径选择。2018年，是浙江省正式启动大花园建设开局之年。根据此前划定的目标任务，浙江省计划在2022年走前列、2035年成样板，届时将形成"一户一处景、一村一幅画、一镇一天地、一城一风光"的全域大美格局，建设现代版的"富春山居图"。在2019年浙江省政府工作报告中，大花园建设已作为浙江省"四大"建设活动年的重要内容进行了部署。下一步要推动浙江省大花园建设扎实落地，必须进一步提高站位，从人类文明演变的战略高度明晰其重要性，从"八八战略"再深化的要求进一步明确思路，并积极探索以大花园建设践行生态文明推动浙江省实现绿色发展的有效路径。

浙江省空间区域发展的特点，可以概括为"三个浙江"：以平原和城市群为主的"都市浙江"；以港湾区、海岛为主的"海上浙江"；以山区为主的"山上浙江"。[①] 在大花园建设的进程下，首先是"都市浙江"得到了快速发展，接着是"海上浙江"或者说"湾区经济"得到了较快发展。

"都市浙江"，最著名的是西湖景区，是世界文化遗产，又是全国首个免费的5A级景区。平原水乡人气最旺的古镇当数乌镇。这是两个华东片区旅游必到的两个目的地。在这些著名景区的带动下，"都市浙江"产生了世界性的影响。

"海上浙江"，首先就会想到中国最大的群岛舟山群岛。那里有海天佛国普陀山、每年举办国际沙雕节的朱家尖，上海人喜欢自驾前往的嵊泗列岛。浙江省又有长长的海岸线，点缀着众多的半岛与海岛。在温州洞头，海岛旅游已全面开花，逐步形成"城在海中、村在花中、岛在景中、人在画中"的海上花园蓝图。

浙江省兼具山海之利。以山区为主的"山上浙江"，也在大力建设宜居、宜业、宜游的山区大花园。在浙西衢州开化县的金星村，从一个不知名的破旧小山村，到如今门前一汪碧水，远眺重重青山。村民依托种植茶树、银杏和无花果，把这"三棵树"发展成生态绿色的大产业。村里先后建成3000平方米的银杏公园、1500平方米的村口公园、7000平方米的生态停车场、5000米的环村江滨绿色休闲长廊、500米香樟大道、300米银杏大道等。良好的生态，也吸引了大量游客的到来。每到秋天银杏黄时，来金星村拍摄、写生、观景的游客挤满整个村子。如今，金星村通过三产融合，人均收入2.5万元左右。当地干部表示："进一步加强乡村旅游和

---

① 王永昌，潘毅刚. 从战略高度思考和推进大花园建设［N］. 浙江日报，2019-04-04.

文化、休闲、体育、养老等融合，把万村景区化作为浙江大花园建设的一个重要抓手，把乡村旅游作为农民致富的一个重要渠道，让更多的农民吃上旅游饭，有更多获得感。"

党的十九大报告提出乡村振兴战略，浙江全省积极响应，与农业农村部共建全国乡村振兴示范区。美丽中国在浙江的生动实践，不断形成了可以在全国推广和复制的成功经验。有专家指出，浙江的今天就是全国的明天。

二、乡村是未来的向往之地

古老的乡村在工业文明的冲击下，步步退缩，有的正在消失。然而，随着生态文明时代的到来，乡村将体现出新的价值，绿色是乡村的底色，生态是乡村的优势。美丽乡村建设、乡村振兴战略给乡村赋能，乡村将是未来的诗意向往之地。未来的乡村既是充分现代化的文明先进的地方，又是天蓝山青水绿的留得住乡愁的地方。

（一）回归自然的向往

随着中国城市化的迅速发展，城市人口的增多，生活的快节奏化，人们压力也越发大了，压力、浮躁、焦虑这些名词也随之而来。有研究表明，城市人口中有近40%的人希望远离喧嚣，避开拥挤，向往着从城市搬到农村，向往着呼吸自然的空气，寻找内心的声音。人总有一颗返璞归真的心，对于生活在城里的人来说，乡村就是自然的代名词，是纯朴的象征，是绿色和生态的象征。于是，久居在拥挤的城市中的一些中等收入人群，开始选择山清水秀的乡村作为自己的第二居所或休闲度假地，这是当下一些中等收入人群对回归自然的一种新追求，也是一个发展趋势。自人类有文字记载以来，最早的人类是居住在原始的村落里，人们居住在前有庭后有院、有花有草、有果有蔬的环境里。随着人类文明的发展，逐渐有了集中居住的城市，特别是我国改革开放以来，大量的农村人口涌进城市，一批批高楼大厦平地而起，大量的汽车开始穿梭在城市中间，给人们的生活带来巨大便利的同时，也制造了大量的汽车尾气和噪音。人们又开始越来越向往空气清新、环境优美、没有汽车噪声和污染的生活环境，而乡村无疑是最好去处。生态美丽的乡村似乎就代表着诗和远方。不少人都想回归自然，想在回归自然中返璞归真，重新找到自我，重新认识自我，感悟人生，品味人生，读懂人生，寻找到人生的真谛。

亲近繁华是人的本能，在我们的眼目所及之处，似乎已经被光怪陆离的画面充满。在节奏越来越快的今天，效率、速度影响着最纯真的生活方式。当人们开始意识到这一点后，越来越多的人开始沉静自己的心灵，试着让自己回归到生活的本真。如今已经有越来越多的人意识到回归自然，追本溯源的重要性。越来越多的绿色食品、有机蔬果受到人们的青睐。越来越多的生活在焦灼和人情世故里的人们放下了丰富的物质生活、形形色色的诱惑，去贴近大自然，感受最简单的快乐。回归自然，是一种高雅的人生品位，常常是一种悟透人生的选择。人在繁华的大都市，可以丰富知识，增长阅历，成为能人、精英。但是要想物我两忘，返璞归真，往往需要走进大自然，在大自然的清幽、恬静中体味人生，才能有一个平和的心态，一个平静的心情。才能悟透人生，看透世界，达到宠辱不惊、闲看花开花落，去留无意悠然云卷云舒的意境，达到淡泊明志，宁静致远的境界。返璞归真，回归自然是把自己的心灵和大自然融合在一起，呼吸大自然的气息，吮吸大自然的风韵，和大自然一起沐浴天地之灵气，日月之精华，让自己的生命成为大自然的一部分。

近年来，一大批通过自己智慧取得事业成功的人，拥有了更多的财富之后，开始追求生活的品质。尤其是对于居住和生活方式，有了很大的改变。他们向往的并不是繁华的都市，也不是鲍翅海参燕窝，更不是灯红酒绿的生活环境，而是回归自然的生活方式，这正是人类自古至今都有的、挥之不去的最原始的情结。

（二）休闲生活的向往

城市病催生了乡土游的红火。当下，农家乐成了城里人热衷的休闲方式。带动乡村旅游、乡村手工业、乡村养老、乡村文创、乡村教育的发展。自然是资本、环境是资源，有机农业是根基，生活方式是财富，共同支撑起农家乐。繁忙工作之余，走进田园，回归自然，纵情享受青山绿水和简朴生活带来的精神愉悦。让生活在城里的人们感受到真正的心灵放松。最近几年，人们走向田园的方式又更新了，在农村租一块地，悉心种植，最后收获劳动成果，与亲友分享也好。这种"都市农夫"既享受在大自然劳作的乐趣，也品尝了用汗水换来的美食，还能时不时感受陶渊明"采菊东篱，悠然见南山"的休闲生活。从走进城市到回归乡土，中国人的乡愁绵延千年，始终未断，今天，随着工作和生活压力的加大，乡村的休闲生活更是成为不少人心中的向往。

长期在鳞次栉比的楼群中生活的人，缺少大自然的新鲜感，吮吸不到泥土的气息、草木的芳香。从而感到发闷，产生枯燥、烦躁之感。向往大自然的清幽、宁静，辽阔、空旷，急欲走进大自然，在大自然的清新中找到属于自己的那片天空，那块芳草地。尽情地享受休闲生活，放飞自己的畅想，陶冶自己的情操。

对于那些终年在浮躁、喧嚣的滚滚红尘中奔波、劳碌、打拼，特别是在名利场上角逐，觉得累了、乏了、烦了、腻了的人，更想改变一下自己的环境、氛围，冷静地思考一下，想改变自己的生活方式。在走进大自然中停下自己快速的脚步，梳理一下思绪，清醒一下头脑。以便让紧张的神经得到松弛，让迷蒙的心灵得到纯净，让烦躁的情绪得到缓解，脱离红尘中那些恼人的嘈杂、喧闹。于是，人们想到了回归自然，到大自然中去，回到生命的本源。人从大自然走来，又在大自然中离去，在大自然中成长，走完人生。人生离不开大自然，回归大自然是人的本真、本质。人生无论如何度过，是伟大还是渺小，是高贵还是贫贱，是风采照人还是默默无闻，都离不开大自然。

喜欢大自然的人，感到大自然是那么美妙，可以在饱览山林的苍翠中享受不尽的清幽，在吮吸花草芳香中品味人间的甘甜，在聆听鸟歌虫鸣的美妙声音中感受大自然的宁静，可以在那里尽情地悠闲岁月，恬静人生，放飞心中的快乐。在那里韬光养晦，修身养性。

（三）优质生态的向往

人类是大自然的产物。但曾经的一段时间，人们却一直都在为自己寻找和营造着一个能与大自然隔离的空间。随着科学和技术的迅猛发展，物质生活水平不断提升的同时，人们对于大自然的羡慕和向往之心也逐日俱增。回归自然怀抱，建造一个符合人性诉求，让人的心理和生理都感受到自然与和谐，日益成为现代生活的主流。喝更干净的水、呼吸更清新的空气、享受更优美的环境，对优质生态产品的向往，是民之所望，也是美丽中国的内在要求。

党的十九大报告指出："我们要建设的现代化是人与自然和谐共生的现代化，既要创造更多物质财富和精神财富以满足人民日益增长的美好生活需要，也要提供更多优质生态产品以满足人民日益增长的优美生态环境需要。"① 优美的生态环境已经成为人民对美好生活向往的重要内容。中国特色社会主义进入新时代，我国社会主要矛盾已经转化为人民日益增长的美好生活需要和不平衡不充分的发展之间的矛盾。人民对美好生活的向往更加强烈，对干净的水、清新的空气、安全的食品等要求越来越高，对更优美的环境的期盼日益强烈和迫切，优美的生态环境成为人民对美好生活向往的重要内容。

乡土田园之所以寄托着人们对美好生活的向往，在于它有着绿水青山的自然：成片的农田，笔直的绿树，质朴的民居，静谧的乡间小道，属于阳光和泥土的味道。不仅有山水之乐，更承载着几千年来中华民族的生活方式和传统文化，这才是人们寄之以情的根本原因。随着社会的发展，人们对美好生活的向往也在悄然发生变化。过去，可能吃饱穿暖就是美好；后来，人们希望吃得好、穿得美；如今，在物质生活丰富的同时，人们希望在精神生活上更加富足、内心更加平静闲适。在乡村，可以在吮吸大自然的清新空气中舒爽人生，可以在食用绿色的食品中感受到健体养生的惬意。

"阡陌交通，鸡犬相闻""结庐在人境，而无车马喧"，这些名句反映了古人对美好自然环境的追求，也是我们现代人对良好生态环境的向往。田园风光令人向往，也值得期待。相信随着生态文明建设的不断深化，绿色发展理念的长期践行，山清水秀、鸟语花香的田园风光将成为随处可见到的绿色美景，随时可享用的"生态大餐"。

三、乡村是中华民族伟大复兴的根

乡村是中华历史传统之根、文化发展之源、文明复兴之基。建设美丽中国，实现伟大复兴，必须保根护源、强基固本、新根活源。

中国有将近五千年的农耕社会历史，有的村落有数百年甚至上千年的历史。在社会转型时期，我们遥远的"根"——大量的历史文化财富大部分散落在这些古村落里。现在，乡村价值还远远没有被揭示出来，有些重要的乡村价值也许只有在丧失之后才能被人们认识到，而有些东西一旦失去就几乎不可能再恢复。

---

① 习近平. 决胜全面建成小康社会 夺取新时代中国特色社会主义伟大胜利——在中国共产党第十九次全国代表大会上的报告［M］. 北京：人民出版社，2017.

中国是古代农业文明发展成熟程度最高的国家，也是世界乡村文明发展时间最长、成熟度最高的国家。中国五千年文明属于农耕文明，中国农耕文明的根不在城市，在乡村。由此决定了中国接受来自西方工业文明的过程，成为一个对传统文化和农业文明社会进行解构和改造的过程。乡村是农耕文明的承载体，乡村文明是特定历史时期政治、经济、文化的投影，具有不可替代的历史文化生态价值。乡村之所以长期存在，是因为乡村是适应农业生产的一种居住形态，迄今为止还没有发现比乡村更适合农业生产的居住形态。农业生产是乡村生产的主要内容，乡村是农业生产的地域场所，这是乡村与农业生产关系的基本判断。乡村的生产价值表现在两方面，一个是农业生产，另一个是手工业生产。严格地说，没有乡村就没有可持续的农业生产。农民之所以住在农村，首要原因是离土地近，便于照顾土地。传统乡村手工业也只有在传统乡村的环境下才能够保存。

中国农民世代相承的乡村生活体系是以农业活动为基础的，与被称为"草根工业"的手工业一起，不仅是农民重要的谋生手段，也是其生活活动的重要组成部分。

四、以城乡生态共同体呈现世界

城市是人类文明的主要组成部分，城市也是伴随人类文明与进步发展起来的。农耕时代，人类开始定居在乡村；伴随工商业的发展，城市崛起和城市文明开始传播。工业革命之后，城市化进程大大加快了，由于农民不断涌向新的工业中心，城市获得了前所未有的发展，乡村也日渐衰落。今天，我国城市化进程受到土地、空间、能源和清洁水等资源短缺的约束，城市人口数量增加、环境保护等问题面临的压力也越来越大，城市的能耗、生态等问题日益突出，人口、交通、污染等突出的"城市病"问题已经成为影响居民工作生活和阻碍城市发展的重要因素。党的十八大提出新型城镇化战略和党的十九大提出实施乡村振兴战略，为未来我国城乡发展指明了方向。

进入 21 世纪，随着城市化的剧烈扩张，城乡互动越发频繁，城市建成空间不断蔓延，乡村似乎正在消失，"城市性"正在挤压"乡村性"。在此背景下，城乡治理也正面临着诸多新的挑战：城市空间的无序蔓延、土地资源的浪费、生态环境的恶化、河流湖泊水资源的污染，以及城市和现代社会发展张力之下所出现的各种"城市病"、心理压力、住房、交通、贫困和"乡愁"问题，人类社会的可持续发展正面临前所未有的巨大挑战。

因此，在生态文明新时代，积极吸取人类文明的优秀成果，打造城乡生态共同体是破解发展与生态问题的唯一选择。

进入 21 世纪以来，城乡空间之间普遍联系的强度、深度和广度均明显增强。"世界是平的"，城乡之间的扁平化也更加明显和突出：基础设施、服务水平、消费水平，伴随高铁、城际、网络、互联网、BATS 等的发展和推进而深化。城乡治理需要将这些新的变化纳入统筹范围，强调城市与乡村的协同发展、生态互动演化，接上新的地气，服务好区域发展、国家需要。

要以城乡生态大系统为支撑谋划绿色发展新路径。生态文明时代的"城乡生态共同体"构建，必须牢固树立"绿水青山就是金山银山"的理念，推进山水林田湖草系统治理，严守生态保护红线，谋求城乡生态大系统支撑下的绿色发展新路径。

首先，着力构建城乡生态空间大格局。21 世纪是城市的世纪，更是一个城乡关系需求更加走向协同、创新的世纪。城市与乡村、人类与自然之间是共生关系，乡村可能为城市化提供新的模式、新的可能性，进而提供未来人类发展的创新空间、绿色空间、生态空间、韧性空间，最有生态价值、生态优势、生态竞争力的地区。其次，积极实施农业结构优化升级行动。实施农业绿色化、优质化、特色化、品牌化发展战略，推动农业由增产导向向提质导向转变；加大农业龙头企业培育扶持力度，形成一批在国内外具有较强市场竞争力的企业集团；创新科技体制机制，深入推进农业与科技对接，促进产学研协同创新；拓展农业多种功能，积极发展农业新型业态，引导产业集聚发展，加快农村产业融合。

可以相信，在不远的将来，中国将以新的城乡生态共同体呈现于世界。城乡生态共同体驱动下的绿色发展，也必将增进我们所有人的获得感、幸福感和安全感，绿色发展的累累硕果最终属于我们每一个人。

第二节　乡村风土审美情趣

恩格斯说："手不仅是劳动的器官，它还是劳动的产物。只是由于劳动……人手才达到这样高度的完善性，在这个基础上人手才能仿佛凭着魔力似的产生了拉斐尔的绘画、托尔瓦德森的雕刻以及帕格尼尼的音乐。"①
自从人类学会制造工具进行物质实践活动以来，劳动生产作为人类运用规律的主体性活动，逐渐成为认识自然事物的性能、形式或特性的中介系统，投射在人的精神世界中，便形成了人类对外在事物的种种情感、态度或意念等感性认知。"人类总体的社会历史实践这种本质力量创造了美"②，而农民群众作为最广大的劳动者队伍，自然在发现美、欣赏美与创造美的过程中，有其不可或缺的重要地位。

所以，那些说审美只是知识分子的绝活、农民兄弟不懂审美的观点，不过是一种夜郎自大的主观臆想。殊不知，一切美的事物都发端于劳动群众中间，如民歌、戏曲、建筑、装饰、陶艺等；历史上的一切文学艺术形态，都发端于劳苦大众，经文人之手整合后，才成为定型化、规范化的经典艺术。譬如，五言诗起源于民歌谣词，经过汉魏文人的加工后成为规范化的"永明体"，并启迪了后来的近体诗；白话小说发端于宋元时期的乡间说话艺术，经过文人的不断整编，才出现了"三言二拍"、《水浒传》等成熟的白话小说作品。同样，那些认为乡村没有美的事物、农民与审美绝缘的观点，也是无法立足的浅陋之见。倘若我们到乡村走一走、看一看，农村墙上绘制的一幅幅朴拙生动的农民画农民群众习以为常的"箪食壶浆"的健康蔬饭，乡村巧妇手中裁剪出的简洁纯美的剪纸图画，乡间小伙子因体力劳动练就的结实健硕的体格等，无不散发着朴素纯真的美感。按实践哲学的观点，人在本质上是实践的存有，人与自身、人与自然、人与人的关系究其根源皆是实践的关系，人类从事的每项实践活动，无论是种地、织布、渔猎、运输等物质劳动，还是观察、学习、记录、描摹等精神活动，皆凝聚了人类对该项活动的全部精力，是人处于特定双向互动关系时，对某类事物的客观化改造或主观化认知，这正是美产生的源泉。我们分析评判农民的审美观，不但是对农民审美主体地位的肯定，也是对中华民族审美心理在劳动群众中的表现和特性的梳理，更是研究探索农民丰富细腻的情感世界、推进乡对精神文明发展的必由之路。

一、先秦农民的审美追求

农民是从事农业劳动的主体，在先秦时期被称作农、农人、农夫等。

① 恩格斯. 自然辩证法 [M]. 于光远，等，译. 北京：人民出版社，1984.
② 李泽厚. 华夏美学 [M]. 上海：三联书店，2008.

例如，《尚书·盘庚》："若农服田力穑，乃亦有秋。"① 《诗经·小雅·甫田》："我取其陈，食我农人。"② 《诗经·豳风·七月》："采荼薪樗，食我农夫。"③ 《谷梁传·成公元年》："古者有四民：有士民，有商民，有农民，有工民。" 由此可见，因职业性质的不同，农民与非农民的分野在先秦时期就已真实存在了。然而，限于生产力的不发达和社会发展水平的落后，当时从事农业生产的人民群众几乎占了中国人口的绝大多数，有时典籍中使用"众人""庶人"等全体居民的称谓时，同样代指广大农民。《卜辞通纂》四七二片："贞维小臣令众黍。"《诗经·周颂·臣工》云："命我众人，庤乃钱镈，奄观铚艾。"春秋战国时期，以家庭为单位的小农生产作业逐渐成为社会的主流，"五口之家"或"八口之家"的家庭结构频频见诸当时的文献，《孟子·尽心上》云："五母鸡，二母彘，无失其时，老者足以无失肉矣。百亩之田，匹夫耕之，八口之家足以无饥矣。"何休注《春秋公羊传》说："还庐舍种桑、荻、杂菜，畜五母鸡、两母豕，瓜果种疆畔，女工蚕织，老者得衣帛焉，得食肉焉，死者得葬焉。多于五口名曰余夫，余夫以率受田二十五亩。"

家庭小农经济的发展，使得家族成员之间的人伦情感纽带愈发重要。男主外女主内，抑或农业劳动父子齐上阵，成为农村普遍的生活现象。《管子》云："民乃知时日之蚤晏，日月之不足，饥寒之至于身也。是故夜寝蚤起，父子兄弟，不忘其功。"在长期的农业生产劳动过程中，农民群众日出而作、日落而息，起早贪黑地忙碌于生产第一线，耕田织布、捕鱼种菜，他们养成了"出入相友，守望相助，疾病相扶持"④ 的和谐社会风尚，倘若"男女有所怨恨"，则"相从而歌，饥者歌其食，劳者歌其事"。可以说，长年累月地参与农业实践活动，既锻炼了农民适应不同环境并应对各种挑战的能力，也激活了他们身上的文艺细胞。正因为这样，民间歌谣盛传于坊间，乡村歌舞成为农民表达情感、欢庆丰收的精神载体。

（一）朴实的上古歌谣

人类音乐的起源很早，沈约《宋书·谢灵运传论》云："然则歌咏所

---

① 尚书 [M]. 慕平，译注. 北京：中华书局，2009.
② 诗经全译 [M]. 唐莫尧，注. 袁愈荌，译. 贵州：贵州人民出版社，1991.
③ 诗经全译 [M]. 唐莫尧，注. 袁愈荌，译. 贵州：贵州人民出版社，1991.
④ 孟轲. 孟子 [M]. 蓝旭，译注. 北京：中华书局，2006.

兴，宜自生民始也。"① 刘勰《文心雕龙·明诗》说："民生而志，咏歌所含。兴发皇世，风流《二南》。"② 这说明，自从有了人类社会就有了音乐。至于诗歌的起源，东汉郑玄《诗谱序》云："诗之兴也，谅不于上皇之世。大庭、轩辕逮于高辛，其时有亡，载籍亦蔑云焉。《虞书》曰：'诗言志，歌永言，声依永，律和声。'然则《诗》之道放于此乎！"当时歌与诗有着不同的概念，许慎《说文解字》曰："歌，咏也。"③ 南唐徐锴《说文解字系传》曰："歌者，长引其声以诵之也。"④ 歌是一种有着悠长声音的调子，以表达某种感情。对于"诗"，许慎《说文解字》曰："诗，志也。"⑤《毛诗序》曰："诗者，志之所之也，在心为志，发言为诗。"诗是用来表达人内心的思想志向的。"我们说过'歌'的本质是抒情的，现在我们说'诗'的本质是记事的。"⑥ 歌只是人表情达意的一种声调振动，诗则是记录、表达人内心志向的言说，后来歌与诗渐趋合流。

早期的歌谣节奏简单，形式单一，表达的不过是人们最平凡的情感。宋人王灼《碧鸡漫志》云："古人初不定声律，因所感发为歌，而声律从之，唐、虞禅代以来是也。"⑦ 格罗塞考察了许多原始民族的上古歌谣后说："原始民族用以咏叹他们的悲伤和喜悦的歌谣，通常也不过是用节奏的规律和重复等等最简单的审美的形式作这种简单的表现而已。"⑧ 刘勰《文心雕龙·乐府》云："至于涂山歌于候人，始为南音。"⑨《吕氏春秋·音初》："禹行功，见涂山之女。禹未之遇而巡省南土。涂山氏之女乃令其妾候禹于涂山之阳。女乃作歌。歌曰：'候人兮猗'。"⑩ 相传，禹治理河水时，遇到涂山氏之女，涂山女对禹一见倾心，禹未与涂山女婚配便出走巡视南方，涂山女苦苦等待禹的归来，满怀思念之情，唱出了"候人兮猗"这句动人的歌词。《涂山女歌》只有短短的四个字，前两个字是"诗"的部分，用实词以达意，后两个字是"歌"的部分，用虚词以表情。"兮""猗"都是古代诗歌中最常用的虚词。闻一多认为："古代凡有'兮'字

---

① 沈约宋书 [M]. 北京：中华书局，1974.

② 刘勰. 文心雕龙 [M]. 周振甫，译，北京：中华书局，1986.

③ 许慎. 说文解字 [M]. 北京：中华书局，1963.

④ 徐锴. 说文解字系传 [M]. 北京：中华书局，1987.

⑤ 许慎. 说文解字 [M]. 北京：中华书局，1963.

⑥ 闻一多. 闻一多全集 [M]. 武汉：湖北人民出版社，1993.

⑦ 唐圭璋. 词话丛编 [M]. 北京：中华书局，1986.

⑧ 格罗塞. 艺术的起源 [M]. 蔡慕晖，译，北京：商务印书馆，1984.

⑨ 周振甫. 文心雕龙今译 [M]. 北京：中华书局，1986

⑩ 许维遹. 吕氏春秋集释 [M]. 北京：中华书局，2009.

之诗必可歌，'兮'便成了音乐的符号，歌诗合流以后它才变为虚词……因为'兮'是人心有所感，不自觉地发泄情绪时所发之音。"

上古时期的民间歌谣句式极短，有两字一顿者，如《易·中孚·六三》说："得敌，或鼓，或罢，或泣，或歌。"有三字一顿者，如《五羊皮歌》说："百里奚，五羊皮！忆别时，烹伏雌，舂黄齑，炊扊扅。"多数为四字一顿者，如《去鲁歌》云："彼妇之口，可以出走；彼妇之谒，可以死败。优哉游哉，维以卒岁。"《蟪蛄歌》云："违山十里，蟪蛄之声，犹尚在耳。"也有连体长句者，如《获麟歌》云："唐虞世兮麟凤游，今非其时来何求。麟兮麟兮我心忧。"《楚聘歌》云："大道隐兮礼为基，贤人窜兮将待时，天下如一兮欲何之。"在传播过程中，因为口口相传而难以记录，许多上古歌谣淹没在历史的长河里，流传下来的少之又少，如今我们看到的这些歌谣一般散见于《尚书》《周易》《礼记》《山海经》《吕氏春秋》等著作中。

上古先民的歌谣都有着欢唱的具体场景，大多数作品"都不是纯粹从审美的动机出发……审美的要求只是满足次要的欲望而已"。一部分歌谣直接产生于集体生产劳动，为劳动服务，如《淮南子》云："今夫举大木者，前呼'邪许'，后亦应之，此举重劝力之歌也。"上古先民在劳动过程中唱歌，"劳者歌其事"，抒发对劳动生产的体验、感想或心愿。《吴越春秋》记载了一首远古民歌——《弹歌》，其歌云："断竹，续竹；飞土，逐肉。"《弹歌》一方面叙述了弹弓的制作过程和在狩猎中的使用情况，另一方面又表达了初用弹弓时的喜悦心情，刘勰说："黄歌《断竹》，质之至也。"《弹歌》句式整齐，简短质朴，生动地再现了原始社会的狩猎场景。《论衡·感虚篇》记载了一首《击壤歌》，清人沈德潜编《古诗源》予以收录。这首歌谣相传流行于距今 4000 多年前的尧帝时代，当时天下太平，社会稳定，先民们过着自给自足的生活，闲暇时，人们便歌以咏之：

> 日出而作，日入而息。凿井而饮，耕田而食。帝力于我何有哉！

这首民歌句调短促，情感真挚，以口语化的方式唱出了上古先民幸福的农耕生活。

还有一部分上古歌谣带有某种巫术性质，有时用在祭祀场合表达对自然神灵的崇拜或对安定生活的祈愿，有时用在集体性的活动中，强化部落团结，凝聚人们之间的感情。《礼记·郊特牲》记载了一首上古歌谣《伊耆氏蜡辞》："土反其宅，水归其壑，昆虫毋作，草木归其泽！"这首歌谣原是上古先民蜡祭的祝辞，表达了人们对农事的愿望：堤防安固，水回沟垫，昆虫不生，杂草归生于沼泽。原始部落生产力低下，人们对农业灾害难以把控，但又觉得非要控制不可，这种矛盾心理就体现在虔诚庄严的"蜡辞"形式中。《伊耆氏蜡辞》四句歌词，句句是祝辞，又都是咒语，表现了古人要求改变劳动条件的理想以及征服自然的强烈意志。

（二）《诗经》农事诗与周代审美文化

周代时期，宫廷设有"采风"制度，收集民歌以"观风俗，知得失"，赖于此，保留下大量的民歌谣词。《诗经》收有西周初到春秋中叶五百多年间的诗歌，大部分作品句式简短，韵律和谐，重章迭唱，"思无邪"，反映了华夏先民真实的社会生活与精神风貌。郑振铎说：《诗经》里'里巷之歌'，近来的一般人只知道注意到'桑间濮上'的恋歌；这一部分的民间恋歌自然不失其为最晶莹的珠玉。但尤其重要的还是民间的一些农歌，一些社饮、祷神、收获的歌。古代的整个农业社会的生活状态在那里都活泼泼地被表现出来。"在《诗经》众多作品中，反映农业生产和劳动生活的农事诗占据了重要的地位，朱熹《诗集传》评述《豳风·七月》说"凡为农事而作者，皆可冠以豳号"，并认为"《楚茨》《信南山》《甫田》《大田》四篇，即为《豳雅》""《思文》《臣工》《噫嘻》《丰年》《载芟》《良耜》等篇，即所谓《豳颂》者"。近人张西堂《诗经六论》说："关于农业的诗，在《周颂》中就有五篇：《臣工》《噫嘻》《丰年》《载芟》《良耜》。在《小雅》中有四篇：《楚茨》《信南山》《甫田》《大田》。在《风诗》中只有一篇《七月》。"程俊英、蒋见元《诗经注析》认为："《小雅》中的《楚茨》《信南山》《甫田》《大田》虽为祭祀乐歌，但内容多写农业生产，后人将这几首和《颂》中之《载芟》《良耜》等成为农事诗。"上述诸家对《诗经》农事诗篇目的分析大致相同。除此之外，《周南·芣苢》《魏风·十亩之间》直接描写了劳动群众的生产过程，《大雅》中的《生民》《公刘》等记录了周民族的农耕史，《豳风·东山》《唐风·鸨羽》《小雅·采薇》抒发了歌者对乡土的怀念，以上诸篇也可被纳入广义农事诗的范围。

周代的祖先居住在今天的黄土高原上，"周人始祖后稷居有邰（今陕西乾州武功县西南，其曾孙公刘迁于豳（今陕西郴县），到古公亶父时，又迁于岐（今陕西省岐山县东北）"。邰、豳、岐都在今天的陕西省，据史念海考证："当时的周原由于侵蚀尚未显著，原面完整而少有破碎，河谷较浅，水源丰富，气候温和，植被茂盛，是一个适于农业经营的好地方。"良好的生态地理环境，为周人发展农业提供了得天独厚的便利条件，垦地、除草、播种、灌溉、灭虫、收获，周人发展出了较高的农业生产水平，并形成了相对发达的"先周经济文化区"。至《诗经》采诗的年代，周代的农业已达到相当高的发展水平，农业的发展"一方面使中国人很早就摆脱了依赖自然采集和渔猎的谋生方式，有了更为可靠的食物来源，促进了文明的进步；另一方面也改变了因采集和渔猎不得不经常迁徙的生活方式，形成了高于周边民族的定居农耕文化。从而也很早就培养了中国人那种植根于农业生产的安土重迁、勤劳守成的浓重的乡土情蕴"。《唐风·鸨羽》："王事靡盬，不能艺稷黍。父母何怙？悠悠苍天，曷其有所？"《小雅·采薇》："采薇采薇，薇亦作止。曰归曰归，岁亦莫止。靡室靡家，玁狁之故。不遑启居，玁狁之故。"农民终年在外疲于徭役，对故土亲人的思念、对家乡农作物丰歉的关注溢于言表。

《国语》云："民之大事在农。"农业是百姓的衣食之源，是社会安定繁荣的根本保障。农民群众的主要任务是进行农业生产，他们劳作在田野里，忙碌于生产第一线，有着饱满的劳动热情与奋斗精神，虽栉风淋雨，依然砥砺前行。郑振铎说："在《诗经》里，有许多描写农民生活的歌谣……把古代的农业社会的面目和农民的欢愉、愁苦和怨恨都表白出来，而且表白得那么漂亮，那么深刻，那么生动活泼。"《周南·芣苢》是当时农民采集芣苢时所唱的歌谣：

> 采采芣苢，薄言采之。采采芣苢，薄言有之。
> 采采芣苢，薄言掇之。采采芣苢，薄言捋之。
> 采采芣苢，薄言袺之。采采芣苢，薄言襭之。

全诗三章，每章四句，各章只变换少数几个动词"采""有""掇""捋""袺""襭"，其余一概不变。在不断重叠中，产生了简单明快、往复循环的律动感。在六个动词的变化中，反复地描绘农民劳动的过程，充满了劳动的欢欣，洋溢着劳动的热情。扬之水说："《芣苢》若配了乐，调子一定是匀净、舒展、清澈、明亮的。如今只剩了歌辞，而依然没有失掉乐的韵致。"这首民歌的曲调虽已矢传，但我们今天吟诵起来，依然能够体会到歌者欢快的心情，而这种情绪又在民歌的音乐节奏中反复传达出来。清人方玉润《诗经原始》评价《芣苢》云："读者试平心静气，涵泳此诗，恍听田家妇女，三三五五，于平原绣野、风和日丽中，群歌互答，余音袅袅，若远若近，忽断忽续，不知其情之何以移，而神之何以旷。"《魏风·十亩之间》也是一曲农民群众欢唱的歌谣："十亩之间兮，桑者闲闲兮。行与子还兮。十亩之外兮，桑者泄泄兮。行与子逝兮。"诗歌展示了一幅采桑女呼伴同归的桑园晚归图：夕阳斜晖透过碧绿的桑叶照进一片广阔的桑田，天边晚霞灿烂、红云朵朵。忙碌了一天的采桑女，准备启程回家。桑田里顿时响起一片呼伴唤友的声音，伴随着桑叶的沙沙声、清风的奏鸣声，交织成一曲动人的乐章。在渐行渐远的归途中，飘来了少女的欢歌声"桑者闲闲兮，行与子还兮"，余音袅袅，回响在一派诗情画意中。《十亩之间》语言清新，韵味恬淡，格调柔婉，读来令人心旷神怡。

　　《诗经》农事诗一般选用简朴的语言描摹事物，既描绘了农民劳动的过程和劳动时的心境，又通过书写农事活动与自然、社会的关系，削接抒发了周代先民的审美心理与生活态度。清人姚际恒《诗经通论》评价《豳风·七月》云："二章从春日鸟鸣，写女之采桑；自'执懿筐'起，以至忽地心伤，描摹此女尽态极妍，后世采桑女，作闺情诗，无以复加；使读者竟忘其为'言衣、食为王业之本'正意也。……自五月至十月，写以渐寒之意，笔端尤为超绝。妙在只言物，使人自可知人物由在野而至入室，入亦如此也；两'入'字正相照应。"方玉润《诗经原始》评价《七月》："今玩其辞，有朴拙处，有疏落处，有风华处，有典核处，有萧散处，有精致处，有凄婉处，有山野处，有真诚处，有华贵处，有悠扬处，有庄重处。无体不备，有美必臻。晋、唐后，陶、谢、王、孟、韦、柳田家诸诗，从未见臻此境界。"

　　农业是一种生产经营活动，其展开过程与最终收益要涉及多种因素，其中生产的技术形态和社会组织形式是农业生产的两个重要前提。首先，技术形态是劳动者进行农业生产的手段和经验，其主要内容是指进行生产的工具体系以及人们对其操控、驾驭的技能水平，它体现着人们向自然界谋取生活资料的现实能力。《诗经》农事诗所体现的周代农业耕作技术首先表现在金属农具的使用上，《周颂·臣工》："庤乃钱镈，奄观铚艾。"②钱是掘土用的金属农具，镈类似于今天的锄头，铚是一种短小的镰刀。《豳风·七月》："蚕月条桑，取彼斧斯。"斯是一种方孔的斧头，用以修理树木枝条。相比早期先民使用的木、石、骨、贝等质地的农具，金属生产工具代表了一种新的生产力因素，它的使用极大地推动了农耕生产的发展。当时民间出现了轮番休耕技术，《小雅·采芑》："薄言采芑，于彼新田，于此菑亩。"《尔雅·释地》："田一岁曰菑，二岁曰新田，三岁曰畬。"区《说文解字》："菑，不耕田也。"菑田、新田、畬田的区分，代表了周代农民对土地定期休耕的科学认识。其次，农业生产的社会组织形式是指在生产过程中生产者的分工与协作关系。马克思说："为了进行生产，人们相互之间便发生一定的联系和关系；只有在这些社会联系和社会关系的范围内，才会有他们对自然界的影响，才会有生产。"周代的农业生产表现为以家族为单位的集体劳动，家庭成员彼此协助、同舟共济，从小养成了农民安土重迁的乡土情结和相亲相爱的家族情怀，《豳风·七月》："同我妇子，馌彼南亩。"《小雅·蓼莪》："蓼蓼者莪，匪莪伊蔚。哀哀父母，生我劳瘁。"

周代时期，农民认为农业生产要想取得丰硕的收获，不仅仅要靠辛勤的耕作和适宜的技术，同时还需要神灵、祖先的佑助。周代先民诉诸一系列农事信仰活动，如籍田劝农、祈报求丰、预卜祈雨等，这些或隆重，或虔诚的农事信仰仪式，反映了人们在相对艰苦的自然生活环境中渴望美好收成、创造幸福生活的精神期盼，代代相传，不断绵延，最终积淀为中国农民的一种朴素的农业文化心理。《周颂·载芟》诗序云："《载芟》，春籍田而祈社稷也。"《毛传》："籍田，甸师氏所掌。王载耒耜所耕之田，天子千亩，诸侯百亩。籍之言借也，借民力治之，故谓之籍田。"《周颂·噫嘻》描绘了这一场景："噫嘻成王，既昭假尔。率时农夫，播厥百谷。骏发尔私，终三十里。亦服尔耕，十千维耦。"《毛诗序》云："《噫嘻》，春夏祈谷于上帝也。"方苞《朱子诗义补正》说："《噫嘻》，此命农官遍戒庶民，而不及庶官，即籍礼稷遍戒百姓纪农协功之事也。一岁田功，作始于此，故特为乐歌，籍终奏之。"

《礼记·月令》云："是月也，天子乃以元日祈谷于上帝。"元日是吉日，天子在此日通过隆重的典礼仪式，祈求昊天上帝保佑农业丰收。《周颂·良耜》诗序云："秋报社稷也。"孔颖达正义："《良耜》诗者，秋报社稷之乐歌也。谓周公、成王太平之时，年谷丰稔，以为由社稷之所佑，故于秋物既成，王者乃祭社稷之神，以报生长之功。"《小雅·甫田》："黍稷稻粱，农夫之庆。报以介福，万寿无疆。"郭沫若先生认为，"报"乃报祭之报，报以介福是"报祭先祖以求幸福"。《小雅·甫田》还记载了周代先民祈雨的过程："琴瑟击鼓，以御田祖。以祈甘雨，以介我稷黍。"人们奏起动听的琴鼓取悦田祖，以求其降下甘霖。《诗经》中描绘的系列农耕信仰仪式，表达了人们对自然万物的朴素认知和对五谷丰登的由衷渴盼，顺天应时，积极有为，反映出周代先民自强不息的精神品格和敬天悯人的审美心态。

（三）神秘、激越的舞蹈艺术

中国民间舞蹈有着久远的历史，最早可追溯到新石器时代。1973 年青海省大通县出土了一件绘有原始舞蹈纹饰的彩陶盆。这只陶盆用细泥红陶制成，口沿及外壁以简单的黑线条作为装饰。陶盆的内壁刻有三组舞蹈图案，每组均为五人。这些舞者形象以单色平涂手法绘成。他们手拉着手，面部朝向右前方，步调一致，似乎踩着节拍在翩翩起舞。再仔细观察，这些舞者的头上都戴有发辫状的饰物，下半身佩有飘动的斜向饰物，头饰与身体饰物分别向左右两侧飘起，表现出舞蹈的律动感。三组舞者绕盆一周形成圆圈状，脚下的线型弦纹像是荡漾的水波，小小陶盆宛如平静的池塘，欢乐的人群簇拥在池边载歌载舞，场面热烈。格罗塞说："原始的舞蹈才真是原始的审美感情的最直率、最完美，却又最有力的表现。"这幅神秘、古朴的舞蹈图生动地再现了远古社会婆娑起舞的壮美场景，隐约地表露了上古先民真率、深邃的审美情愫。

苏珊·朗格说："在一个由各种神秘的力量控制的国土里，创造出来的第一种形象必然是这样一种动态的舞蹈形象。"远古时期，社会生产力水平低下，人们对种种自然现象理解不深，认为冥冥中有神在主宰一切，逐渐形成了图腾崇拜的习俗。原始人把动物、植物或自然物作为图腾，认为图腾可以赐福禳灾、护佑部落，于是把图腾奉为自己的保护神，如印第安人以鹰、太阳等为图腾，澳洲的土著部落以雨、水、袋鼠等为图腾。在中国的远古传说中，黄帝氏族崇拜云，纪事设官皆以云命名。《左传·昭公十七年》曰："昔者黄帝氏以云纪，故为云师而云名。"后来产生了《云门大卷》乐舞以祭祀黄帝；原始夏人以龙为图腾，郭璞注《山海经》引《开筮》云"鲧死三岁不腐，剖之以吴刀，化为黄龙"，后来华夏族创制出了龙舞，并一直延续至今。我国许多少数民族都有着本民族的图腾，西南地区的普米族、白族以白虎为图腾，纳西族、傈僳族以黑虎为图腾，彝族以十二属相轮回纪日，至今还保留着《十二兽神舞》。

《说文解字》云："巫，祝也。女，能事无形，以舞降神者也。"《周礼·司巫》记载："若国大旱，则帅巫而舞雩。"巫是以舞来沟通人神关系的职业，以为原始先民祈福、驱鬼、酬神等作己任。科林伍德说："巫术艺术是一种再现艺术，因而属于激发情感的艺术……为的是把唤起的情感释放到生活中去。"今天，我国某些少数民族的舞蹈中还保留了原始巫舞的痕迹，巫舞使用的道具一般包括面具、神案、乐器、牛角等。每个舞蹈剧目的动作大同小异，常见的有作揖、跪拜、忏四门、坎四门、造四门、打四门等，基本舞蹈步伐有禹步、罡步、便步、筋斗、独脚跳等。舞者手持古朴的道具，跳起粗野的舞蹈，深情地投入这一神圣的祈祝仪式中，"在狂舞时，人类能架通这个世界与另一世界之间的鸿沟，进入神鬼的领域"，展露出一种难以言表的朴实与神秘之美。"在原始社会的人类生活与古代文明社会生活中，几乎没有任何比舞蹈更具有重要性的事物"，原始舞蹈除了用于祈祷、祭祀活动之外，还承载了一些"社会化"的内容。一部分舞蹈反映了原始先民耕种、狩猎或捕鱼的过程，《吕氏春秋·古乐》云："三人操牛尾，投足以歌八阕。"人们手持牛尾，踏步而舞，以祈求五谷丰登、万物生长。狩猎舞一般是部落男子集体性的舞蹈，舞者动作整体一致、情感热烈奔放，散逸着某种统一的社会感应力。还有一部分原始舞蹈反映了上古先民的战争生活及与之有关的占卜活动，如"修教三年，执干戚舞，有苗乃服"。无论何种舞蹈形式，大多数原始舞蹈击石为节，踏地而歌，动作"激烈"，创造出一种"力的世界"。摹拟性和形象性是原始舞蹈最显著的艺术特征，如狩猎舞摹拟人兽相斗的动作过程，引导部落成员识别野物的活动禀性，掌握基本的狩猎技艺，拟兽舞通过再现动物的形象动作，完成特定的团体任务，沟通部落成员感情，《尚书·尧典》云："予击石拊石，百兽率舞。"后世节日中的许多节目都源于原始狩猎—拟兽舞，有学者分析说："蜡仪是上古最隆重热闹的节日，同时也是各种民间伎艺的大杂烩和大展览，平时星散于村野的歌舞、游戏、竞技和杂耍，荟萃一堂，它虽然主要是一种农耕庆典，但狩猎—拟兽舞这种最古老和最流行的游戏方式，必为其中最华彩的篇章。"

二、封建社会的乡村审美观

在中华民族数千年的历史长河中，封建社会文明占据着举足轻重的地位。按马克思主义的观点，物质资料的生产方式是决定社会前进的核心力量，而其中生产工具的先进与否扮演了至关重要的角色。春秋战国时期，随着冶铁业的兴起，铁制农具大量出现，当时的农民习惯在木器上套一个铁制的锋刃，用以耕地刨荒、锄草松土。西汉中期以后，木心铁刃农具开始被全铁农具代替，农业生产力从此得到极大的提升。一家一户的生产单元、耕织结合的经营方式逐渐固定下来，成为封建社会时期农民典型的生产、生活模式。无论是自主经营小块私有土地的自耕农，还是租种地主土地、缴纳相应地租的佃农，皆以家庭为立身单位，从事基本的农业经济活动。《汉书·食货志》云："今一夫挟五口，治田百亩，岁收亩一石半，为粟百五十石，除十一之税十五石，余百三十五石。"《白居易集》卷六三《策林二·息游惰》云："一夫不田，天下有受其馁者。一妇不蚕，天下有受其寒者。斯则人之性命系焉，国之贫富属焉。"

在传统封建社会中，种地耕田是农民的主业，除此之外，他们还从事"牧养牲畜、种桑养蚕、采摘果实、捕鱼打猎，甚至买卖交易"等活动。丰富的农业实践活动，一方面，磨炼了农民群众乐观、坚韧的精神品格，使他们能够在艰苦的劳动过程中，保持着昂扬的战斗力与顽强的生命态度。另一方面，为调剂生活的压力与困顿，排遣对现实的不满与愤懑，一些农民兄弟选择用歌舞抒怀的方式，间接吐露自己的丝丝感触。恩格斯曾以"民间故事书"为例论及民间艺术的价值功用，他说："民间故事书的使命是使农民在繁重的劳动之余，傍晚疲惫地回到家里时消遣解闷，振奋精神，得到慰藉，使他忘却劳累，把他那块贫瘠的田地变成芳香馥郁的花园。"美国现代美学家帕克说："感觉是我们进入审美经验的门户；而且，它又是整个结构所依靠的基础。"由此，我们可以真实地体悟当时农民的心理状态，并通过合理的联想或想象，渐次步入他们迷人的审美世界。

（一）民歌谣词：乡土生活的生动记录

《汉书·礼乐志》云："至武帝定郊祀之礼……乃立乐府，采诗夜诵，有赵、代、秦、楚之讴。以李延年为协律都尉，多举司马相如等数十人，造为诗赋，略论律吕，以合八音之调，作十九章之歌。以正月上辛用事甘泉圜丘，使童男女七十人俱歌，昏祠至明。"汉武帝时期，朝廷在中央设立乐府作为管理音乐的官署。乐府的职能除了训练乐工、制定乐谱之外，同时还负责采集各地民间歌词进行编纂整理，并附以曲调以供演唱或演奏。许多民间歌谣在乐府演唱并得以流传下来。魏晋以后，旧的乐府民歌有的还在继续沿用，并且有相当数量的两汉时期的乐府民歌流传于朝廷内外、江湖上下。此时，人们习惯于把这一音乐机构演奏的乐舞节目中的歌词统称为"乐府诗"。

刘勰说："乐府者，声依永，律和声也。"乐府民歌自诞生之初即带有浓郁的音乐色彩，其歌词"质而不俚，腴而不艳"，深受乡村劳动群众的喜爱。魏晋时期的乐府民歌大致可分为北方民歌和南方民歌两大类。南北因地域文化、民俗风情的差异，在民歌语言、音乐特色、审美感觉等方面均有不同表现。事实上，音乐审美和地域文化一直是彼此影响的两大范畴，地域民风民俗直接决定了一地音乐的整体风格，而民间音乐的发展又离不开地域文化的母体，二者难舍难分，相互贯通。作为以民间音乐身份著称的乐府民歌，更不会例外。阮籍在《乐论》中说：

楚、越之风好勇，故其俗轻死；郑、卫之风好淫，故其俗轻荡。轻死，故有蹈水赴火之歌；轻荡，故有桑间濮上之曲。各歌其所好，各咏其所为。欲之者流涕，闻之者叹息。背而去之，无不慷慨。怀永日之娱，抱长夜之忻……故江、淮之南，其民好残；漳、汝之间，其民好奔。

魏晋时期的北方民歌通常语言质朴，风格粗犷豪迈，其作者多是生活在北方的鲜卑族、氐族和羌族等游牧民族（也有部分作品出自汉人之手）。由于游牧生活不像农业生产那样井然有序、安定和谐，而是充满了变化和风险，在与自然、与敌手的严酷斗争中，造就了当地民众强悍的气质和豪迈的性格，并造就了他们独有的贵壮尚武、尊强崇健的审美追求。在此背景下，北方民歌大多内容浑厚充实，语言直接凝练，每一句歌词似乎在声声诉说着悲苦、坚韧的生活情调，如《地驱歌乐辞》云："青青黄黄，雀石颓唐。槌杀野牛，押杀野羊。驱羊入谷，白羊在前。老女不嫁，蹋地唤天。"《捉搦歌》："粟谷难春付石臼，弊衣难护付巧妇。男儿千凶饱人手，老女不嫁只生口。"

南方民歌主要有吴歌与西曲两类，其歌词基调哀伤委婉，感情浪漫炽烈，语言明朗精巧、浅俗鲜丽，句式多以五言为主。魏晋时期，我国经济重心开始向南方偏移，江南农业的开发从江东扩展到整个长江流域，继而波及岭南和闽江流域。当时，江南土地被大量开垦，水田耕作技术不断进步，南方农民在秀美的自然风景和湿润的气候条件下，从事采桑、采莲、织布等农业活动。《子夜四时歌·夏歌·其七》："田蚕事已毕，思妇犹苦身。当暑理絺服，持寄与行人。"《采桑度·其三》："系条采春桑，采叶何纷纷。采桑不装钩，牵坏紫罗裙。"这些南方民歌语言浅俗鲜丽，风格明朗精巧，表露着南方农民特有的恬淡哀婉的情思。

盛唐时期，国家统一，社会稳定，经济繁荣，统治者奉行开放、融合的内外政策，借鉴吸收外域文化。同时，加之魏晋以来就已孕育着的各族音乐文化融合的潮流，边疆民族的歌舞艺术大量传入中原，对于中原的音乐产生了重大的影响。如后人校辑的《敦煌曲子词》就是在敦煌发现的民间词曲总集，它内容丰富，形式活泼，风格多姿，有鲜明的民族特征和浓郁的生活气息，多数可以配合公私宴饮等娱乐场所进行演唱。其内容有的反映了商客游子羁旅的艰辛，有的反映了歌儿舞女的恋情生活以及对幸福生活的渴望，还有的抒发了征夫思妇对边塞战争的厌倦情绪，等等。其时，在南方山岭湖沼地区，当地乡村民众中间多流行《竹枝歌》。《竹枝歌》兴起于长江中上游巴渝一带，是一种自由吟唱的抒情山歌，唐代著名诗人刘禹锡、白居易都吸收过这种民歌元素，写过一些文人创作的《竹枝歌》。直至今天，在湖北西部、四川东部的"田歌"中还能找到《竹枝歌》曲式的结构痕迹。

在唐代，还有不少地方文人、云游僧道、村社教书先生等，写了很多通俗易懂的诗歌。这些诗歌简单易记、平白晓畅，配上当时的民间曲调后，成为传唱一方的通俗歌曲。这些民歌通常语言质朴顺畅，语言风格接近于当时民间口语，多以五言句式书写个人的喜怒哀乐、爱恨情仇，表达对时局、对现实的态度，感情流露真切自然，映射出当时乡村社会生活的真实面貌，因而具有一定的审美功效。譬如，王梵志的《村头语户主》云：

村头语户主："乡头无处得，在县用钱多，从吾相便贷；我命自贫穷，独办不可得，合村看我面，此度必须得；后衙空手去，定是搦你勒。"

这首诗歌语言朴素易懂，多半是人物的对白。歌词的内容是以一种求告的口吻，模拟催缴赋税的"村头"诉苦，央求"合村看我面，此度必须得"，其声情语气堪称惟妙惟肖。收税收到这种地步，从侧面也反映出当时的苛捐杂税给农民带来的痛苦，"苛政猛于虎"确实是旧社会千百年来不变的社会现实。

再如，《富儿少男女》一诗云：

富儿少男女，穷汉生一群。

身上无衣挂，长头草里蹲。

到大肥没忽，直似饱糠牲。

长大充兵朴，未解起家门。

积代不得富，号曰穷汉村。

这首诗歌是对穷汉村的描写。在传统中国社会，人丁兴旺、家庭富裕一向被看作家道兴盛的代名词。但在这首民歌里，我们看到穷人儿女成群带来的却是更多的生活苦难；贫困状态代代延续，向社会上层流动基本无望。

另外，唐宋时期也有许多以民谣、谚语等形式存在的民歌。这些民歌往往歌词短小、句式灵活，以针砭时弊、讥讽现实为主要内容，在一定程度上反映了当时的社会原貌和民间生存状态。例如，宋代民歌《月子弯弯照九州》一曲云：

> 月子弯弯照九州，几家欢乐几家愁。
>
> 几家夫妇同罗帐，几个飘零在他乡。

这首民歌在当时的吴中地区广为流行。宋人赵彦卫在《云麓漫钞》中曾提及"月子弯弯照九州，几家欢乐几家愁"两句，他认为："此二句乃吴中舟师之歌，每于更阑月夜，操舟荡桨，抑遏其声而歌之，声甚凄怨。"明人冯梦龙在《警世通言·范鳅儿双镜重圆》也引述过"月子弯弯照九州"一句，他说："吴歌成语……出自南宋建炎年间，述民间离乱之苦。"南宋初期，金兵屡屡南下侵掠，乡间百姓颠沛流离、无家可归，这首民歌唱出了当时基层乡民的身世飘零、苦不堪言的心境，今天读来依然令人动容。

（二）民间舞蹈：力与美交融下的身体艺术

秦汉时期，民间盛行"百戏"。汉代百戏具有很强的包容性，它包括了丰富多样的表演形式，有爬竿、走索、舞剑、吐火、吞刀、扛鼎、倒立、马术等杂技武术类的节目，还有盘鼓舞、巾舞、建鼓舞等舞蹈节目。在这些舞蹈中，盘鼓舞最负盛名。它是将盘、鼓置于地上作为舞具，舞者在盘、鼓之上或者围绕盘、鼓进行表演的舞蹈。盘鼓舞有独舞和群舞两种类型，独舞见于山东沂南出土的画像石，刻有排列在地上的七盘一鼓，一男子头戴冠巾，身着长袖舞衣，正从盘鼓上跃下，回首环顾盘鼓，舞袖裙带飞扬，动作豪放。群舞见于山东济宁出土的画像石，刻有三个高鼻鸦鬓的男子，赤膊跣足，在五个鼓上做虎跳、倒立等动作，颇为有趣。

至于盘鼓舞的舞姿如何优美，我们可以从当时辞赋家的文章记载中窥一斑而知全豹。傅毅《舞赋》云："及至回身还入，迫于急节，浮腾累跪，跗蹋摩跌。"舞者在快节奏的音乐节拍中，轻捷地腾空跳起，然后又几次跪倒，以足趾巧妙地蹈击盘鼓，身体做跌倒姿势，摩击鼓面，可见盘鼓舞的动作之轻盈。与此同时，盘鼓舞非常注意腰肢力道和手袖姿态。张衡《舞赋》云："裙似飞鸾，袖如回雪。"傅毅《舞赋》说："罗衣从风，长袖交横。"边让《章华台赋》云："俯仰异容，忽兮神化。"纤细灵动的腰肢，裙袂飘飘的姿态，恰到好处的力量，舞者前摆后动、仰取俯拾，极具美感。事实上，"力量"在任何舞蹈中都是一个至为重要的元素，德国现代舞先驱玛丽·魏格曼（Mary Wigman）认为："力的因素，在舞蹈里比时间更为重要——运动的动力是舞蹈生命的搏动。"力量关乎舞者的动作是否得体到位，关乎姿态的舒展是否和谐优美，这在古今中外是相通的道理。

一般而言，汉族舞蹈以舞手、舞袖为主，而外来民族舞蹈则以脚踢、旋转见长。而盘鼓舞是一种汉族与外来民族舞蹈合璧的艺术种类：它既要求舞者挥手、摆袖，展现腰功技巧，又要踩盘踏鼓，反复徘徊旋转，表现腿功技巧。在舞蹈过程中，其舞姿时而挺拔昂扬，有高山巍峨之势，刚劲有力；时而婉转流畅，似流水荡荡之形，阴柔婉约，总体有张有弛，刚柔相济，极具艺术表现力。

魏晋时期，白纻舞盛行于世，受到社会下层百姓的普遍欢迎：白纻舞的舞者身穿轻便、绵长的洁白舞衣，舞衣有长长的袖子，舞者在做各种动作时，长袖飘飘、上下飞舞、摇曳生姿，别有一番韵味。具体而言，舞袖的动作有掩袖、拂袖、飞袖、扬袖等几种。掩袖是在舞女倾斜着缓缓转身时，用双手微掩面部，半遮娇态；拂袖与掩袖大致相同，用长袖轻轻地一拂而过；飞袖动作疾驰，是在节奏加快以后，舞女争挥双袖，如同白练上下翻飞；而扬袖比较轻柔，是在节奏放慢、舞步转缓时，双袖徐徐扬起。种类繁多的舞袖动作，配以曼妙的舞曲以及舞者丰富的表情和形象的神态，营造出缠绵婉转、轻盈飘逸的婉约之美。南朝沈约作《夏白纻》诗中赞颂道：

> 朱光灼烁照佳人，含情送意遥相亲。
>
> 嫣然一转乱心神，非子之故欲谁因。
>
> 翡翠羣飞飞不息，愿在云间长比翼。
>
> 佩服瑶草驻容色，舜日尧年欢无极。

宋代，"社火"广为流行。社火是一种综合性的民间表演艺术，民间艺人将音乐、舞蹈、武术、杂技等多种技艺节目融合在一起，通常在专门的表演场所"勾栏"和"瓦舍"中以游行队伍的形式进行表演。其中，当时著名的民间舞蹈节目包括：表演农家生活的小型歌舞"村田乐"，表现乘舟荡漾的"旱龙船"，表现骑马起舞的"竹马儿"，自娱即兴的舞蹈"踏歌"，另外还有狮子舞、腰鼓舞等。在舞蹈表演时，各个舞队竞相上阵，赛技艺、赛水平，民间百姓观者云集，场面蔚为壮观。

明清以降，民间歌舞活动超越了之前自娱自乐或小打小闹的局面，盛行于大江南北、长城内外的乡村地区：乡间农民在农闲季节，常常会举办形式多样的歌舞艺术活动，或为凝聚彼此的情谊、抒发对村集体生活的咏叹，或为尽情舒展被繁重劳动鸭绊已久的身体、放松心中无拘无束的自在情感。明清时期的乡间舞蹈种类繁多、流传甚广，有的依然活跃在今天的民间舞台上。明人姚旅《露书》卷八记录了山西洪洞各式各样的民间舞蹈："往在洪洞，所见有凉伞舞、回回舞、菩萨舞、花板舞、拓拔舞、巫舞。回回舞饰貌如回，有容无声；凉伞舞手持小凉伞为节；花板舞于持檀板，随曲应节，如飞花着身；巫舞即鞞舞也。余舞尚多，则皆巾舞也。"当时在福建、浙江、广东等南国乡村，则流行反映战争生活的藤牌舞或再现劳动过程的秧歌舞等。清人屈大均《广东新语》载："农者每春时，妇子以数十计，往田插秧，一老挝大鼓，鼓声一通，群歌竞作，弥日不绝，是曰秧歌。"春耕时节，南国乡民一边纵情擂鼓，一边忙于插秧，"群歌竞作，弥日不绝"。

（三）雅俗之间：南戏与花部的艺术特色

南戏是一种从北宋末年到元末明初在中国民间广泛流行的汉族戏曲艺术，它诞生于浙江温州以及福建泉州、福州一带，这些地区经济相对富庶，民间表演技艺十分兴盛。温州自隋唐以来就以"尚歌舞"著称，徐渭《南词叙录》云："南戏始于宋光宗朝，永嘉人所作《赵贞女》《王魁》二种实首之……或云：宣和间已滥觞，其盛行则自南渡，号曰'永嘉杂剧'，又曰'鹘伶声嗽'。"又如南宋陈淳在《上傅寺丞论淫戏书》中记载了福建漳州一带汉族民间表演技艺的流行情况，陈淳说："常秋收之后，优人互凑诸乡保作淫戏，号乞冬；群不逞少年，遂结集浮浪无图数十辈，共相倡率，号曰戏头，逐家敛敛钱物，豢优人作戏，或弄傀儡，筑棚于居民丛萃之地、四通八达之郊，以广会观者，至市廛近地，四门之外，亦争为之，不顾忌。"南戏自诞生后，书会才人、民间艺人等纷纷参与创作，南戏得以广泛流传，其时间跨度之长、地域传播之广，前朝历代戏曲均望尘莫及。

早期，南戏多通过村坊小曲、里巷歌谣之类的曲词进行演唱。因此，初期的南戏文辞质朴自然，充满着浓郁的田园野趣和乡土气息。王国维认为："元南戏之佳处，一言以蔽之，曰'自然'而已矣。"如以《杀狗记》中的一段唱词为例：

【吴小四】【净扮王婆上】命儿孤，没丈夫。三十年来独自宿，开个店儿清又楚。往来官员士大夫，谁不识王大姑。

这段唱词清新自然，句句通俗易懂，颇符合乡村百姓的口味。后来，在发展过程中，南戏逐渐吸收了宋人的词作，同时兼收并蓄各种曲调文辞，语言变得婉转浅俗、清丽畅达。南戏的音乐，最初取材于当地风行的民歌，后来又广泛吸收宋词的词体歌曲。这些词体歌曲在曲调形式、唱词格式上变化很多，曲调的风格也是多种多样，适合南戏表现各色人物的情感。如以《荆钗记》中王十朋出场的唱曲为例：

【满庭芳】（生上）乐守清贫，恭承严训，十年灯火相亲。胸藏星斗，笔阵扫千军；若遇桃花浪暖，定还我一跃龙门。亲年迈，且自温衾扇枕，随分度朝昏。

这段由生独唱的唱词，曲调来自词格，风格稳重豪迈，将一个满腹经纶、意气风发的青年王十朋形象刻画得惟妙惟肖。在南戏中，生、旦的唱词风格大多庄重典雅，而当净、丑一类插科打诨的角色出场时，往往选用一些诙谐滑稽的曲调进行演唱。如《白兔记》第二出，丑扮史弘肇妻出场时的唱曲：

【十棒鼓】奴奴生得如花貌，言语又波俏。丈夫叫作廿一郎，奴奴唤作三七嫂。方才房中补衣补袄，忽听老公叫，慌忙便来到。

这首曲子，曲调源自民歌，通俗自然，活泼有趣。概言之，南戏融合了词曲和民歌的艺术元素，风格或清新洒脱，或朴素悠扬，音色和意趣较为自由，由表演者尽情演唱，以展现南戏复杂多而、厚重意远的特色。而且，演员在唱戏时，通常使用当地方言进行演唱，演唱篇幅不拘长短，根据剧情需要自由发挥。由于许多南方方言保留了平、上、去、入四声，所以南戏用韵宽松自由，曲风兼有朴实自然和婉约旖旎，既适合演唱琐碎平实的日常家事，也善于表现情意缠绵的爱情故事，再配合管弦、鼓板等乐器伴奏，极富艺术感染力。明代时期，南戏发展出四大声腔系统，分别为弋阳腔、余姚胶、海盐腔、昆山腔，在江南地区广泛传唱。徐渭的《南词叙录》云："今唱家称弋阳腔，则出于江西，两京、湖南、闽广用之；称余姚腔者，出于会稽，常、润、池、太、扬、徐用之；称海盐腔者，嘉、湖、温、台用之；惟昆山腔止行于吴中，流丽悠远，出乎三腔之上，听之最足荡人。"明嘉靖以后，"三腔之上"的昆山腔颇得社会上层人士的青睐，文人雅士亲自为之制曲，参与其演唱，最终昆腔戏成为上流社会认可的"雅部"戏剧。昆腔戏的艺术特色是腔调圆润优美，舞蹈婀娜多姿，演员动作和歌唱紧密结合，李泽厚说："像昆曲，以风流潇洒、多情善感的小生、小旦为主角，以精工细作的姿态唱腔来刻画心理、情意，配以优美文词，相当突出地表现了一代风神。"

雅部的对立面是花部，清人李斗的《扬州画舫录》载："两淮盐务例蓄花、雅两部，以备大戏。雅部即昆山腔，花部为京腔、秦腔、弋阳腔、梆子腔、罗罗腔、二簧调，统谓之乱弹。"对于花部的表演特色，李斗说："郡城花部，皆系土人，谓之本地'乱弹'，此土班也。至城外邵伯、宜陵、马家桥、僧道桥、月来集、陈家集人，自集成班，戏文亦间用元人百种，而音节服饰极俚，谓之'草台戏'，此又土班之甚者也。"焦循说："'花部'者，其曲文俚质，共称为'乱弹'者也，乃余独好之……花部原本于元剧，其事多忠孝节义，足以动人；其词直质，虽妇孺亦能解，其音慷慨，血气为之动荡。郭外各村，于二、八月间，递相演唱，农叟、渔父，聚以为欢，由来久矣。"可见花部剧目的扮演者皆为本地乡土人士，唱词多用方言土语，表演弹唱及服饰装扮皆来自民间，深受乡土百姓的喜爱。

花部剧作之所以受到乡土大众的欢迎不是偶然的，雅部戏"繁缛，其曲虽极谐于律，而听者使未睹本文，无不茫然不知所谓"，花部戏音乐慷慨动人，文辞通俗易懂，其所写之事"不皆有征，人不尽可考。有时以鄙俚俗情，入当场科白，一上氍毹，即堪捧腹"。花部戏的勃兴，凸显出中国戏曲由古典诗体的戏曲向白话体戏曲的转变，白话体戏曲的创立和发展使它获得了"和者千人"的艺术感召力，胡适曾说："传奇杂剧既不能通行，于是各地的'土戏'纷纷兴起……我们很可以说，从昆曲变为近百年的'俗戏'，可算得中国戏剧史上一大革命。"

三、当代农民的艺术口味

法国社会学家孟德拉斯（Henri Mendras）在《农民的终结》一书中，对 20 世纪中叶法国乡村社会所发生的剧烈变革进行了深度的反思。在孟德拉斯看来，当传统的农业社会转变为工业社会和后工业社会时，土地将失去它所扮演的生产角色的地位，"重新成为土壤、空间面积、生活和居住的地方"。与此同时，农业和非农业的区分将变得愈发困难，农民将会有更多时间从事于农业生产之外的其他事情。法国乡村社会的变迁和小农经济的终结，对探讨中国当代"三农"问题有着一定的借鉴意义。自改革开放后，特别是 21 世纪以来，中国乡村社会经历着数千年未曾有过的巨变，大量的农民游走于城乡之间，获得了新的身份标签——农民工，他们闲时务工，忙时务农，其身份逐渐与"农业劳动者"的特定称谓相剥离。与此同时，随着农村土地经营权流转的推广，传统的小农家庭作坊式的农业劳动，逐渐让位于机械化、规模化的生产经营以及精细化、科技化的创意农业，一批批爱农业、懂技术、善经营的职业农民涌现在中国的乡村大地上。

当新型农业科技逐渐推广到广大乡村地区，农民也就从单调、繁重的农业劳动中挣脱出来，成为可以自由支配自己身体与精神的"时代农人"。当城乡一体化逐渐成为发展的主旋律，城市对乡村的反哺与影响得到加强时，农民继而获得了任何历史朝代所不具备的最新文化资源与先进技艺。站在新旧文化的交接口，处于城乡互动的最前沿，一部分农民选择继续深耕老祖宗遗留下来的精神遗产，如剪纸艺术、民间印染、手工泥塑等，所不同的是，他们运用时代技艺、今人眼光，试图延展传统文化的美学张力。另一方面，也有部分农民直接将视线移向了新型的农村文艺园地，如农民摄影、农民画等，以此参与到社会变革的洪流中，用一件件散发着时代气息的乡土文艺作品，重新定义农民艺术家的真实形象与当代价值。

（一）梦境诠释：当代民间年画的文化审美意蕴

年画作为一种汉民族特有的绘画体裁，是中国百姓喜闻乐见的民间美术形式。它的起源可以追溯到人类远古时期的自然崇拜和神灵信仰，是在漫长的历史中，随着节日风俗的演变，中国民间逐渐明生形成的一种特殊的象征性装饰艺术。每到年节期间，先民们运用朴素简单的装饰艺术祈愿作物丰收、祭祀先辈列祖、驱除妖魔鬼怪。后来，随着社会生产力的发展，人类对大自然的迷信逐渐转化为对社会性人格神的崇拜与信仰，这种装饰艺术的主要内容也从最早的龙凤、虎雀等自然形象，发展到神荼、郁垒，再到后来的关云长、尉迟恭、秦叔宝等民间武将。近代最早提及对民间年画加以研究的是鲁迅先生，他提醒从事美术工作的青年除研究欧洲各家外，更要注意中国的绣像画本和新年花纸。鲁迅曾谈到河南门神年画一类的事物，说"要为大众所懂得，爱看的木刻，我以为应该尽量采用其方法"，现今上海鲁迅纪念馆就珍藏有鲁迅生前收集的年画作品。

如今，我国的广大乡村地区依然广泛流行春节张贴年画的习俗，譬如，在山东省的许多农村，"年节期间，以年画点缀农家，是装饰品也是欣赏品，由古及今，风习相延"。这些流传至今的年画作品，题材十分丰富，既有门神、财神、观音、仙道等寄托精神信仰的画作，又有反映乡村生活、农业生产等现实题材的作品，当然还有诸如连年有余、金鸡报晓、麒麟送子等反映民间美好祈盼的喜庆年画。特别是后者，在所有年画作品中占较大的比重。这种现象的出现不是偶然的。冯骥才认为，乡村百姓春节期间张贴喜庆年画的习俗，是在"把理想布满身边，把理想现实化"，这在一定意义上道出了年画民俗的社会心理征候。

在我国几大著名年画产地中，苏州桃花坞年画始终将视线聚焦于民间，把握民众心理律动，表现百姓精神诉求，制作了大量节日气氛浓烈的喜庆年画。以桃花坞年画《连年有余》为例，画中娃娃"童颜佛身，戏姿武架"，怀抱红色鲤鱼，手拿莲花翠柄，其中"莲"谐音"连"，"鱼"谐音"余"，寓意生活富足、吉庆有余。再如，桃花坞年画《麒麟送子》也是这种类型的画作。画面以朱红为主色调，画中仙官满面红光，衣着鲜艳，左手握有如意，右手怀抱婴儿，骑坐麒麟自远处而来，整幅画作构图清晰大方，线条简洁明快，寓意吉祥如意、多子多福。《花开富贵》年画中，鲜艳的牡丹悄然绽放，上方蝴蝶翩翩起舞、蝙蝠飞过花顶，一派春光烂漫、花团锦簇的景象。其中，牡丹象征富贵，蝙蝠谐音"幸福"，两者相连，寓意富贵荣华、福泽连绵。《日日进财》年画中，两个顽皮可爱的童子手捧金光闪闪的元宝，其余各处铜钱遍地、银圆成堆，寓意日进斗金、财富无尽。

这些寄寓着美好寓意的年画，离不开民间匠人的精雕细画、良苦用心，是手艺人手和心密切配合的结果。"每一件作品中所包含，每一个手的动作都贯穿着思的因素，手的每一举措皆于此因素中承载，一切手的作品都根植于思"，这里的"思"指的是心，年画的制作是民间艺人内心世界的外在表达。在制作工艺方面，桃花坞年画工序复杂、精益求精。画完底稿后，刻工首先将画稿粘贴在木板上，然后运用拳刀，根据画稿上的线、点、块，分别采用衬、挑、复、剔等技法刻制，达到线条流畅、原稿原样的效果；印刷时，印制师傅根据画稿的色泽分版套色。在工艺师傅看来，好的年画要讲究线、面、色、型的自然精美、中和中庸，线条刚柔适宜，画面简明质朴，颜色鲜艳大方，造型生动别致，整体和谐一致、自然秀雅，欣赏起来才会有别样的美感。

陕西凤翔也是我国木版年间的著名产区。凤翔年画构图大方，造型夸张，既有北方年画的粗犷拙朴，又兼有南方年画的纤巧细腻，是"西北风"的典型代表。譬如，以凤翔木版年画《四季花瓶》为例，这类年画描绘的是受到民间广泛喜爱的、一年四季最有代表性的四种花卉，分别是春天的牡丹、夏天的莲花、秋天的菊花、冬天的梅花。四种植物各有寓意，牡丹代表富贵典雅，莲花寓意高洁自爱，菊花蕴指凌霜飘逸，梅花象征傲雪不屈。四幅年画连续呈现、前后呼应，极富特点。若再逐个仔细品味，每幅年画上鲜花的姿态、开放的位置、周遭的物什等又不尽相同。在春天的年画中，牡丹插在瓷瓶中，瓶饰涂以如意纹和冰裂纹，花瓶两旁衬有书籍、茶壶、印章、石榴、酒坛等物件，空处补以蝙蝠纹和富贵印。这些事物的同时出现，也在以物传情、表达特定意涵：书籍寓意诗书传家，茶壶代表闲情雅致，印章兆示官路亨通，石榴意指子孙满堂，酒坛说明长长久久，组合在一起代表了人们祈盼富贵吉祥、万事如意的美好夙愿。

尼采有言："每个人在创造梦境方面都是完全的艺术家。""艺术上敏感的人面向梦的现实。他聚精会神于梦，因为他要根据梦的景象在解释生活的真义，他为了生活而演习梦的过程。"民间的这些能工巧匠无不是塑造梦、解释梦、描绘梦的艺术家，他们将沉淀在内心深处的美好梦想，凝聚在一个个朴拙、红润、和美的年画意象中，表达人生真义，寄托生活追求。凡浓情所至，凡梦想所及，任何物像都可成为托物言梦的存在个体，无论珍禽异兽、祥符瑞物，还是名花香草、山河日月。在他们看来，这些事物已不再是简单的鸡狗鹅鸭、花草果木，而有着独持、真实、客观的美学意涵。如，鸡寓意大吉大利，鹿表示官禄亨通，鹤意指健康长寿，虎代表镇宅辟邪，凡此种种，不胜枚举。这些年画寄寓着乡间民众朴素真挚的情感理念，在春节这样一个千百年来凝聚劳动人民感情归宿的节日中张贴出来，既是一种节日与民俗合作的双赢，更是一种人类理想世界与现实世界共鸣的智慧。

概言之，传统木版年画是一种民间美术，它的创作题材极为丰富，涵盖了农业生产、农民生活、文化教育、精神信仰、价值观念等诸多领域。无论是客观的物质性生产劳动，还是抽象的人类精神生活世界，在民间年画中都能得到全面、恰当的表现。一幅小小的年画作品，看似人物朴拙、文字平实、场景简单，却始终贯穿着人类亘古不变的生存智慧：对真、善、美的追求。推而广之，这样的年画不能再简单视为民间匠人的随意涂抹、信手刻画，而是寄寓着劳苦大众丰富、完满的情感希望，以及真实、美好的心理诉求，成为人类精神世界的不变追求与永恒寄托。李泽厚先生说：

从礼乐传统和孔门仁学开始，包括道、屈、禅，以儒学为主的华夏哲学、美学和文艺，以及伦理、政治等，都建立在一种心理主义的基础之上，即以所谓"汝安乎？……汝安，则为之"（《论语·阳货》）作为政教伦常和意识形态的根本基础。

这心理主义已不是某种经验科学的对象，而是以情感为本体的哲学命题，从伦理根源到人生境界，都在将这种感性心理作为本体来历史地建立。从而，这本体不是神灵，不是上帝，不是道德，不是理知，而是情理相融的人性心理。所以，它既超越，又内在；既是感性的，又超感性。

民间年画正是这样一种描绘基层大众感性心理和人性心理的事物。"仓廪实则知礼节，衣食足则知荣辱。"民众对五谷丰登、人寿年丰的期许，对吉祥如意、富贵荣华的向往，对家庭和睦、平安康泰的追求，等等，种种美好的祈愿都在年画中得到了圆满的诠释和表达。这种"美好情感"是存在于社会大众心灵深处的潜意识（subconsciousness），并演化成超越现实世界和客观生活的形而上存在（being），而年画在其中恰到好处地证明了自身无与伦比的价值。

（二）和谐与夸张：日照农民画的审美追求

农民画，又称现代民间绘画，是农民自己制作、自我欣赏的通俗绘画艺术。凡农民自印的门画、小品画，在炕头、灶台墙壁上张贴的吉祥画，乃至在房屋山墙、街道墙壁绘制的大型图画等，均可被视为农民画的艺术范畴。这些形形色色的农民画作，不能被简单地斥之为毫无艺术美感或审美价值。因为在我国，有许多农民画的集中产地，如山东日照、江苏邳州、陕西户县（现为西安市鄠邑区）、江西永丰、河南内黄和上海金山等地，这些农民画重镇创制的绘画作品，多数具有一定的审美意义，甚至不乏大师级的农民画作。

在艺术特色上，这类农民画既不同于国画的雍容厚重、笔简意远，也没有肩负年画烘托节日喜庆气氛的重任。事实上，大部分农民画家均来自乡里，那些五颜六色的农民画不过是基层艺人生活阅历、社会经验和审美趣好的外在呈现，他们通过绘画这一艺术形式来直白显明地阐释个人思想情感与主观愿望。所以，农民画的画面形象大多朴实自然、简练单纯，色彩搭配自由随意、无拘无束，画面风格兼具奇特夸张与朴拙敦厚，表现内容通俗易懂、平白畅达。这样的绘画作品非常贴合基层农民的欣赏习惯和审美品位，因而成为乡村民间艺术的重要组成部分。

作为传统民间艺术的一种，农民画的创作既深深根植于基层人民群众的生产、生活，又离不开农民画艺人的艺术加工。一般情况下，那些心灵手巧的民间艺人多具有细腻的情感特质、敏锐的观察能力和丰富的社会经验，他们以自身的思维方式、个人情感和艺术判断，同时联系基层大众的审美兴趣相认知能力，借助一定的艺术再现手法，绘制出乡土气息浓郁的斑斓画卷。在此过程中，农民画的创作、欣赏等环节始终围绕"农民"，以农民为中心。无论是绘画题材、表现内容，还是绘制手法、制作过程，无不打上了"农民""乡土"的烙印。农民的世界观、农民的情感因素、农民的审美判断，都浓缩在一幅幅的画作中。

山东省日照市有着历史悠久的民间艺术传统。从日照莒县出土的陶文（又称图像文字）来看，数千年前日照地区就已是雄踞一方的文化重镇。同时，在日照两城龙山文化遗址和陵阳河大汶口文化遗址里，考古人员发掘出大量的陶器、玉器、青铜器等精美的器物。其中包括绘有饕餮纹的玉钺、做工精良的圭形玉斧、陶质牛角形号角和磨制锋利的石钺等。秦汉时期，海曲县（今日照市区）汉墓中发现了大量造型精致、色泽润丽的漆器，以及生动古朴的画像石、画像砖。数千年来，艺术的潮流在日照地区一直默默奔涌，虽历经岁月洗礼与朝代更迭，依然生气勃勃、枝繁叶茂，滋润着日照地区的平民百姓。20世纪五六十年代，日照农民画悄然兴起。当时民间艺人绘制大型的墙画、壁画等，主要是配合基层政府的宣传工作，在此基础上，涌现出一批出色的民间绘画能手。改革开放后，日照农民画已蔚为壮观，成为地方文化的一张亮丽的名片。1988年2月9日，文化部正式命名日照市为"中国现代民间绘画之乡"

在艺术谱系上，日照农民画有着鲜明的地方文化印记和地域特征。日照市西接济宁、临沂，东临青岛、潍坊，南向黄海，处在鲁文化、齐文化和东夷文化的合力影响下，特别是以孔孟为代表的儒家文化对日照的影响尤为深远。儒家文化思想表现为以"仁"为核心的"忠孝礼义"精神和以"刚健自强"为表现特征的"经世致用"的态度。反映在农民画上，这种影响表现为特定的艺术精神和审美风趣。如付成峰的《大蓬歌》中，一艘渔船航行在惊涛骇浪的大海上，九位渔民用尽全力摇动渔船的方向舵，另有一位渔民迎着飓风撑起高高的船帆，大家齐心协力同严酷的海上风浪抗争。画面所透出的是一种自强不息、刚健有为的奋进精神，不免让人联想起《象·大畜》中"刚健笃实辉光"的进取精神，以及《论语》中孔子"发愤忘食，乐以忘忧"的拼搏态度。黄奎军《花花猪》中，几只可爱顽皮的猪仔围绕在猪妈妈身旁，有活蹦乱跳撒欢的，有静静地趴着吃奶的，有依偎在猪妈妈耳前亲昵的，氛围和谐有趣，其乐融融。名为"花花猪"，实则"花花人"，画作里猪的形象被赋予了人格化的意义，家庭和睦、母慈子亲，颇符合孟子的"老吾老""幼吾幼"的理念。

　　日照农民画的构图兼具夸张性与和谐性。首先，农民画艺人在绘制图画时，通常选用抽象、变形并用近乎荒诞的表现手法，不讲究物体的逼真与形似，不追求人物的真实与具体，而是从写意出发，从大处着眼，只抓住事物的大概形貌与外在神态进行艺术化和概念化的处理，化繁为简、变实为虚，通过一种漫天飘飞的线条和奇形怪状的图形比例，以达到表现事物特定精神内涵的目的，因而具有夸张性的艺术表征。如在魏木和的《拉网》中，渔民用一张巨网拖住了不计其数的海鱼，数不清的鱼儿处在一个水平西面上，看似有千钧之势，有种即将把船儿压翻的感觉。这在现实中不可能出现的画面，却通过这幅画作夸张、形象地展现了出来。再如厉名雪的《赶年集》中，一位农村老大爷手推一辆独轮车，车上载有蔬菜、瓜果、鲤鱼、糖果、气球等各种年货，硕大的独轮车占了大部分画面，其车之大，似乎要把世间一切万物装下，而老大爷步履平稳、举重若轻地含笑走来。这种合理夸张、重在写意的构图令人印象深刻。

　　与此同时，和谐性是日照农民画的又一显著特征，它根源于儒家"文质彬彬"的审美追求，通过合理安排画面的色彩、物象的组合，文华质朴配合得宜，达到一种温柔敦厚的审美境地。欣赏这些五颜六色的农民画作，画面上随处可见的是和蔼可亲的老者、天真烂漫的孩童、神采奕奕的妇女、活蹦乱跳的动物，各种事物其乐融融、和谐美满地组合在一起。乔诺的《老粉坊》（图5-2-1）中，农家少年、妇女、男子齐上阵，碾米的碾米，调浆的调浆，晾晒的晾晒，大家忙得热火朝天，作者把制粉农民的整个劳动过程和谐、生动地囊括在一张图画中。厉名雪的《过门笺艺人》中，一位慈祥的民间老手工艺人在聚精会神地打制着过门笺的模板，周围两个活泼可爱的孩童围绕在老者身侧，一个举头若有所思，另一个目不转睛地看着老者手下的模具，整个画面和谐自然，充满了农家特有的喜乐。

图5-2-1　日照农民画 乔诺《老粉坊》

事实上，这种既夸张又和谐的画风，得益于日照农民画的艺术渊源。日照农民画借鉴了木版年画和民间刺绣的优点，用色比较单纯，多用红、绿、蓝等纯色，特别是红色、黄色等暖色调的选用非常普遍，暗合了农民渴求喜庆美满、吉祥幸福的心理愿望。同时，日照农民画也吸取了民间剪纸的艺术特色。追求简单质朴的画面布局，既没有矫揉造作的刻意描摹，也没有虚张声势的无病呻吟，更没有累赘反复的内在心灵的客观的呈现。诚如评论家所言："只有心灵的纯真、朴实，才能物化为形式的诚朴……劳动者的质朴表现在内心与行为、精神与外表的统一，表现在民间美术作品中则是功能与审美、心与物的和谐统一。"许多日照农民画造型看似朴拙纯真，布局看似简单直白，却是某种至高境界的彰显。

在绘画主题方面，日照农民画的表现题材偏向于农家事物和农村百姓的点滴生活。春种秋收、浇水施肥、牧牛放羊、饲鸡养蚕、捕鱼拾贝等诸种农村景象，在日照农民画中均得到了自然展现和完满表达。在画中，我们看到了纯朴健美的农家妇女，看到了在田间地头忙碌的父老乡亲，看到了顽皮可爱的乡村孩童，看到了悠闲自在的鸡狗鹅鸭，人与物和谐相处，事与景相映成趣。日照农民画记录着农村生活的变迁，记录着基层百姓的欢笑喜乐，更记录着他们丰富良善的精神世界。托尔斯泰有言，人民创造的民间艺术感情真挚，最为生动感人，是真正的艺术的优秀范例。日照农民画正是这样一种"大美无言"的画作，它来自平凡的民间，来自朴实的乡村生活，来自农民丰富热烈的精神家园，因而当之无愧地成为我国民间艺术一颗璀璨的明珠，光芒四射，美丽动人。

（三）粗犷中的细腻：当代西北农民画的艺术特色

农民画几乎是遍布神州大地的民间艺术，长城内外、大江南北，均有不同种类、不同体系的农民画艺术。各地农民画既取材于当地的历史文化，又与其他民间艺术门类互融互通、彼此借鉴，因此产生了形形色色的艺术风格和万紫千红的审美趣味。在我国陕西省，以安塞和户县为代表的西北农民画，画面物象浑朴宽厚、清壮神秘，画风粗犷豪放、强悍昂扬，形成了不同于内地、不同于南方的农民画艺术风格，在我国民间画上刮起刚劲有力的"西北风"。

陕西安塞地处延安之北，当地群山万壑、扼守边塞，历来为兵家必争之地，一方水土养育一方人。黄土高原的厚重广袤、塞外群山的雄奇峻峭造就了安塞人民彪悍宽厚、朴实向上的民风。因而，安塞农民画、安塞腰鼓、安塞秧歌等带有鲜明西北地域文化特征的民间艺术在当地得以广为流传。

在艺术特色上，安塞农民画注重表现画面的整体意境，不单一强调线条、色彩、尺度等要素。为追求意境的和谐美观，安塞农民画家诉诸物象的神态，以像求境、以境塑像，通过浪漫主义的笔触绘制现实乡土世界。他们将自己饱满炽热的情感浓缩在一具具外表夸张、颜色鲜艳、动作稚拙的物象上。然而，这些物象外表夸张却内在丰实，颜色鲜艳却情感隽永，动作稚拙却神态昂扬，整体意境和谐崇高、沉稳自然，代表了陕北民众浪漫为怀、现实功用的审美态度。在画面内容选取和塑造上，安塞农民画家通常着眼于农家事物、田野生活，他们通过抽象、简化、虚构、夸张等创作笔法，把一幕幕鲜活的瞬时之景绘制成永恒，古朴而不失大气，浪漫而不失典丽。譬如，在安塞农民画《牛头》中，作者以饱满的构图、热烈的色彩，塑造出一头温和、忠厚的老黄牛形象。牛在农民心中是一种吉祥的动物，踏实肯干、任劳任怨。作者在绘制牛的形象时，只选取了牛的头部进行描摹，硕大的牛头上施以或曲或直、或明或暗的粗细线条，牛角弯曲，呈优美自然的弧线，两只可爱的牛犊伴随在母牛两侧，三牛合力，牛气冲天，整幅画作充满了旺盛的生命活力与积极的生活态度。在《回娘家》中，作者有意无意地借鉴了莫言《红高粱》的故事，画面中，新娘骑着毛驴行走在田间小道上，两侧的高粱火红透亮，新郎上前寒暄，却被毛驴甩脚横踢，画面幽默生动、活泼有趣。在《陕北说书人》中，说书人眼睛用一只美化的昆虫来代替，听书者不画人，而是用可爱的猫、狗、鼠等动物来充当它们一个个听得全神贯注、如痴如醉，画面自然和谐、妙趣横生。

陕西户县（现为西安市，不再赘述）的民间绘画同样驰名华夏大地。据考证，户县农民画起源于民俗绘画，与当地戏剧、民间社火、龙灯等民间艺术一脉相承，流传至今。户县农民画是典型的西北风情的民间绘画艺术，它不同于江西永丰、上海金山等南方农民画的清丽婉约、浪漫抽象，也有异与山东日照、河南内黄等北方农民画的自然夸张、浑厚质朴。

图 5-2-2　户县农民画　张青义《秋色》

　　户县位于陕西省西安市西南部，绘画传统继承了古城长安久远的历史文化传统，容纳古今，包罗万象。首先，户县农民画造型刚直古朴、饱满厚实，构图形神兼备，让人联想到厚重洗练的兵马俑以及粗犷嘹亮的信天游。如张青义的《金色六月》中，在大片大片金黄色的麦浪下，三五农民神情自然、目光坚毅，忙碌在丰收的浪潮中。刘志德的《老书记》中，一位年长的村支书一边捧书静读、一边举手点烟，形象地描绘出了基层干部勤奋好学的光辉形象。其次，户县农民画画笔浪漫稚拙，西北乡土生活气息浓郁，具有强烈的地域性和艺术感染力。譬如，张青义的《黄土高坡》中，轻便的小毛驴、数量众多的窑洞、戴白羊肚头巾的陕北农民，诸种物象交织在一起，汇聚成一幅典型的西北乡村风情画卷。李克民的《高原打井》中，长长的画卷上，顶部隐约露出一小片蓝氏，在画面最底端是刚刚打出的井水，作者用绿色加以渲染，而厚厚的黄色沙土占据了大部分篇幅，与画中渺小的人物形象形成被吞噬、被挤压的感觉，道出了西北大地严酷的生态环境，似乎在诉说着千百年来人们对自然的不懈抗争和震撼人心的求生本能。

　　总而言之，西北地区的民间绘画多采用白描形式，构图简洁饱满、形神兼具，追求色彩、线条和尺寸的和谐统一，整体画风厚重朴实、气韵生动，粗犷里蕴含细腻，稚拙中流露真情，反映了西北农民对自然生命的赞美和对乡土生活的眷恋，格调积极向上、刚健有为，处处洋溢着时代农民纯朴、善良和豪迈的本色，具有较高的艺术品位和审美价值。

（四）从原始祭礼到民间艺术：乡间傩戏的演进历程

上古时期，人们对大自然知之甚少，认为万事万物均由神明或上苍左右，日月星辰、风雨雷电、山川林岳、土地社稷皆有所属，祭奠神灵、祈求庇佑成为人们一项重要的精神文化生活。在祭祀活动中，民间出现了一种驱鬼逐疫、拜祭神灵的傩祭，唱唱跳跳的歌舞表演成了其中的必然环节。宋代以后，傩舞"开始演变成迎神赛会中娱神和人们自娱的文艺活动"。后来傩舞在歌舞艺术基础上逐渐增加了故事情节设置，丰富了表演内容，拓宽了表演形式，傩舞向傩戏转化。直至今日，傩戏依然流行在我国长江、黄淮流域的广大农村地区。在不同地区，傩戏名称不一，如傩堂戏、端公戏、师道戏、僮子戏等。其中，绝大多数傩戏表演的祭祀性逐渐弱化，甚至有的已脱离了祭祀仪式，演化为一种民俗活动，一种乡村戏曲艺术，如池州傩戏（贵池傩）、武安傩戏已成功入选第一批"国家级非物质文化遗产名录"。

贵池傩戏是安徽省一种古老的地方民间名剧，每年农历正月初，贵池的乡村百姓忙碌在傩戏的海洋里。贵池傩戏表演通常以乡村宗族为单位，演员和观众均为本宗族成员，他们准备道具、商讨剧本，梳妆打扮一番后，即开始登台演出。明嘉靖《池州府志》对贵池傩戏有较详细的记载："凡乡落自（正月）十三至十六夜，同社者轮迎社神于家，或踹竹马，或肖狮像，或滚球灯，妆神像，扮杂戏，震以锣鼓，和以喧号。群饮毕，返社神于庙。"

今天的贵池傩戏演出剧目通常分为两类，一类是以悦神为目的的傩舞，如《舞伞》《打赤鸟》《魁星点斗》《舞古老钱》《舞回回》《舞滚灯》和《舞芭蕉扇》等十余种。另一类是正戏演出，它由完整的演唱、道白和故事情节组成，常演剧目有《和番记》《孟姜女》《摇钱记》《陈州粜米》《花关索》和《薛仁贵征东》等。其剧目一般唱多白少，唱腔由正腔和小调两大类组成，正腔类唱腔粗犷朴实，小调类唱腔吸收了当地的采茶戏、劳动号子和莲花落等民间语调，欢快流畅，民歌风味浓郁。演唱时，在锣鼓的伴奏下，演员多以当地方言进行说唱，生动朴实，自然活泼。在说唱环节，演员有时会加入对唱和帮腔，台上台下应和，气氛十分热烈。观看贵池傩戏，你会为这既粗朴又浓烈、既神秘又奔放的美所折服。余秋雨曾实地考察过贵池傩戏，他说：

开始是傩舞，一小段一小段的。这是在请诸方神灵，请来的神也是人扮的，戴着面具，踏着锣鼓声舞蹈一回，算是给这个村结下了交情。神灵中有观音、魁星、财神、判官，也有关公。村民们在台下一一辨认妥当，觉得一年中该指靠的几位都来了，心中便觉安定。于是再来一段《打赤乌》，赤乌象征着天灾；又来一段《关公斩妖》，妖魔有着极广泛的含义。其中有一个妖魔被迫，竟逃下台来，冲出祠堂，观看的村民哄然起身，也一起冲出祠堂紧追不舍。一直追到村口，那里早有人燃起野烧，点响一串鞭炮，终于把妖魔逐出村外。村民们抚掌而笑，又闹哄哄地涌回祠堂，继续观看。接下来是演几段大戏。有的注重舞，有的注重唱。舞姿笨拙而简陋，让人想到远古。由于头戴面具，唱出的声音低哑不清，也像几百年前传来。

事实上，贵池傩戏不是横空出世的，它与历史上以及同时代的戏曲皆有深厚的渊源。特别是在戏曲剧目、演员演出等部分，贵池傩戏深受古代杂剧、村俚歌谣、南戏、变文以及词话的影响。有学者专门研究了贵池傩戏的剧目与其他戏曲的关联："通过对贵池傩戏剧目现存情况进行考察，可以明显发现其中的世代累积性现象——即许多不同时期不同戏曲样式的剧目，在贵池傩戏中都找到相对应的剧目。比如徐渭提到的'宋元旧篇'南戏剧目，在贵池傩戏中除《和番记》外，还有《孟姜女》；来源于元明间的'说唱词话'的剧目有：《花关索》《陈州粜米》《薛仁贵征东》《童文选》等等。它们不仅在内容和形式上接近过去的作品。"

随着贵池傩戏与其他戏曲的深度"互文"，贵池傩戏的剧目变得日益丰富，唱腔的戏剧性逐步增强，艺术表现力进一步加大，形成了融音乐、舞蹈、说唱、武打等为一体的综合性戏曲表演艺术。这种综合表演艺术既保留了部分原始宗教仪式的神秘色彩，人物面具狰狞夸张，法事动作规范严谨，整体氛围庄重肃穆；同时也带有当代民间戏曲的美学特征，唱词淳朴生动，动作豪放自由，剧情扣人心弦，具有极大的艺术震撼力。

四、乡村美学的核心内容

乡村社会的一个主要特征是，生于斯、死于斯的人们几乎面临着基本相同的人生课题，虽然时代的变迁和朝代的更替可能带来一些变化，但这些变化并不能从根本上改变诸如衣食住行、生老病死等基本课题，其中每个人所使用的生活经验和生命智慧也常常不是自己单个人以及某一临时成立的集体单独发明创造出来的，往往是依靠自祖上以来便广为流传甚或诉诸集体意识的乡村谚语深刻切入人们内心深处的集体无意识形式而得以潜移默化发生作用的。费孝通指出："在这种不分秦汉，代代如是的环境里，个人不但可以信任自己的经验，而且同样可以信任若祖若父的经验。一个在乡土社会里种田的老农所遇到的只是四季的转换，而不是时代的变更。一年一度，周而复始。前人所用来解决生活问题的方案，尽可抄袭了作自己生活的指南。愈是经过前代生活中证明有效的，也愈值得保守。"

真正的乡村美学并不致力于建构一种概念范畴和知识谱系，更不执着于建构一种理论框架甚或理论体系，而是尽可能忠实地搜集罗列和展示一些事实。如维特根斯坦这样写道："哲学只把一切都摆在我们面前，既不作说明也不作推论。""哲学家的工作就在于为一个特定的目的搜集提示物。"虽然不能说乡村的每一个人都是哲学家，但他们并没有放弃对大自然的认真观察和深入思考，也没有放弃对大自然奥秘和人生道理的深刻反省和全面总结，他们更没有放弃祖祖辈辈日积月累的无穷实践检验和生命验证，而且这些实践检验和生命验证并不仅仅存在于他们的所谓专业实践和专门论证之中，更存在他们的日常生活行为和方式之中。他们中的每一个人实际上都是用自己的整个生活乃至生命，以及世世代代的生活乃至生命在实践和验证着其哲学观察和感悟乃至生活经验和生命智慧。乡村美学的核心内容是将这些经过祖祖辈辈、世世代代实践和验证的哲学观察和感悟乃至生活经验和生命智慧尽可能忠实地搜集和罗列出来。

乡村美学的核心内容只是搜集罗列和展示基于动物性本能的衣食住行，基于文明发展最核心课题的生老病死，以及基于见素抱朴、复归自然的春夏秋冬之类乡村生活的本来面目。围绕基于人类动物性最原始本能的衣食住行，基于人类文明发展的最本质课题的生老病死，以及基于源于自然又回归自然之最终归宿的春夏秋冬来全面描述人们的日常生活方式及其民间表征和美学智慧。这不是无源之水、无本之木，更不是一时的心血来潮。在威廉斯看来，关于文化的定义大概有三种分类：第一种是理想的，是人类根据某些绝对或普遍的价值而追求自我完善的过程；第二种是文献的，是借助思想性或想象性作品记录下来的人类思想和经验；第三种是社会的，是包含在艺术、学识、制度和日常行为乃至特殊生活方式中的某些意义和价值。

虽然威廉斯是对文化的定义进行梳理，但这一梳理也准确阐述了文化的三个层面。第一层面作为理想的文化，是渗透于每一民族甚或地域的人们的集体无意识中的文化，这种文化常常是百姓日用而不知的，是任何一种文化之最原始、最持久、最精妙、最核心的部分，是不能用语言文字记载却常常作为人们的集体无意识得以传承和绵延的文化。第二层面作为文献的文化，是能用语言文字记载且已经用语言文字记载了的文化，是人们能借助文化典籍加以系统学习和掌握的文化。第三层面作为社会特殊生活方式的文化，是存在于人们衣食住行等日常生活之中，能用语言文字记载但尚未用语言文字记载，是某一历史阶段的人们能直接感知和体验，但由于尚未用语言文字加以记载而常常被遗忘甚或失传的文化。作为理想的文化，涉及民族集体无意识，往往因被重新发掘而有意义；作为典籍的文化，关涉民族典籍的传播与传承，往往因被重新阐释而有意义；作为社会特殊生活方式的文化，关系民族特殊日常生活方式，往往因被重新梳理和记录而有意义。而且作为理想的文化存在于世代相传的民族集体无意识之中，即使不及时加以研究，仍然可能完整且神秘地存在于这一民族每一个人根深蒂固的无意识之中，仍有历久弥新的生命力；作为典籍的文化，见诸文化典籍的文字记载，即使不进行及时阐释，如果这一典籍本身没有失传，仍有重新加以研究的可能；但作为特殊生活方式的文化，却只见诸人们的普通日常生活，往往可能因为生活于这一时代这一地域人们的逐渐逝去，不再会有人以见证者身份去发现、梳理和复原往昔的日常生活方式，即使后来确实有人试图发现、梳理和复原这些日常生活方式，但限于各方面条件不可能直接感受和获取这些材料，因此难免存在诸多生疏和隔膜之处。乡村美学虽然可能涉及民族文化理想的重新发掘、相关文化典籍的重新阐释，但更多还是特殊生活方式的记录和重新梳理。尤其在当前中国普遍面临乡村的日益严重衰败甚或衰亡的情况下，记录和重新梳理往往显得比历史上任何时候都更加紧迫和必要。

从这个意义上讲，系统记录中国乡村基于人类动物性最原始本能的衣食住行，基于人类文明发展的最本质课题的生老病死，以及基于源于自然又回归自然之最终归宿的春夏秋冬等方面特殊生活方式的价值和意义，会远远超过对文化精神的发掘和文化典籍的阐释。因为见诸春夏秋冬四季变化，以至生生而有条理的宇宙规律，所关涉的不仅是天地运行大道，而且是人类对世界的最高认识和感悟；也正是基于这一最高认识和感悟，才能法天象地，才能道法自然，才能借助天地自然大道总结出人生之道。人生之道离不开衣食住行和生老病死，衣食住行和生老病死都是事关动物性的特征，但生老病死常被人们赋予更多形而上的人生之道，有诗书礼乐文化的成分，至少人类所体会和感悟的生老病死往往有着不同于一般动物意义，在很大程度上脱离了蒙昧和野蛮的文明特征和内涵，特别是人类所约定俗成的关涉生老病死的一些庆典和祭祀仪式等更非出自人的动物性本能，以及先天遗传，好多显然是人们经过家庭熏陶、学校教育和社会影响的潜移默化，以及后天的刻苦学习和训练所获得的生命意识，至少人类赋予其自身生老病死之不同于其他动物的文化意蕴，将这些文化意蕴仪式化等显然必须经过后天不断灌输和学习训练才能获得。如迪萨纳亚克所说："人类的仪式是文化的，也就是说，它是习得的，而不是天生的。人类有意表演庆典，而不是像鸟儿筑巢或唱歌那样出于本能。然而，在仪式的表演之下，我相信潜藏着类似于使其特殊的一种天生的人类行为倾向。"至于衣食住行等最基本需要则很大程度上是动物性机能，特别是将其作为最后和唯一终极目的、并诉诸物质器皿乃至日常用品的时候更是如此，虽然人们也可能会赋予其一定文化元素，但就其最基本层面而言，仍然很大程度上带有动物性的形而下特征。诸如春夏秋冬以及相关二十四节气等仅仅是一种自然现象，但对诸如此类自然现象特别是一年四季及其二十四节气的认识却彰显着人们对自然规律之最独具创造性的把握能力。当人们能将其一生婴幼儿、青少年、壮年、老年四个时期的生命节律与一年四季生、长、收、藏的自然节律相统一，并将其节日化、仪式化、同一化，一直成为百姓日用而不知的生活方式时，所体现的便不仅仅是一种认识和把握能力，更是一种生命智慧，以及是人类可能达到的最高生命境界。

乡村美学在记录和呈现衣食住行、生老病死和春夏秋冬等方面的乡村特殊生活方式的基础上，进而关注乡村民间文学尤其谚语这一最基本的文化载体，借以发掘和表彰一个民族寓于最基本生活方式，及谚语歌谣等民间文学之中的最根深蒂固的集体无意识。人们完全可以有理由说，研究乡村比研究城市更利于把握一个民族文化精神，研究某一地域某一村庄的民歌尤其谚语比研究某一时髦作家的文学创作更利于把握一个地域一个乡村人们的文化命脉。这似乎是一个颠扑不破的真理。人们也许以为这是一个相当偏激的看法，其实任何一个民族的各种特征确实最大限度地存在于各自民族相沿已久的民间诗歌和民间谚语之中。黑格尔注意到民歌所具有的民族特征，他这样写道："民族的各种特征主要表现在民间诗歌里，所以现代人对此有普遍的兴趣，孜孜不倦地搜集各种民歌，想从此认识各民族的特点，加以同情和体验。"相对于民歌，其实谚语的概括更精辟、更富于哲理，可以说是各自地域的人们祖祖辈辈相沿成习的生活经验和生命智慧的结晶，其中所蕴含的生活经验和生命智慧并不仅仅经过了一代人的检验和证实，甚至经过了祖祖辈辈的检验和验证，比较而言常常比任何单纯的学者终其一生所获得的经验和智慧更经得起考验和检验。

第三节　乡村艺术美的承载

一、乡村舞蹈的美学意蕴

舞蹈是人类历史上最古老的艺术形式之一，它以富有韵律性和节奏感的形体动作表现人类的思想，表达人们难以用语言表达的情感。《毛诗序》云："情动于中而形于言，言之不足，故嗟叹之，嗟叹之不足，故咏歌之，咏歌之不足，不知手之舞之、足之蹈之也。"这种"足之蹈之"的肢体姿态，不是简单重复的机械运动，更不是形式主义的上蹦下跳，而是一种会说话的艺术。它可以宣泄舞者情感，表达特定心理，传递出某种无法言表的审美感觉。《荀子》云："曷以知舞之意？曰：目不自见，耳不自闻也，然而治俯仰、诎信、进退、迟速莫不廉制，尽筋骨之力以要钟鼓俯会之节，而靡有悖逆者，众积意譯譯乎！"因历史文化、生活环境和传统习俗等方面的差异，不同民族的舞蹈艺术类型也千差万别、神态各异。

时至今日，每逢重大场合或重要节日，络绎不绝的乡村群众都会盛装打扮，怀着无限的热情全身心地投入歌舞的海洋。那是一场场如痴如醉的欢歌劲舞，是一幕幕如歌如画的举手投足，舞风或雄浑沉朴，或轻盈和谐，舞者或眉目传神，或衣袂飘飘，充分展示着乡土群众的精神文化风貌和乡村社会深厚的文化底蕴。这些多姿多彩的村歌社舞来自稻田原野，来自密林高原，来自江河湖沼，散发着泥土的芬芳，充盈着质朴的美感。它带给我们的不只是愉悦身心的视听盛宴，更送来一缕无尽的清新，一种绝美的向往，一股能充分领略民族风情和民间文化的神奇力量。

秧歌是中国民间广泛盛行的综合舞蹈艺术。关于秧歌的起源，通行的说法为：古时农民在插秧、拔秧等农事劳动过程中，为了减轻面朝黄土背朝天的劳作之苦，采用唱歌或手拿农具唱歌跳舞的方式缓解身体与精神的疲乏，久而久之形成了秧歌。在后期的发展过程中，秧歌不断吸收农歌、民间武术、杂技的某些艺术形式，由一般的演唱秧歌逐渐发展成为汉族民间歌舞。至清代，秧歌已在全国各地广泛流传，如清人屈大均《广东新语》载："农者每春时，妇子以数十计，往田插秧。一老挝大鼓，鼓声一通，群歌竞作，弥日不绝，是曰秧歌。"

在我国北方地区，山东秧歌独树一帜，各地莫不风行秧歌艺术，其中影响较大的有鼓子秧歌、胶州秧歌和海阳秧歌。鼓子秧歌最早被称为"打鼓子""大鼓子秧歌"或"跑秧歌"等，广泛流传于鲁北地区的商河、济阳、惠民、乐陵、阳信、临邑等县市，其中以商河县最为知名。鼓子秧歌演出前，有些地区要先举行纪念已故父老的祭祀仪式。每到正月十五晚上，鼓子秧歌队先去土地庙祭祀，队伍踏着缓慢的节拍，步伐整齐庄重，全体肃穆而行，一路上点着"路灯"从村口到土地庙，摆上供品，祭祀磕头，跳一段秧歌舞蹈后返回村里，第二天才开始正式演出鼓子秧歌。

鼓子秧歌的表演角色分为丁伞、鼓子、棒槌、探马、花角等，角色不同，演出的动作和风格也迥然各异。其中，丁伞又分为丑伞和花伞，表演时，丑伞表演者向右侧走下弧线推出，像是拉牛皮筋，柔中带刚，富有韧劲；花伞右手向右斜前方推出翻花后、收于背后，动作潇洒自如，昂首挺胸，帅气十足。鼓子借抡劲带动上身，跳转劈蹲，大起大落，粗犷奔放；棒槌在肢体运动过程中上挑下盖，左挫右擦，显得轻巧利落，表现出少年活泼好动的生活习性；而作为女性的花角，因为舞动扇绸要求双臂必须向上展开，朝前后左右抡动，以抡带动，抡起来红火有力，跑起来轻盈飘逸，和谐优美。总体而论，鼓子秧歌男性粗犷豪放，尽显阳刚之气，女性则是妩媚柔韧，富有含蓄之美。

胶州秧歌又叫地秧歌、跑秧歌，当地民众俗称"扭断腰""三道弯"。秧歌演员一般分为膏药客、翠花、扇女、小嫚、鼓子、棒槌等行当。膏药客代表商贩，对演员的能力要求较高，多由那些反应迅捷、口齿清亮、善于沟通的中老年男子担当。翠花是中老年妇女的代表，在秧歌表演中泼辣诙谐、开朗大方，非常受当地群众欢迎。扇女是舞扇的青年女性，双手持扇左右扭动、前后行走，风格细腻柔美、温柔俏丽。小嫚多为活泼俏丽的少女形象，她们穿插在秧歌队之中，身姿优美自然，动作含蓄温婉。鼓子和棒槌分别由中老年男性与年轻男性来扮演，总体表演风格粗犷豪放、利落矫健。这些行当角色组合在一起，有机搭配、密切协调，共同奉献出一场视觉与听觉的民俗文化盛宴。清人宋观炜曾写过一组赞颂胶州秧歌的诗，专门针对不同的人物行当作了精致到位的评点，现摘引如下：

膏药客

罗伞高擎笑拍肩，铃声喧处压场圆。

凭谁管领春风坠，让与壶中卖药仙。

翠花

钗荆裙布髻盘鸦，缓步长街卖翠花。

几度相逢还一笑，今年春色属谁家？

扇女

窄窄红襦稳称身，女儿妆束更怜人。

纤腰倦舞娇无力，团扇轻摇满袖尘。

小嫚

宫扇罗巾学拉花，巧将艳曲按红牙。

汗流香粉纷纷落，箫鼓喧阗日未斜。

鼓子

小鼓轻摇号货郎，当筵袖舞太郎当。

两行红粉生相妒，唐突歌场恁他狂。

棒槌

登场骤听鼓声哗，簇拥人丛面面遮。

就里阿侬偏出色，淡红袄子满头花。

胶州秧歌的表演阵式有"大摆队""十字梅""绳子头""正挖心""反挖心""两扇门"等。演出时，秧歌队时而组成整齐划一的阵仗，各色演员协调有序、边走边舞；时而组成活泼自由的队列，各色演员上摇下扭、尽情舞动。在舞蹈音乐方面，胶州秧歌音乐由十几种风格迥异的曲牌连缀而成，音乐调式以徵调式为主，以商、羽调式为辅，同时配合以打击乐演奏，常用乐器有唢呐、大锣、堂鼓、铙钹、小镲和手锣等。所以，从艺术形式上看，胶州秧歌有道具、有曲牌，演员有行当，已不再是单纯的舞蹈和歌唱，而成为某种形式活泼、内容丰富的歌舞剧。

海阳秧歌又称海阳大秧歌，是山东海阳地区流行的民间歌舞，遍布于海阳市的十余座乡镇，"在海阳每逢过年，相邻村落的乡民通常都会通过舞秧歌的形式进行拜年"。海阳秧歌是一种集歌、舞、戏于一体的汉族民间艺术形式。海阳秧歌的演出队伍一般由三部分组成，出行时排在最前列的是执事部分，其次是乐队，随后是舞队。演出时，队伍行进的步骤包括拜进、拜出，串街、走大阵，耍小场、跑阵式，演场。具体而言，拜进与拜出主要用于秧歌队与接受单位的联系和告别。串街和走大阵的目的是显示秧歌队阵容、技艺，以及进入表演场地开辟表演区域。耍小场和跑阵式为秧歌队中几种角色的重复表演和各种队形变换的默契配合，犹如众星捧月。演场则是以上几种形式的"煞板收势"。总体而言，海阳秧歌舞队庞大，结构严谨，布阵巧妙，锣鼓铿锵，鼓乐清远。风格或粗犷奔放，或婉约柔美：粗犷奔放时，宛若万马奔腾，气势磅礴；婉约优美时，恰似小桥流水，一波三折，美不胜收。

在舞蹈动作上，海阳秧歌的突出特点是跑、扭结合，舞者在奔跑中扭动，女性扭腰挽扇、上步抖肩，活泼大方；男性颤步晃头、挥臂换肩，爽朗风趣。就具体动作技巧而言，海阳秧歌要求演员全身都要"活泛"。演员依靠呼吸来调节体内气息运转，聚积内在力量，渐次作用到胸部、胯部，进而扩展到全身，从而控制着舞蹈动作的力度和幅度。男演员讲求"铺身刹架""脚底生根"，动作沉稳刚健、徐徐生风；女演员讲究面部表情优美大方、肢体动作舒展飘逸，以表现心态的活泼乐观，从而形成海阳秧歌特有的韵味和丰富内涵。

东北秧歌是流行于我国东北地区的民间歌舞艺术。每逢重大节日，东北乡村群众都会自发地组织秧歌表演和比赛。与山东秧歌相比，东北秧歌风格迥异、特色鲜明。首先，在音乐艺术方面，东北秧歌的音乐美学原则可用三个字加以概括，即顺、活、韵。"顺"意为通顺，旋律的各种变化，乐曲的连接，调性、调式的变换都要"顺"。"活"即要具有高度的即兴演奏能力，使音乐灵活多变。"韵"是韵律，它要求秧歌表演要富有韵律感。所以，东北秧歌的音乐既有火爆、热烈、欢快的特点，又有俏皮、风趣和优美抒情的特点，旋律跌宕起伏、迂回曲折，令人忘乎所以、叹为观止。其次，在服装道具上，东北秧歌队的服装色彩丰富艳丽，多以戏剧服装为主，从装束上即可判断人物角色，如有《西游记》中的唐僧、孙悟空、猪八戒和沙僧，《白蛇传》中的白娘子、许仙，还有《铡美案》中的包拯、陈世美、秦香莲等，伴着锣、鼓、镲和唢呐的轻快曲调众人纷纷上路，演出一幕幕热烈而欢快、谐趣而热情的舞蹈。最后，在舞蹈动作上，东北秧歌既有火爆、泼辣的一面，又有稳静、幽默的特点。演员动作既"哏"又"俏"，既"稳"又"浪"（欢快俊俏之意），而且"稳"中有"浪"，"浪"中有"稳"，刚柔并济，将东北农民热情质朴、乐观坚韧的性格特征挥洒得淋漓尽致。与此同时，花样繁多的手臂动作，节奏明快而富有弹性的鼓点，哏、俏、幽、稳、美的韵律，都造就了东北秧歌的独特艺术魅力。在各种舞蹈动作中，尤以踩高跷、舞龙、舞狮、跑旱船最为著名，这些动作生动活泼，技巧高超，造型优美，深受群众的喜爱。

在我国西北地区，农民群众同样有跳秧歌的习俗，其中最具代表性的当属陕北秧歌。陕北秧歌流传于榆林、延安、绥德、米脂等地，当地群众又称"闹红火""闹秧歌""闹社火"。每年春节，绥德、米脂等地的陕北农民都会组织秧歌表演，演出前他们先到庙里拜神敬献歌舞，然后在村内逐日到各家表演，俗称"排门子"，以此祝贺新春送福到家。在角色行当上，陕北秧歌主要包括伞头、文武身子和丑角等角色。其中"伞头"最为关键，他是秧歌队的领头人，通晓传统秧歌唱段，能即兴编唱新词，根据场地气氛或各家的情况出口成章。演唱时，他领唱，众队员重复他最后一句，形式简朴，词句通俗，气氛活跃，深受当地百姓欢迎。

在演出形式上，陕北秧歌分为"大秧歌"和"踢场子"两大类。大秧歌是一种在开阔场地上进行的集体性歌舞表演，规模宏大，气氛热烈。演员在锣鼓乐器伴奏下，以腰部为中心点，头和上身随双臂大幅度扭动，脚下以"十字步"做前进、后退、左腾、右跃式的走动，演员动作步调整齐、矫健豪迈，人物情绪欢快奔放；大秧歌的队形变化十分丰富，有"龙摆尾""卷白菜""十字梅花""二龙吐水"等数百种排列法。相对而言，踢场子的演出形式较为自由，一般分二人场、四人场和八人场。其中二人场为表现男女爱情生活的双人舞，参加人数为偶数，成双成对，男持彩扇，女舞彩绸，有较高难度的舞蹈动作，需展示"软腰""二起脚""三脚不落地""金鸡独立""倒挂金钩"等高难技巧，既刚健又柔美，既洒脱又细腻，既豪迈又飘逸，极富美感，充分表现了陕北农民纯朴憨厚、开朗乐观的性情。

二、乡村戏曲艺术之美

中国戏曲有正宗大戏与乡间戏曲之分，京剧、昆曲、粤剧、豫剧等属于正宗大戏，艺术体系宏大，有着固定的演出舞台、专职演员以及程式化的专业剧本和舞台道具，社会影响深远。与之相比，乡间戏曲艺术风格灵活，演出形式自由，有时草台、庙堂即可成为演出场所，广泛地流传于乡间地头、山野村社，群众基础极为广泛。明恩溥（Arthur H. Smith）在《中国乡村生活》一书中曾专门论述过中国的乡村戏剧（village theatre），他说："至今（中国）大部分农村地区戏班的演出都是在临时搭起的台架上进行的。……戏班的演员类似于古希腊的戏班子，到处流动，哪里能签约，就在哪里演出。舞台的装备就像舞台本身一样简陋。"因为乡间戏曲深深地根植于乡村百姓生活的沃土，所以其剧情内容大多反映基层民众的家长里短、生活点滴和喜怒哀乐；因为乡间戏曲大多历史悠久、文化传统鲜明，所以它可以传承古代先民遗风，映照当代农村现实；因为乡间戏曲对农民的感情最深、关照最多，所以它最能体现劳苦大众的真实思想情感与具体审美感触。"中国戏剧最有启发意义的地方就在于，可以将这种戏剧当作一种生活理论的导引，而对这种理论，大多数中国人都是坚定不移的信奉者。"在广大农民心目中，乡间戏曲不仅仅是一种文化娱乐活动，它"实际上已变成了一种文化仪典，它组织乡村的公共生活，并作为民间意识形态提供给乡民集体认同的观念、价值与思维模式"。与枝繁叶茂、华丽深邃的正宗大戏相比，乡间戏曲精妙可人、活泼隽美、土性十足，它紧密地联系着农民大众与乡土中国，是乡村社会心理的真情呈现，更是某种民族精神血脉的永续传承。

在中国广袤的乡村大地上，各民族、各地区有着数不胜数的戏曲资源，种类灿若星河，风格多姿多彩。根据地域文化与历史传统，中国乡间戏曲总体上可分为南、北两大宗派。北方乡间戏曲一般曲风粗犷，感情真挚，如秧歌戏、五音戏等；南方乡间戏曲感情饱满，风格柔媚，俏丽迷人，如广受欢迎的采茶戏、花鼓戏、花灯戏等。总而言之，这些不胜枚举的乡间戏曲，代表了劳动群众对生活的热爱、对人生的期许以及对现实的感叹，姹紫嫣红，各美其美，共同构筑起乡村百姓丰满的精神世界和富丽的艺术家园。

（一）粗豪之姿与朴实之境

秧歌最初是农民插秧、耕田时所唱的歌，它与民间农歌、菱歌有着深厚的渊源。南宋陆游《时雨》诗云："时雨及芒种，四野皆插秧。家家麦饭美，处处菱歌长。"① 诗中的"菱歌"即是江南一带农民所唱的民间小曲，属于民歌艺术的范畴。至清代，秧歌逐渐朝两个方向演变。一部分演变成规范的汉族民间歌舞形式，如流传至今的胶州秧歌、海阳大秧歌等；另一部分向民间"二小戏"（一旦一丑）或"三小戏"（生、旦、丑）发展，成为名副其实的民间戏曲，如隆尧秧歌戏、繁峙秧歌戏、定州秧歌戏、襄武秧歌戏、祁太秧歌戏和韩城秧歌戏等。

---

① 钱仲联. 剑南诗稿校注［M］. 上海：上海古籍出版社，1985.

当前，秧歌戏是中国北方广泛流行的汉族民间戏曲艺术，主要分布于山西、河北、陕西、山东等地的农村地区。

秧歌戏的表演者大多是当地的农民，他们忙时种地，闲时演出，山西襄武秧歌在清朝光绪年间就出现了半职业性的秧歌班社——十八村秧歌班，但其演员仍坚持农忙在家生产，农闲外出演出，不求戏价，管饱饭即可。山西晋中市太谷区大王堡村在清末成立了专唱秧歌的群乐社，该社规定全村每户必须出一人参加秧歌社的演出活动。清徐县尧城村舞台题壁有"光绪二十二年五月初七日祁太德盛社，首日《吃油馍》《采茶》；午《换碗》《求妻》《哭五更》；晚《翠屏山》《大观灯》《大算命》《卖豆腐》"的记载。秧歌戏形式比较灵活自由，善于刻画乡土人物，长于表现现实生活，最鲜明的美学特征是短、小、活。"短"是指戏短。秧歌戏没有成套连台的大戏、长戏，多是反映日常点滴、邻里长短的生活短戏。"小"是指角色小、演员少。有时小生、小旦两人即可上演一出戏，倘若再加个小丑，又可演成"三小戏"。"活"是指秧歌戏演出灵活自由。它的演出服装、道具较为简单，唱腔多是地方小调，道白多用地方方言，语言风趣活泼，乡土气息浓郁。尽管秧歌戏是一种地方小戏，但在角色行当、演员表演、剧情结构、人物塑造等方面，却并不逊色于正统戏剧。秧歌戏的角色行当和京剧类似，分为生、旦、净、末、丑五大类，生下又分老生、小生、武生等，旦下又分老旦、小旦、武旦等，行当齐全。虽然秧歌戏多用地方方言进行演唱，但是秧歌戏的唱腔十分丰富。我们以柏峪秧歌戏为例，柏峪秧歌戏的唱腔素有"九腔十八调"之说，常见的有"水胡""娃娃""头行板子""哭糜子""还魂片子""大清阳子""二清阳子""甩炮""秃爪龙""桂枝香""山坡羊""莲花落""二板起腔"，等等。根据不同的男女角色，有些唱腔又可分为男、女两种调式，如男水胡、女水胡，男娃娃、女娃娃，男头行板子、女头行板子等。这些种类繁多的秧歌戏腔调特点和作用各不相同。如"二板起腔"只有一句话，用于一段唱词的开头，起引序、起唱的作用；而"哭糜子"多用于表达凄苦的情绪，"还魂片子"一般用于人物临终之前的独白。

在戏曲音乐方面，秧歌戏的演唱方式一般分为三种。第一种是以唱民歌小曲为主，演出小戏一剧一曲，剧名即曲名，其中的民歌小曲统称"训调"，如有"四平训""苦相思训""高字训""下山训""推门训"等，演唱时采用板胡、笛子、三弦等乐器伴奏，代表戏种如祁太秧歌戏和韩城秧歌戏。第二种是以民歌组合与板式变化相结合，主要唱腔和板式多来自梆子腔，板式有"头性""二性""三性""介板""散板""滚白"等，代表戏种如繁峙秧歌戏和蔚县秧歌戏。第三种属于板式变化，唱腔板式分"慢板""二六""快板""散板""导板"等，演唱时用板鼓或梆击节，用锣鼓伴奏，代表戏种如定州秧歌戏和隆尧秧歌戏。

我们以定州秧歌戏①进行说明。定州秧歌戏脱胎于当地民间花会歌曲和当地民间歌舞，男女唱腔均以宫调式为主，而且没有固定调高，演员可以根据个人嗓音随意起调，同时辅以管弦乐伴奏，一板一眼，非常动听。在戏文方面，定州秧歌戏的唱词结构十分自由，少则三五字，多则二三十字，而且衬字、虚词的使用十分普遍。我们引一段《杨二舍化缘》中的唱词：

二舍唱：为何瞧看你不用？

王美蓉唱：我怕一嘴用了再瞧也瞧不着。

二舍唱：尽管吃，尽管用，百年以后给你放着。小姐比作四根弦，怀抱琵琶我懒得弹。

王美蓉唱：怀抱琵琶为何不弹唱？

二舍唱：我恐怕弹断了紫金弦。

王美蓉唱：你尽管弹来尽管唱，你要是弹断了弦，王美蓉我花钱给你接上。②

上述唱词语言质朴，衬字频出，押韵灵活，别有一番乡土气息。另外，定州秧歌戏的念白以方言为主，生活化色彩显著，有时根据戏的需要也使用韵白。如《双锁柜》中一段念白：

余氏白：咱母子往后再来的时节呢？

得水白：你要是再来的时节看见金坠儿呀，不亚如见了亲生的女儿一般！

余氏白：我与你说过，金坠儿呀，你娘舅言道，给咱十两白银从今以后，不教咱来了！

金坠白：咱要是来的时候？

余氏白：他说看见金坠儿呀，就亚如见了他亲生的女儿一般！③

五音戏是山东民间流行的地方戏曲，源自肘鼓子（或周姑子）戏。肘鼓子戏早期流行于山东南部和江苏、安徽北部，"清末与用弦乐器伴奏的

---

① 李景汉，张世文．定县秧歌选（全一册）[M]．北京：撷华印书局，1933．

② 李景汉，张世文．定县秧歌选（全一册）[M]．北京：撷华印书局，1933．

③ 李景汉，张世文．定县秧歌选（全一册）[M]．北京：撷华印书局，1933．

'拉魂腔'合流"①。20 世纪初，肘鼓子戏在山东各地广泛传播，不断发展，流传于鲁东一带的发展成为本肘鼓，高密、胶州等地群众称其茂腔；流传于鲁南一带的逐渐衍化为柳琴戏；而流传于鲁中地区的"兵分三路"发展，后来"西路"肘鼓子戏演化为今天的五音戏。

在戏曲音乐方面，五音戏的唱腔以宫、徵两种调式为主，音阶多为六声或七声，常用的曲牌有"逗歌""顶灯调""莲花落""太平年""佛门吟"等，这些曲牌大多源自当地的民间俚曲或秧歌腔，可以单独使用，贯通全戏，也可以多种曲牌混用，交替出现。如传统小戏《拐磨子》由"逗歌"曲牌贯穿全剧，《亲家婆顶嘴》专用"莲花落"进行演唱。除了曲牌唱腔之外，五音戏还广泛使用板腔体音乐，常见的有"悠板""二不应""鸡刨爪""散板"四种基本板式。"悠板"旋律舒缓、柔和，善于表现人物婉约、愉快的情绪；"二不应"唱腔一板二眼，"总是在眼上起唱，似乎前后都无照应"②；"鸡刨爪"有板无眼，腔短词密，节奏陕速；"散板"节奏自由，词格灵活，演员发挥的空间较大。

唱词的优劣或生动与否，在戏曲艺术中至为重要。五音戏作为土生土长的乡间戏曲艺术，不仅要求唱词通俗晓畅，让乡土群众听得懂、听得明，更要具有某种风趣活泼的劲儿，让老百姓听得欢、听得乐。李渔在《闲情偶寄》中说：

"机趣"二字，填词家必不可少。机者，传奇之精神；趣者，传奇之风致。少此二物，则如泥土人马，有生形而无生气。③

五音戏在戏曲唱词的"机趣"方面，走出了一条有益的探索之路。其唱词以地方俚语为主体，通过大量口语化的衬词和生动的修饰性语言，刻画出生动的人物形象，营造了灵活风趣的氛围。我们以著名的《王小赶脚》为例进行解析。《王小赶脚》的剧情并不复杂：一位名为二姑娘的农村小媳妇回娘家，遇到赶脚人王小，打算雇用他的驴，王小与之谈妥价钱后，二人一起赶路，双方你追我赶、有说有闹，最终到达目的地。在这出戏中，王小一出场即夸耀自己的小毛驴，王小唱道：

① 上海艺术研究所，中国戏剧家协会上海分会. 中国戏曲曲艺词典［M］. 上海：上海辞书出版社，1981.
② 周艺，李善昌. 五音戏研究［M］. 北京：中国文联出版社，2004.
③ 李渔. 闲情偶寄［M］. 杜书瀛，评注. 北京：中华书局，2007.

> 小黑驴（来）真喜人（儿），
>
> 蹦蹦跶跶地真有趣（儿）。
>
> 俏俏俐俐的四条腿（儿）呀，
>
> 雪里站的粉白蹄（儿），
>
> 白眼圈儿，粉鼻子（儿）；
>
> 滚圆的脊梁，白肚皮（儿）。①

王小用几近口语化的唱词将自己小毛驴可爱、伶俐又健美的形象唱了出来，而且边唱边跳，或用灵活多变的手势比画毛驴的特征，或用跺脚蹬腿的方式塑造毛驴形象。曲词平白风趣，动作活泼轻松，令人不禁联想到乡村青年天真快活的面貌，极富生活画面感。与此同时，二姑娘一出场也来了一段真情道白，这个唱段也十分有特色：

> 六月里三伏，好热的天，
>
> 二姑娘行程，奔走阳（噢）关。
>
> 婆婆家住在了二十里铺，
>
> 俺娘家住在了张家湾。　　　　　　②
>
> 我在俺婆婆家，得了一场病（呀）！
>
> 阴阴阳阳咳七八天。
>
> 大口地吃姜不觉（得）辣，
>
> 大碗里喝醋也不觉（得）酸。

这段唱词平铺直叙、浅自流畅，将一个农村小媳妇夏天得病、回娘家养病的过程深情自然地唱了出来。唱词以方言俚语为主，如"俺""俺婆婆"等山东民间俚词交替出现，听来亲切感人，极具乡土气息。与此同时，唱词的结构也很自由，少则三五字，多则八九字，押韵自然，形成散文诗般的句式结构，活泼又不失工整，自由又不失规严。在演唱的过程中，二姑娘以轻盈柔媚的动作配合，或用手指悄悄比画，或用手绢含羞遮面，或用舞步来回轻踱，让人不禁喜欢上这位性格开朗、温柔乖巧的农村小媳妇。在《王小赶脚》这出戏中，王小的刚健活泼与二姑娘的妩媚俊俏形成了鲜明的对比，二人刚柔并济、阴阳相合，热烈中蕴含平寂，细腻中不失潇洒，是一出酸甜兼备、生动风趣的农村生活剧。

道情也是乡村广为流传的一种曲艺类型。从其字面含义即可得知，它

---

① 淄博市五音戏研究会. 五音戏剧本选［M］. 济南：山东文艺出版社，1989.

② 淄博市五音戏研究会. 五音戏剧本选［M］. 济南：山东文艺出版社，1989.

与道教千丝万缕的联系，"道情起源于唐代道曲，为道士传道和募化时所唱的歌曲"①。后来，道情沿着多条路线发展。一条是道情诗歌，可歌可唱，如清人郑板桥用"耍孩儿"调写的一组《小唱》（又名《道情十首》），现列举一首：

老渔翁，一钓竿，靠山崖，傍水湾，扁舟来往无牵绊。沙鸥点点轻波远，荻港萧萧白昼寒，高歌一曲斜阳晚。一霎时波摇金影，蓦抬头月上东山。②

另一条线路是诗赞体的"说唱道情"，用渔鼓、简板伴奏，多在中国南方地区流行。清人李斗《扬州画舫录》卷十一载："大鼓书始于渔鼓、简板说孙猴子，佐以单皮鼓、檀板，谓之'段儿书'。"③ 其中，"渔鼓、简板说孙猴子"即用道情的形式说唱《西游记》孙悟空的故事。还有一条线路是"戏曲道情"，即用曲牌体的形式进行说唱、表演的戏曲艺术，在中国北方地区的民间广为盛行，其中影响较大有临县道情戏、太康道情戏、神池道情戏、洪洞道情戏等。道情戏早期的剧目内容多围绕道教展开，宣扬道教教义，推崇升仙化道、修贤劝善，如《经堂会》《高楼庄》《小桃研磨》等。后期，道情戏趋于生活化、平民化，出现了诸如《老少换妻》《打灶君》《顶灯》《打刀》等反映民间生活的戏曲类目。

在戏曲音乐方面，道情戏的唱腔为连缀式的曲牌体。以晋北道情戏为例，其常用的曲牌有"耍孩儿""西江月""红袍"等，其中"耍孩儿"曲牌又细分为"正耍孩儿""反耍孩儿""苦耍孩儿""抢耍孩儿"等变体。"正"表示用正调演唱，一般用正调演唱的曲调为商字调；"反"表示用反调演唱，一般用反调演唱的曲调为徵字调；"苦"用以表达愁苦、凄凉的情绪；"抢"用以表达唱腔结构的喜悦轻快，类似"抢"一般的速度。总之，道情戏唱腔丰富，山西民间百姓有着"道情九弯十八调，几个调调一大套。套套里头有弯弯，弯弯里头有调调"的谚词，其多姿多彩的风韵由此可见一斑。与此同时，道情戏的伴奏乐器颇具特色，文场有笛子、四胡、板胡等，武场有渔鼓、简板、小钹、木鱼等。音乐风格既有粗犷、豪放、低沉的一面，散发着刚健激越之美；又有婉约、秀气、隽永的一面，散发着温和蕴藉之美。种种美交织在一起，广泛流传于民间的道情戏鼓荡

---

① 胡乔木，姜椿芳，梅益. 中国大百科全书·音乐舞蹈卷［M］. 北京：中国大百科全书出版社，1989.

② 王锡荣. 郑板桥集详注［M］. 长春：吉林文史出版社，1986.

③ 李斗. 扬州画舫录［M］. 北京：中华书局，1960.

着强劲厚实的生命活力，诉说着淳朴和谐的乡村哲学。

（二）江南采茶与花鼓艺术

与北方豪情激扬的秧歌戏、道情戏相比，南方的乡间戏曲更趋向于婉约抒情、清爽通透，其中最具代表性的当属采茶戏。江南一带，气候湿润，土地肥沃，交通便利，自古以来就是我国重要的茶叶种植、贸易区域。相传，明清时期，每逢谷雨季节，赣南茶区的农村妇女都会上山采茶，她们一边采茶一边哼唱山歌，清人曾燠在《江西诗征》中说："江西妇女春日采茶，编歌联臂唱和，诸郡间有异同。"① 久而久之，这种轻松活泼、委婉抒情的山歌愈传唱愈广，并被冠以"采茶歌"的名称。曾燠记录了几首江西民间的采茶歌，如：

> 春日采茶春日长，白白茶花满路旁。
> 大姊回家报二姊，头茶不比晚茶香。
>
> ——广信采茶歌
>
> 南山顶上一株茶，阳鸟未啼先发芽。
> 今年姐妹双双采，明年姐妹适谁家。
>
> ——武宁采茶歌②

这些采茶歌多为四句唱词的民间小曲，简单易学，随口即唱，既能鼓舞劳动热情，又可含蓄表达采茶女的细腻情感，极为动听。当时，有学者认为江南民间的采茶歌堪与《诗经》中的十五国国风相媲美，如清人刘献廷《广阳杂记》卷四载："旧春上元，在衡山县曾卧听采茶歌。赏其音调，而于词句懵如也。今又来衡山，于其土音虽不尽解，然十可三四领其意义，因之而叹古今相去不甚远，村妇稚子口中之歌，而有十五国之章法。"③ 就在此时，民间也出现了一些由采茶小曲组合而成的采茶歌联唱，如《十二月采茶歌》把十二首采茶曲连缀在一起，渐次演唱，整体效果非同凡响：

> 正月采茶梅花开，无情无义蔡伯喈。
> 苦了妻儿赵氏女，麻裙包土筑坟堆……
> 十二月采茶蜡梅开，蒙正当初去赶斋。
> 苦了窑中千金女，忍饥受饿等夫来。④

---

① 黄建荣. 抚州采茶戏发展史［M］. 北京：中国戏剧出版社，2007.
② 黄建荣. 抚州采茶戏发展史［M］. 北京：中国戏剧出版社，2007.
③ 刘献廷. 广阳杂记［M］. 北京：中华书局，1957.
④ 赵景深. 中国戏曲丛谈［M］. 济南：齐鲁书社 1986.

随着采茶歌影响力的与日俱增，在元宵节灯会期间，江南乡间逐渐流行边舞花灯、边唱采茶曲，"采茶灯"自此诞生。如清人李调元《南越笔记》载："粤俗岁之正月，饰儿童为采女，为队十二人，人持花篮，篮中燃一宝灯，罩以绛纱，以缗为大圈，缘之踏歌，歌《十二月采茶》。"① 采茶灯是一种歌舞艺术，由姣童扮成采茶女，手持花篮，边唱边舞，常用的唱调有"茶黄调""摘茶歌""报茶名"等。后来，采茶灯的舞蹈趋于程式，并加入了相应的故事情节，而舞蹈演员也获得了特定的身份角色，由二旦一丑或一旦一丑组合表演，"采茶戏"就此诞生。

在戏曲音乐方面，采茶戏的唱腔分为曲牌体和板腔体两大类。例如，赣南采茶戏中的"茶腔""灯腔""路腔""杂调"即属于曲牌体唱腔。"茶腔"是赣南采茶戏的主要声腔，它节奏简洁明快，旋律优美动听，富有浓厚的田园乡野风情；"茶腔"常用的曲牌有"斑鸠调""牡丹调""倒茶调""打鞋底"等。"灯腔"主要是灯戏的唱腔，它声音高亢粗犷，旋律跌宕起伏，再配以唢呐和锣鼓的紧密伴奏，气氛活跃，场面热烈；"灯腔"的常用曲牌有"报茶名""春谷雨""梳妆"等。"路腔"是赣南采茶戏的外来腔调，多在演员过桥、赶路、步行等桥段中使用，曲风轻松自由、活泼风趣；"路腔"的唱词衬语较多，演唱灵活，非常适合表现人物丰富、细腻的内心情感。如：

小子走在路途上（哪哪合咳，哪哪合咳，衣衣哟哪合咳哟），

一心一意往前走（衣呀衣合咳，咳合咳，衣衣哟），

小子往前走，走在路途上（哪合咳）。②

衬语的大量使用丰富了采茶戏的艺术表演魅力，使戏曲艺术更具生活化和大众化。"杂调"源于民间小曲，在采茶戏音乐中穿插使用，点缀情趣，烘托氛围；常用的曲牌有"秧麦调""扳笋调""卖棉纱调"等。抚州采茶戏的唱腔有曲牌体和板腔体两种。在板腔体唱腔方面，抚州采茶戏一般包括本调、抚调、单台调和川调四种。其中，本调是最基本、最主要的腔调，是上下句结构的徵调式唱腔，如有"正板""简板""叠板""快板""倒板""摇板""哭头"等板式。抚调是当地特有的腔调，属于上下句结构的宫调式唱腔，根据男女角色不同，又可分为生抚调、旦抚调、丑抚调等。单台调是抚州采茶戏最古老的腔调，其唱腔徵调式和宫调式兼而有之。川调源自四川的"梁山调"，后与本地调式结合发展而成。川调最

---

① 李调元. 南越笔记［M］. 北京：中华书局，1985.

② 曾泽昌，曾庆池. 赣南客家采茶戏剧作艺术概论［M］. 北京：中国戏剧出版社，2004.

大的特点是讲究对称，唱句不但要求结构一致、腔节相合，而且每个腔节之间的弦长也相对均等。

在戏曲内容方面，江南采茶戏的剧情一般有三大来源。第一，改编自神话传说、民间故事、历史人物典故等。如南昌采茶戏《唐伯虎点秋香》《董小宛》《武松杀嫂》等，粤北采茶戏《牛郎织女》《刘三姐》《红叶题诗》等，高安采茶戏《孟姜女》《山伯会友》等。第二，取材于现代民间生活或真人真事。如粤北采茶戏《刘介梅》《玛瑙山》《血榜恨》等，赣南采茶戏《山歌情》《长长的红背带：献给客家母亲的爱》《快乐标兵》等。第三，移植于其他剧种剧目。如九江采茶戏《逃水荒》改编自黄梅戏，抚州采茶戏《白兔记》《二度梅》来自宜黄戏。

总体而言，采茶戏作为一种地方民间戏曲，剧情更多的是关注广大基层群众的喜怒哀乐以及他们日常的劳动过程和生活片段。如表现农耕生活的南昌采茶戏《秧麦》、抚州采茶戏《三伢子锄棉花》，表现乡村货郎担生活的南昌采茶戏《卖杂货》，表现乡间民俗活动的赣南采茶戏《耍香龙》等。除此之外，采茶戏的舞台表演也充满了浓郁的乡村生活气息，如戏曲演员常常做出采茶、划船、筛米等农事劳动的动作，舞台上常常出现的篮子、锄头、扁担、箩筐等戏曲道具，演员表演时频频道出的乡土谚谣、民间土语等戏曲台词。

这些剧目多将视角投向普通百姓的日常生活，注重表现乡土小人物的生活点滴，没有大风大浪、海誓山盟的激烈，也没有文武双全、一言九鼎的伟大，他们是农村再平凡不过的老百姓，他们的生活简单、真实，他们的心态坚韧、执着，他们的语言朴实无华、生动畅快。李渔在《闲情偶寄》中说："诗文之词采，贵典雅而贱粗俗，宜蕴藉而忌分明。词曲不然，话则本之街谈巷议，事则取其直说明言。"① 戏曲的词句是街谈巷议，而民间语言的丰富性、原真性充实到戏曲剧本中后，艺术效果不但没有因粗鄙的街谈巷议而削弱，反而产生了意想不到的艺术效果。事实上，与正宗大戏相比，地方民间戏曲最大的特点即是方言俚语的使用。口语化的唱词、方言式的对白，既能彰显地方戏曲的"土性"，拉近与当地群众的距离，消弭观众心理上的差异感，又能刻画出鲜活的人物形象，使剧中人物自然真实、个性丰富，营造出完满、独特、真实的戏曲审美感受。

与采茶戏相比，花鼓戏也是一种广泛流行于南方乡间的戏曲艺术，特

---

① 李渔. 闲情偶寄［M］. 杜书瀛，评注. 北京：中华书局，2007.

别在湖南、湖北、安徽南部等地区，颇受当地农民欢迎。各地花鼓戏风格独特、特色鲜明，其中较为知名的有长沙花鼓戏、岳阳花鼓戏、衡阳花鼓戏、邵阳花鼓戏、常德花鼓戏、零陵花鼓戏、荆州花鼓戏、皖南花鼓戏等地方剧种。

湖南花鼓戏是在民间歌舞地花鼓、花灯等的基础上发展而来。后来经过乡村艺人的加工和创造，简单的歌舞艺术发展为有说有唱、有一定动作和故事情节的初级戏曲艺术——"二小戏"。"二小戏"的演员只有一旦一丑，人物少，唱词和道白通俗易懂，唱腔类似于民歌小调，欢快明朗、活泼清爽。在戏曲动作方面，小旦手拿手帕，边唱边舞，小丑手执花扇，屈膝矮步、围绕小旦打转，表演动作活泼风趣，歌舞意味浓郁。"二小戏"的故事情节比较简单，或表现平凡的农村生活，或描绘乡村青年男女的感情，抒情色彩强烈，喜剧意味浓厚，充满了泥土的芬芳，代表作有《扯笋》《扯萝卜菜》《捡菌子》《捉泥鳅》《放风筝》等。"二小戏"发展到后期，角色行当逐步扩充，随着"打锣腔""川调"等唱腔的加入，花鼓戏的戏曲音乐更加丰富，剧目也从原来以小戏或对子戏为主，逐渐变为扮演故事完整的本戏，成为一种表现力丰富、生活气息和地方特色浓郁的地方戏曲剧种，代表剧本有《刘海砍樵》《打鸟》《山伯访友》《菜园会》等。清朝同治年间，长沙人杨恩寿在其《坦园日记》中，详尽地记述了他在永兴农村观看花鼓戏的盛况，他说：

泊西河口，距永兴二十余里，对岸人声沸腾，正唱花鼓词。楚俗于昆曲、二簧之外，别创淫词，余固久知之而未见也……余至，正演次出之半，不识其名。有书生留柳莺婢于室，甫目成而书僮至，仓卒匿案下。书生与僮语，辄目注案下，案下人亦送盼焉。僮觉，执婢，书生羞而遁。僮婢相调，极诸冶态。台下人喝彩之声，几盖钲鼓，掷金钱如雨。柳莺流目而笑，若默谢云。[1]

杨恩寿所观看的花鼓戏，有书生、书僮、柳莺、柳莺婢四个角色，人物又歌又舞，又说又唱，无论肢体动作还是面部表情都极为生动，"台下人喝彩之声，几盖钲鼓"。

在戏曲音乐方面，湖南花鼓戏的唱腔可分为"小调""打锣腔""牌子"和"川调"四类。"小调"有民歌小调和丝弦小调之分，民歌小调的曲牌有"洗菜心""望郎调""十盏灯"等，曲调欢快明朗，旋律流畅悠

---

① 杨恩寿. 坦园日记 [M]. 上海：上海古籍出版社，1983.

扬；丝弦小调因丝弦乐器而得名，节奏明快，曲风清新自然。事实上，早期的湖南花鼓戏唱腔主要采用"小调"的形式，结构简单、自由，非常适合歌舞表演。譬如，邵阳花鼓戏《打鸟》中，除了两支"走场牌子"之外，其余唱腔几乎都采用"小调"的方式，极富乡土风韵。"打锣腔"又称锣腔，演唱形式为一人启口、众人帮和，演员清唱、锣鼓随腔。整体乐风粗犷爽朗、豪壮激越。"花鼓戏"的牌子有"走场牌子"和"锣鼓牌子"，"走场牌子"主要来源于湖南民歌，演唱时有较丰富的衬词，音调悠扬动听；"锣鼓牌子"多用唢呐、锣鼓伴奏，曲调欢快、轻盈。"川调"是湖南花鼓戏最常用的曲调，常用曲牌有"十字调""采茶调""阳雀调""西湖调"等。演唱时多由大筒、唢呐等乐器伴奏，曲调由过门乐句与唱腔乐句组成，调式、旋律变化丰富，曲风动感活泼，极具表演张力。

在戏曲剧本方面，湖南花鼓戏涉及民间生活的方方面面。早期的花鼓戏重在表现乡村百姓的平凡生活，农民的日常劳动过程，诸如浇园、饲鸡、砍柴、打铁、摸泥鳅、放风筝、捉蝴蝶等，在花鼓戏中都有所体现。譬如，常德花鼓戏《唐二试妻》中的小旦纺纱的逼真动作，《南庆犁田》中小丑赶牛下田的表演，《蓝桥会》中旦角汲水等环节，都极为细腻真实。再如，衡州花鼓戏《采莲》《磨豆腐》等戏中划船、磨豆腐等动作，都是根据实际生活加以提炼和美化的舞蹈动作，细腻朴实、生动传神，富有生活美感。除劳动生活之外，花鼓戏对农民群众的精神生活、情感世界也有较多关注。具体而言，有的剧目是赞美纯真的男女感情，如《打鸟》中猎户三毛箭与村姑毛姑娘的爱情，《放风筝》中陈凤英对书生的追思等；有的剧目是批判不合理的家庭伦理关系，如《小姑贤》《古丁看妹》等；有的剧目是揭露社会的黑暗，劝人弃恶从良，如《戒洋烟》《接姨娘》等。

花鼓戏发展到后期，逐渐与其他剧种相互融合，并大量吸收了民间故事、神话传说中的相关题材，剧情更加丰富，艺术风格更加完备。湖南花鼓戏的经典剧目《刘海砍樵》即取自刘海戏金蟾的民间传说。刘海父亲早逝，老母失明，家贫无妻，独身一人砍柴卖钱以赡养母亲。一日，刘海上山砍柴，遇到年轻俊美的姑娘胡秀英；她本是只得道狐狸，后修炼成人形，见刘海勤劳善良、孝顺实在，便以身相许、与之成亲，最终二人喜得圆满。具体而言，双方的关系经历了如下阶段：女方一见钟情—男方坦诚相拒—女方软磨硬泡—男方允婚—喜结连理。

连续的故事、生动的剧情，使得刘海和胡秀英的戏曲线索清晰明了、人物性格鲜明突出。胡秀英开朗大方、娇媚多情，没有大家闺秀常见的多愁善感；刘海虽家贫如洗，但乐观坚韧、朴实善良，遇到美貌女子的以身相许，不但没有见色眼开，反而坦诚劝说，不亚于黄梅戏《天仙配》中善良本分的董永形象。事实上，刘海和胡秀英的叙事逻辑在民间并不罕见：善人终有善报，美女婚配良男，好事团圆收场。而这种看似有意完满的情节安排，实则暗合了民间传统的中和为美、美善同行的审美文化心理。

另外，在戏曲语言方面，《刘海砍樵》也极具特色。譬如，下面这一选段是双方同意结婚，男女互比牛郎与织女的情节。现摘引如下：

胡秀英：听我道来：（唱比古调）我这里将海哥好有一比……

刘海：胡大姐，我的妻，你把我比个甚（什）么人？

胡秀英：我把你比牛郎，不差毫分。

刘海：那我就比不上，

胡秀英：比过还有多。

刘海：胡大姐，你是我的妻，

胡秀英：刘海哥，你是我的夫，

刘海：胡大姐，你随着我来走，

胡秀英：刘海哥，你带路往前行，

刘海 胡秀英：走——行——走——行……

刘海：我这里将大姐好有一比。

胡秀英：刘海哥，我的夫，你把我比个甚（什）么人？

刘海：我把你比织女，不差毫分。

胡秀英：那我就比不上，

刘海：我看你就很像她。

胡秀英：刘海哥，你是我的夫，

刘海：胡大姐，你是我的妻，

胡秀英：刘海哥，你带路往前走，

刘海：胡大姐，你随着我来行，

刘海、胡秀英：走——行——走——行……①

通过上述唱段，我们可以看出《刘海砍樵》的剧本语言生动活泼、平实如话。有的是从民间传说、民歌俗语中提炼对白和唱词，如牛郎与织女的故事传说；有的就以极其朴素的生活语言入戏，如"我的妻""我的夫"等日常口语。在演唱时，演员会根据剧情的发展需要，灵活进行多种变体

---

①　湖南省戏曲研究所. 湖南戏曲传统剧本：花鼓戏（第一集）. 长沙：湖南省戏曲研究所，（内部发行）.

唱法，如适当加入"喽""嗬""咬"等衬腔，使之更符合剧情思想内容和人物情感表达的需要。在表演时，旦角身着华衣，手舞彩扇，上下挥动；生角一身简装，手提樵棍，小走矮步、绕旦旋转；双方边唱边舞，默契配合，动作流畅，节奏明快，十分生动活泼。与此同时，再配合以二胡、笛子和锣鼓等乐器伴奏，曲调开朗热烈，旋律优美动听，气氛欢快抒情，具有浓郁的田园生活气息。

（三）人神合一，浪漫叙事

木偶戏又称傀儡戏，是民间艺人用木偶表演故事的戏曲艺术。表演时，演员在幕后一边操纵木偶，一边演唱，并配以音乐。因为木偶戏的表演生动有趣，老少皆宜，在我国福建、广东、江苏等地广为流行。中国木偶艺术历史悠久，刘昭注《后汉书·五行志》引东汉应劭《风俗通义》云："'时京师宾婚嘉会，皆作魁儡，酒酣之后，续以挽歌。'魁儡，丧家之乐。挽歌，执绋相偶和之者。"① 木偶戏最初是在丧葬时所唱的挽歌，东汉时期被用在宴会场合。宋人吴自牧在《梦粱录》中记录了当时傀儡戏的演出盛况：

> 凡傀儡，敷演烟粉、灵怪、铁骑、公案、史书、历代君臣将相故事话本，或讲史，或作杂剧，或如崖词。如悬线傀儡者，起于陈平六奇解围故事也，今有金线卢大夫、陈中喜等，弄得如真无二，兼之走线者尤佳。更有杖头傀儡，最是刘小仆射家数果奇，其水傀儡者，有姚遇仙、赛宝哥、王吉、金时好等，弄得百怜百悼。兼之水百戏，往来出入之势，规模舞走，鱼龙变化夺真，功艺如神。②

这段记载说明，当时木偶戏的剧情内容十分丰富，如有烟粉、灵怪、铁骑、公案、历代君臣将相故事等。在表演时，木偶戏艺人的技艺更为精湛：悬丝傀儡能够玩得"如真无二，兼之走线者犹佳"，水傀儡则显得"百怜百悼"。明清时期，木偶戏的艺术样式基本定型，杖头木偶、布袋木偶和提线木偶成为民间木偶戏的主要类型，并延续至今。杖头木偶是演员手举杖竿操纵的木偶戏。有时演员置身幕后，观众只看到木偶的表演；有时演员和木偶同时上台，演员和木偶一起和观众发生感情交流。相对而言，布袋木偶的制作最为简易，仅由木偶头和布袋样的衣服组成。演出时，演员用手指直接操纵木偶，要求动作明快、迅捷到位，所以这种木偶

---

① 范晔. 后汉书［M］. 北京：中华书局，1965.

② 吴自牧. 梦粱录［M］. 符均，张社国，校注. 西安：三秦出版社，2004.

戏又被称作"掌中戏"。清人李斗《扬州画舫录》卷十一云:"围布作房,支以一木,以五指运三寸傀儡,金鼓喧阗,词白则用叫颡子,均一人为之,谓之肩担戏。"[1] 文中提到的傀儡简便易挪移,即是一种布袋木偶戏。提线木偶是艺人用线悬吊操纵的木偶,主要流行于福建、浙江、江苏、陕西等地。

如今,木偶戏依然频频传唱在祖国的大江南北,山村野店、庙宇草台都能成为木偶戏表演的艺术舞台。我们以福建木偶戏为例进一步探究这种原始戏曲在今天所具有的美学意义。泉州木偶戏是广泛流行于福建南部的民间戏曲艺术。按木偶戏的结构造型和演出方式,泉州木偶戏通常分为布袋木偶和提线木偶两类。清嘉庆年间刊印的《晋江县志》卷七十二云:

又如"七子班",俗名"土班","木头戏"俗名傀儡。近复有掌中弄巧,俗名"布袋戏"。演唱一场,各成音节。[2]

"布袋戏"即布袋木偶戏。其木偶是由木偶头和布袋状的衣服连接而成。表演时,民间艺人把手伸进木偶布袋型的衣服里面,用食指套进木偶的头腔,用大拇指和另外三个手指套进木偶的左右两个衣袖,依靠灵活自如的手指动作,可将木偶操作得活灵活现、栩栩如生;民间艺人不但能使木偶的头部、手臂、腰腿等伸曲灵活自如,还可令其眼、口张合生动逼真,一个优秀的布袋木偶艺人甚至还可以令木偶做出开合扇子、穿衣戴帽、斟酒端茶、读书写字、引弓射箭等动作,一举一动,准确自然。在此过程中,再配以粗犷的唱腔道白、密集的鼓声笛鸣,使得布袋木偶戏艺术效果激昂明快、婉转动人,令人拍案叫绝。

与布袋木偶相比,提线木偶(俗称"嘉礼戏")才是泉州木偶戏的主要表现形式。而且,以泉州为艺术大本营,提线木偶广泛地流行于莆田、漳州等闽南周边地区。宋代莆田诗人刘克庄曾作诗《闻祥应庙优戏甚盛二首》,以描写故乡的提线木偶戏,他说:

空巷无人尽出嬉,烛光过似放灯时。山中一老眠初觉,棚上诸君闹未知。游女归来坠一珥,邻翁看罢感牵丝。可怜朴散非渠罪,薄俗如今几偃师。[3]

泉州木偶戏有单独的音乐唱腔——傀儡调。傀儡调属于曲牌体音乐,一般分为"散板""七撩""三撩""一二""叠拍"五大类。"散板"常

① 李斗. 扬州画舫录 [M]. 北京:中华书局,1960.
② 林庆熙. 福建戏史录 [M]. 福州:福建人民出版社,1983.
③ 黄庭坚. 黄庭坚诗集注 [M]. 任渊,等,注,刘尚荣,校点. 北京:中华书局,2003.

用的曲牌有"虞美人慢""金蕉叶慢""大山慢""临江仙""贺朝圣慢"等;"七撩"的曲牌有"生地狱""死地狱""雁儿落""忆多娇"等;"三撩"有"万年欢""柳梢青""红绣鞋""金钱经"等;"一二"的常见曲牌有"四边静""牧牛歌""倒拖船""包子令"等。在乐器伴奏方面,木偶戏的传统伴奏乐器主要有鼓和笛子两种,如黄庭坚《题前定录赠李伯牖二首》其二云:

> 万般尽被鬼神戏,看取人间傀儡棚。
> 烦恼自无安脚处,从他鼓笛弄浮生。①

除此之外,锣、拍板、唢呐等乐器也会用在某些木偶戏的伴奏中,渲染和营造一种动感而神圣的声音背景。事实上,在泉州木偶戏中,乐器使用的时机、使用的种类以及吹打的强弱等,均有特定的情节安排和仪式要求。每当神出场、鬼怪现身时,除了释放烟雾、营造某种神秘之境外,还需固定的唢呐"吹牌";每当场上出现军事战争、跑马打斗时,器乐艺人会及时敲起密集的鼓点,渲染紧张、激烈的气氛。可以说,木偶戏和音乐伴奏是一对彼此依存的孪生兄弟,木偶戏只有借助音乐的恰当配合,才能激发人们对人神互通的直观思维感受,传递出特定环境下的精神文化情思。音乐只有及时地释放在半真半假的木偶戏曲中,才能最大限度地推进剧情的生动开展,成为某种超越语言力量的声效串联符码,为娱神娱人的实现提供一切的律动可能。

泉州木偶戏以生、旦、北(净)、杂四大行当为表演核心,俗称"四美班"。其中,生下又分素生、红生、白甲生等角色,旦下分白绫、蓝素、花童等,北下分为红北、乌北、五方鬼等,杂下分成红猴、笑生、散头等角色。后来,随着与其他剧种的融合交流以及剧情发展需要,泉州木偶戏又加入了"贴(副旦)"这一行当,"四美班"变成"五名家"。如清代泉州木偶戏鸿篇巨制《目连救母》,即是在"五名家"基础上表演的宗教民俗戏。事实上,古代的木偶戏或多或少均带有某些宗教或巫术性质,如南宋大儒朱熹在福建漳州为官时曾发布《劝农文》,以引导和管理民间的木偶戏,云:"约束城市乡村,不得以禳灾祈福为名,敛掠钱物,装弄傀儡。"② 在福建乡村,每逢重大宗教法事或祈福禳灾活动时,当地农民都会请专门的木偶戏演出团队进行表演,或为逝者超度亡魂,或为群众酬神还

---

① 北京大学古文献研究所. 全宋诗(第58册)[M]. 北京:北京大学出版社,1998.
② 龙岩州志·艺文志. 龙岩市地方志编纂委员会,内部发行,1987.

愿，或为孩童祛病消灾等。

泉州木偶戏《目连救母》一剧充满了浓郁的民俗信仰甚至迷信文化色彩。其剧情大致为：民女刘世真不守佛门戒律而被打入十八层地狱，其子傅罗卜历尽千辛万苦、为母赎罪，最终全家一起升天。如第七十四出《全家升天》一段曲文：

【相、贴、生同上，唱】【薄媚滚】人鬼殊途，幽冥一天。人有善愿，天眼开、天心怜。富贵百年相保守，轮回六道容易牵。堪叹阳世纷纷乱，枉徒然。笼鸡有食锅汤近，野鹤无粮天地宽。不如早早参禅，度尽苦海门中客，化作轻清会上仙，贪求名利枉徒然。①

《目连救母》尽管身披鬼神、报应、轮回等迷信外衣，但却是一出劝诫世人忠孝仁义、慈悲为怀的地方名剧。事实上，以鬼神戏为依托形式，早期的泉州木偶更多地承担了伦理教化的功用，看似面目狰狞的阎罗木偶，看似张牙舞爪的阴曹官吏，却无不隐喻着某种精神表征：那是凡人对高高在上的"存在物"的无比敬畏，更是百姓对世间假丑恶的变相扬弃，在"以偶娱神"的虔诚膜拜中，实现了"以礼寓人"的精神教化。恩格斯曾以"民间故事书"为例论及民间文艺的教化作用，他说："民间故事书还有一个使命，这就是同圣经一样使农民有明确的道德感，使他意识到自己的力量、自己的权利和自己的自由。"② 千百年来，泉州农民通过木偶戏进行着"人神交流"的工作，木偶虽小，却蕴含着无比广大的信仰之美；舞台虽窄，却演绎着深刻宏伟的精神叙事。人生的苦痛哀愁，社会的沉沦兴衰，凡人的生老病死，被灌注在一出出精彩绝伦的木偶戏曲中。在一幕幕亦真亦幻的"人神互通"中，农民群众既实现了精神的洗礼与灵魂的净化，更获得了"人—偶—神"和谐统一的无上体验。

（四）两人游戏与乡土世界

二人转又称"蹦蹦""小秧歌"，是一种流行于东北地区的民间走唱类曲艺节目。二人转演的是农民喜欢的故事，说的是农民易懂的话语，唱的是农民顺耳的曲调，在东北农村有着广泛的社会认可度，当地群众有"宁舍一顿饭，不舍二人转"的俗语。关于二人转的起源，曲艺界有"秧歌打底，莲花落镶边"的说法，即二人转以东北大秧歌为母体，在广泛吸收莲花落、梆子等民间曲艺的基础上发展而来。东北秧歌对二人转的形成和发

① 泉州传统戏曲丛书（第十卷）[M]. 北京：中国戏剧出版社，1999.
② 中共中央编译局. 马克思恩格斯全集（第41卷）[M]. 北京：人民出版社，1982.

展影响最大①，二人转中的两个演员，即上装和下装，上装扮女，秀美俊俏，下装扮男，幽默滑稽，与秧歌中的演员扮相和风格基本一致。而且，二人转中的许多舞蹈动作，诸如扭、甩、摆、翘、抖等几乎都来自秧歌，具有同东北秧歌"稳中浪，浪中美，美中俏，俏中哏"类似的艺术风格。甚至二人转的小曲小帽有的直接从秧歌转化而来，如《茉莉花》《边关调》《张生游寺》等。莲花落对二人转的影响主要体现在音乐唱腔和器乐伴奏方面，其唱腔"抱板""穷生调""红柳子"等，或直接继承自莲花落，或对其稍加变化而成。与此同时，二人转也吸收了梆子、评剧、相声、坠子等曲艺的优秀元素，从而成就了今天兴盛不衰的东北二人转艺术。

广义的二人转包括"单出头""双玩艺""拉场戏"三类，即所谓"一树三枝"。"一树"指的是二人转曲艺本身，"三枝"指的是二人转的三种表现形态。第一种是"单出头"，即由一名演员表演的独角戏。单出头一般有两种演出形式，有时由一人向观众表演发生在身边的故事，如《王二姐思夫》中，演员扮演王二姐抒发对丈夫的思念之情；有时一人同时扮演几个角色，如《洪月娥做梦》中，演员既要扮演洪月娥，还要分饰女婿、小姑等几个人物。第二种是"双玩艺"，又名"对口戏"，由上装、下装两名演员参与演出，以唱、舞、逗、扮、绝为综合表现手法，讲究唱得好听、舞得优美、逗得风趣、扮得逼真、绝活精湛，五功综合，雅俗共赏。"双玩艺"是一种最为普及、最具代表性的二人转形式，俨然成为二人转的专属称谓。第三种是"拉场戏"，它在"双玩艺"的基础上适当扩充演员人数，采取分开角色、固定扮演人物的方式，去完成一个代言为主、兼有叙事的表演剧目。如拉场戏《小天台》共有韩湘子、林英、秋白三个人物角色，其剧情大致为：韩湘子新婚不久即修道终南山，一去三年，杳无音讯，妻子林英托丫鬟秋白去打探消息。后林英遇到化身老道士的韩湘子，林英向其询问夫君下落，老道士没有直接回答，而是让林英坐上他的蒲团，意图度化林英。林英不解，认为是一种侮辱，于是吩咐丫鬟棒打老道士。老道士最终变回韩湘子年轻模样，驾云远去，留下林英和秋白懊悔不已。下面的选段是全剧矛盾冲突最激烈的环节：

道士：（唱）要得夫妻重相见，未来来，坐我老道蒲团上来。

林英：（唱）林英闻听心好恼，骂声疯魔老道才，好言好语对你讲，

---

① 有学者说："二人转的'上装'（旦）与'下装'（丑）来自秧歌；二人转的小曲小帽也来自秧歌（还有一些东北民歌）；二人转的舞蹈与扇子、手绢的运用更来自秧歌。"

你不该恶言恶语骂出来，吩咐丫鬟给我打。

秋白：（白）打死老道……

林英：（唱）打死老道，买口棺材。

秋白：（唱）丫鬟闻听不怠慢，有一根大棍拿手来。一棍起，一棍落，棍棍打的老道士。照着老道打下去。

道士：（唱）老道怕打驾起云来，叫声林英你抬头看，我是你丈夫韩秀才。

林英：（唱）你说此话我不信，颏下胡须根根白。

道士：（唱）老道空中忙变化，十八岁的容颜露出来。

林英：（唱）林英这里抬头看，看见丈夫韩秀才。下来吧，下来吧，度度为妻上天台。①

二人转的剧本结构平实，唱词通俗，语意简洁，它没有正统文学的温文尔雅，也没有诗词歌赋的华丽辞藻，它"所讲的是民间的英雄，是民间少男少女的恋情，是民众所听得故事"②，但却情感丰富，富于想象，带有泥土的淳朴和清香，表达出正统文学无法言之的精神内核。二人转的唱词多为七字句或十字句，其间可以添加衬词、垛句等修饰性成分，语言兼有民歌长短句式，押韵规范，风趣诙谐，通过字、词、句的合理调配和语言的恰当发挥，产生独具特色的音韵美和意境美。概言之，二人转唱词最大的特点是朴实无华、语句通透，用当地群众的话来说即"接地气"：

二人转讲究同观众"不隔语，不隔音，最要紧的是不隔心"，强调的是艺术作品与欣赏者之间应该在"心"的层次上"不隔"，即"相通"。要达到这一点，首先要考虑在"语"和"音"上"不隔"。③

二人转贴近群众、贴近生活，与基层百姓不隔心、零距离，这在一定意义上促进了这门曲艺艺术的地方化和本土化。譬如，我们熟知的张生、崔莺莺的故事，经过二人转的演绎让人感觉似乎真切地发生在东北地区；二人转中的秦琼、武松等人物形象也更多了一层关东大汉的豪爽与大气。东北的民风民俗、东北的男女老少、东北的鸡狗鹅鸭、东北的山山水水，在二人转中都能找到存在的影像。二人转艺术深深地扎根于东北三省的广袤热土，和东北乡村群众心连心、情结情，显现出特有的东北"土性

---

① 二人转传统剧目资料·第四辑. 吉林省文化局（内部发行）. 1959.

② 郑振铎. 郑振铎全集（第七卷）[M]. 石家庄：花山文艺出版社，1998.

③ 刘振德. 二人转艺术 [M]. 北京：文化艺术出版社，2000.

美"①。

在音乐唱腔方面，二人转唱腔受东北大鼓、河北梆子的影响较大，其唱腔素有"九腔十八调七十二嗨嗨"之说。二人转常用的唱腔曲牌为"胡胡腔""武嗨嗨""文嗨嗨""抱板""喇叭牌子""红柳子""哭糜子""四平调""小翻车"和"靠山调"。具体而言，"胡胡腔"是二人转故事正文的开头腔，用于交代故事的背景、环境以及主题。"胡胡腔"曲风高亢、豪放，曲体结构分为上、下两个乐句，每乐句都带一个较长的甩腔，节奏欢快，旋律跳跃性大。"武嗨嗨"是二人转的核心唱腔，其曲调平稳舒缓，节奏变化丰富，既长于叙事说理，又擅于描写抒情，因此素有"宝调"之称。"红柳子"是"单出头"和"拉场戏"的支撑性曲调，节奏平稳、舒缓，长于表现庄重、深沉的情绪和气氛。

最初，二人转演员多是半农半艺的表演者，忙时务农，闲时从艺，俗称"高粱红唱手"。随着二人转影响力的与日俱增以及民间对这种乡土艺术的旺盛需求，二人转艺人逐渐从农民的身份中剥离出来，成为专职的曲艺演员，即"四季青唱手"。这些民间职业艺人专职从事如火如荼的二人转演出，更善于从其他曲艺种类中借鉴、汲取优异的营养成分，在舞蹈编排、动作表演、道具使用等方面，不断添补和丰富二人转的艺术表现手法和内容。有学者分析说：

二人转采撷的舞蹈对象主要是流行于东北地区的民间舞蹈和戏曲舞蹈，融入成分比较广泛。其中既有与东北秧歌紧密联系的社火舞蹈霸王鞭及其竹马类的跑驴、跑旱船和老汉推车等各种身段，又有民间祭祀舞蹈（巫舞）的跳大神、跳单鼓和摆腰铃等动作因素还有民间说唱的击竹板、耍手玉子等诸多小道具舞蹈的表演技巧。至于戏曲舞蹈方面，采撷或借鉴更为广泛，诸如戏曲舞台常见的兰花指、提鞋、提襟、理鬓、山膀、云手、顺风旗、翻身、卧鱼、探海、飞脚、劈叉、走矮子、乌龙绞柱、鹞子翻身以及跑圆场、推磨、起霸、走边和趟马等繁多姿态、路数与功法几乎应有尽有。②

各路舞蹈动作源源不断地充实到二人转的艺术舞台上，风格各异，各美其美，使二人转的艺术表现空间变得空前广阔。如泣如诉的民间不平事，如歌如诗的才子佳人恋情，如画如景的塞外绮丽风光等，在二人转演

① 王肯，蔡兴林. 二人转的创作与表演 [M]. 哈尔滨：北方文艺出版社，1985.
② 曾泽昌，曾庆池. 赣南客家采茶戏剧作艺术概论 [M]. 北京：中国戏剧出版社，2004.

员活泼明快的歌声和生动风趣的动作中，都得到了极好的展现。至此，二人转的表演已脱离了两人世界的形式窠臼，完成了自身艺术范式的华丽超越。

三、乡土悲剧艺术之美

在西方美学理论中，悲剧是一个重要的范畴。一般地，在社会历史的冲突中，具有正面价值的事物在社会历史的必然性冲突中，受到侵害、遭遇磨难甚至毁灭丧命，整个过程与结果使人产生强烈的痛楚感，但同时又为正面事物的牺牲精神、顽强意志和理想信念所折服，引发审美主体深层次的心理振荡与激烈的情感共鸣，从而化悲痛为力量，变痛感为快感，产生一种悲剧性的美。西方的悲剧艺术最早可追溯到古希腊，由酒神节祭祷仪式中的酒神（狄奥尼索斯）颂歌演变而来。而第一个提出完整悲剧定义的当属亚里士多德，他说："悲剧是对于一个严肃、完整、有一定长度的行动的摹仿，它的媒介是经过'装饰'的语言，以不同的形式分别被用于剧的不同部分，它的摹仿方式是借助人物的行动，而不是叙述，通过引发冷悯和恐惧使这些情感得到疏泄。"① 亚里士多德的悲剧定义基于他的艺术分类理论，即从模仿对象、模仿媒介和模仿方式三个方面去界定悲剧的性质、特征和意义，并强调悲剧的灵魂净化作用。至于悲剧的功能，尼采认为悲剧可以激发与"太一"的统一感，达到对生命意志的某种否定，从而产生形而上的快感。

相比而言，中国古代美学虽然没有确切的悲剧概念，但中国古典戏曲却有大量描写悲剧性矛盾的作品，如《窦娥冤》《汉宫秋》《赵氏孤儿》《娇红记》《精忠旗》等。王国维曾说："关汉卿之《窦娥冤》，纪君祥之《赵氏孤儿》，剧中虽有恶人交构其间，而其赴汤蹈火者，仍出于其主人翁之意志，即列之于世界大悲剧中，亦无愧色也。"② 与此同时，翻阅中国古代美学理论著作，我们也会发现大量的诸如"悲慨""悲愤""发愤""忧患""沉郁"等具有悲剧概念或悲剧意味的审美见解。司马迁在《史记·太史公自序》中提出了"发愤著书"的观点，唐代韩愈将其发展为"不平则鸣"的理念，认为历代众多著述皆是"郁于中而泄于外"的结果③。后

① 亚里士多德. 诗学 [M]. 陈中梅，译注. 北京：商务印书馆，1996.
② 王国维. 王国维全集（第3卷）[M]. 杭州：浙江教育出版社，2009.
③ 韩愈. 韩昌黎文集校注 [M]. 上海：上海古籍出版社，1986.

来，刘鹗在《老残游记》的序言中说："《离骚》为屈大夫之哭泣，《庄子》为蒙叟之哭泣，《史记》为太史公之哭泣，《草堂诗集》为杜工部之哭泣，李后主以词哭，八大山人以画哭，王实甫寄哭泣于《西厢记》，曹雪芹哭泣于《红楼梦》。"① 垂涕哭泣是人的一种生理本能，当内心悲痛莫名、情感郁结不得释放时，必然通过合理的宣泄渠道抒发出来，作用在文字上面，就表现出一种悲怆性的情感形态和忧患式的心理表征。

20 世纪 30 年代，一批进步电影人忧心于国内四分五裂、社会凋败不堪的局面，本着发愤图强、治病救人的理念创作了一批进步电影作品。其中，由导演程步高和编剧夏衍合作的影片《春蚕》受到了广泛的社会关注。电影《春蚕》改编自茅盾的"农村三部曲"之一，"生动地描写了 30 年代中国农村'丰收成灾'的奇特的社会现象，创造了具有深刻典型意义的老一代农民的形象"②，它与《秋收》《残冬》一起构成了相互联结又各自独立的小说体系。夏衍在编剧时，基本延续了茅盾的创作初衷。在影片中，老通宝是一位世代以养蚕为业的农民，年轻时曾因养蚕有过一段时期的好日子。但 20 世纪 30 年代后，随着外国洋货大量倾销和占领中国城乡市场，国内蚕厂接连倒闭；老通宝一家通过紧张艰辛的劳作，虽然赢得了春蚕的空前丰收，却苦于蚕茧销路无门，最终落得个"白赔上十五担叶的桑地和三十块钱的债"的结局。

影片《春蚕》对农民悲惨命运的揭示，与 1933 年李萍倩执导的《丰年》颇有相通之处。在《丰年》这部电影作品中，地主傅诚以赊贷肥田粉的方式，高利盘剥农民。雇农王二叔向傅诚贷得一批肥田粉，全家起早贪黑辛勤耕作，后来获得粮食丰收。正当王二叔卖粮之时，外国资本家向国内城乡市场大举倾销粮食，本土奸商趁机压价收购粮食，王二叔售粮所得还不敷偿还傅诚的肥田粉高利贷。傅诚派狗腿子向王二叔逼债，并将无钱还债的王二叔活活打死。

《春蚕》和《丰年》对农民命运的刻画极富深意。农民本是以种地养家、自食其力的群体，面对来之不易的土地、种子和肥料，他们倍加珍惜，辛勤地劳作在田野上，起早贪黑、忍饥挨饿，如《春蚕》中的老通宝，《丰年》中的王二叔。他们并没有多大的梦想，只不过想通过几亩薄田的丰收，以还清旧债、改善生活。然而，越是善良的想法却越得不到眷顾，越是勤奋的付出却越换不来幸福的生活。当时的国内外环境对广大农

① 刘鹗. 老残游记 [M]. 济南：齐鲁书社，1981.
② 黄侯兴. 试论茅盾的短篇小说创作 [J]. 北京大学学报，1964（1）.

民是一场永无休止的梦魇：洋货倾销，地主逼债，奸商盘剥，官府压榨。农民弱小的力量总也敌不过四面八方的剥削和欺压，结果只换来"丰年成灾"或"丰产不丰收"的结局。面对这种匪夷所思的异化悲剧，广大农民却找不到合理的解决方案，如《春蚕》中的老通宝虽然有憎恨帝国主义的念头，却错误地将自己的破产定位成命运的安排，这种宿命论的思想在影片中多有渲染。老通宝把养蚕业绩不佳的荷花视为丧门星，处处提防着她，唯恐她的晦气会冲坏蚕宝宝；当土地干旱、桑叶枯黄时，当地农民接连跑到关帝庙里叩拜求雨，幻想老天爷会发发慈悲、降下甘霖。

叔本华说，"生活中值得嫉妒的人寥若晨星，但命运悲惨的人却比比皆是"，"世界上的每个地方都充溢着苦难和悲痛"[1]。影片《春蚕》对茅盾原作的阐释，大体上忠实于小说的悲情主调，着重刻画出乡土人物生不如死的悲惨命运。关于小说《春蚕》的创作过程，茅盾曾说：

先是看到了帝国主义的经济侵略以及国内政治的混乱造成了那时的农村破产，而在这中间的浙江蚕丝业的破产和以育蚕为主要生产的农民的贫困，则又有其特殊原因——就是中国厂丝在纽约和里昂受了日本丝的压迫而陷于破产（日本丝的外销是受本国政府扶助津贴的，中国丝不但没有受到扶助津贴，且受苛杂捐税之困），丝厂主和茧商（二者是一体的），为要苟延残喘便加倍剥削蚕农，以为补偿，事实上，在春蚕上簇的时候，茧商们的托拉斯组织已经定下了茧价，注定了蚕农的亏本，而在中间又有"叶行"（它和茧行也常常是一体）操纵叶价，加重剥削，结果是春蚕愈熟，蚕农愈困顿。[2]

新中国成立前，广大农民用自己勤劳的双手，为城乡人民群众送去丰富的农产品资源。在此过程中，农民不但得不到政府的扶持，反而承受沉重的苛捐杂税，在国内外势力的夹击下，只能换来破产或崩溃的结局。丰年尚成灾，灾年将何似？这种叙事模式，不免让我们联想到农民的处境如遇灾年只会更加悲惨。

在传统乡村社会中，看似春风和煦的淳朴生活，实际往往掩藏着众多的矛盾冲突：贫民与地主的矛盾，雇佣工与财主的矛盾，奴婢与主人的矛盾，广大农民与地痞、奸商、贪官污吏之间的矛盾，以及农民与农民之间的内部矛盾等。人与人之间的矛盾，大多源自利益的冲突、地位的差别、沟通的不畅以及见解的相左，当双方出现物质或精神的不一致甚至严重对

---

① 范进. 叔本华论说文集 [M]. 北京：商务印书馆，1999.

② 茅盾. 茅盾全集 [M]. 北京：人民文学出版社，1996.

立时，矛盾便成为一个人健康生活、自由发展的羁绊，继而促生出某种悲剧性的现实表征。黑格尔认为，悲剧的本质表现为两种对立的普遍伦理力量的冲突，只有通过冲突，悲剧性格的行为和动作才能彰显出某种严肃性。我们来看河北乡间小调《小白菜》：

> 小白菜呀，地里黄呀；两三岁上，没了娘呀。
>
> 跟着爹爹，还好过呀；只怕爹爹，娶后娘呀。
>
> 娶了后娘，三年半呀；生个弟弟，比我强呀。
>
> 弟弟穿衣，绫罗缎呀；我要穿衣，粗布衣呀。
>
> 弟弟吃面，我喝汤呀；端起碗来，泪汪汪呀。
>
> 亲娘想我，谁知道呀；我思亲娘，在梦中呀。
>
> 桃花开呀，杏花落呀；想起亲娘，一阵风呀。①

在华北平原一个贫苦农民家庭中，有一位天真无邪的小姑娘，在她孩提时代，母亲去世，父亲续弦。面对新的家庭，她感受不到一丝一毫的温暖，整日生活在孤独寂寞、悲痛忧伤中，心中的苦楚无处诉说，只好哭诉给自己魂牵梦萦的母亲。这首河北小调歌词简朴生动、真切感人，语调如泣如诉，形象地塑造出一位失去亲人又遭受虐待、孤苦无依的农村小女孩的形象。

清人焦循认为，人的性情之中皆有"柔委之气"，文人士大夫可以通过吟诗作词以疏解胸中的郁结，而下里巴人和平民百姓则可以通过戏曲来宣泄心中的不满。焦循说："人禀阴阳之气以生者也，性情中必有柔委之气寓之。有时感发，每不可遏，有词曲一途分泄之，则使清劲之气长流存于诗、古文。且经学须深思冥会，或至抑塞沉困，机不可转，诗词足以移其情而转豁其枢机，则有益于经学不浅。文武之道，一张一弛，古人一室潜修，不废弦歌。"其时，花部戏流行于广大乡村地区，焦循每茶余饭后总前往观戏，并与农民群众畅谈花部故事，"天既炎暑，田事余闲，群坐柳阴豆棚之下，偹谭故事，多不出花部所演"，"余忆幼时随先子观村剧……明日演《清风亭》，其始无不切齿，既而无不大快"。焦循对花部戏中的悲剧作品印象尤为深刻，他认为真正的悲剧应引人联想、发人深思，具有直面现实人生的借鉴意义，"花部原本于元剧，其事多忠、孝、节、义，足以动人……其音慷慨，血气为之动荡"，花部悲剧多描写慷慨激昂的民间故事，如《淤泥河》中的罗成之死，《两狼山》中的杨业之难，不仅刻

---

① 中国民间歌曲集成·河北卷（下册）［M］. 中国 ISBN 中心，1995.

画悲剧承受者的不幸和灾难，以引发观者强烈的情感共鸣，更善于揭露悲剧制造者的罪恶，描摹他们作恶的心理动机和行为手段，以引起观者的愤懑之情，达到以儆惧观、发人深省的功效。

四、乡村喜剧与民间审美

喜剧在美学理论体系中一直占有重要的一席之地。历代美学大师都曾进行过分析、探索和阐释。亚里士多德说："喜剧是模仿低劣的人；这些人不是无恶不作的歹徒——滑稽只是丑陋的一种表现。滑稽的事物或包含谬误，或其貌不扬，但不会给人造成痛苦或带来伤害。"① 与之相反，悲剧则是模仿"比今天的人好的人"，通过"坏"与"好"的对比，即可区分出喜剧和悲剧的基本特征。贺拉斯虽然也赞成喜剧和悲剧的严格分野，但他更加看重二者表现主题的差异，贺拉斯说，"喜剧的主题决不能用悲剧的诗行来表达"，喜剧中的人物故事、情节内容，只有按照喜剧的编排方式才能产生相应的艺术效果，并且"你自己先要笑，才能引起别人脸上的笑"。

然而，引起观者皮肉的笑只是喜剧的功效之一，而鞭笞丑陋、批判虚恶以此肯定美好、赞扬进步，则是喜剧更重要的责任。莱辛说："喜剧要通过笑来改善。"② 换言之，喜剧通过对消极审美价值的无情否定实现对积极审美价值的有力弘扬。所以，喜剧总是同"丑""卑下"等因素联系在一起，如康德所言："在一切引起活泼的撼动人的大笑里必须有某种荒谬背理的东西存在着。"③ 车尔尼雪夫斯基说："只有当丑力求自炫为美的时候，那个时候丑才变成了滑稽。"④ 我们在欣赏民间艺人创作的喜剧作品时，演员滑稽的动作、惟妙惟肖的表情和幽默的语言，倘若仅仅是诱发观众笑的皮肉动作，或者说为了笑而笑的傻笑、呆笑或痴笑，其艺术效果就要大打折扣。真正经典的喜剧作品往往欢笑中伴有泪水，热烈中暗藏反思，给予人以正面的、积极的教益。唐朝中后期，参军戏在坊间广为流行。《太平御览》卷五六九引《赵书》云：

石勒参军周延，为馆陶令，断官绢数百匹，下狱，以八议宥之。后每

① 亚里士多德. 诗学 [M]. 陈中梅，译注. 北京：商务印书馆，1996.
② 莱辛. 汉堡剧评 [M]. 张黎，译. 上海：上海译文出版社，1981.
③ 康德. 判断力批判（上卷）[M]. 宗白华，译. 北京：商务印书馆，1964.
④ 车尔尼雪夫斯基. 美学论文选 [M]. 北京：人民文学出版社，1957.

大会，使俳优着介帻、黄绢单衣。优问："汝为何官，在我辈中?"曰："我本为馆陶令，斗数单衣，曰：'正坐取是，故入汝辈中'。"以为笑。①

参军戏来源于五胡十六国时期的一个滑稽故事：一位叫周延的参军官因贪污入狱，而被优人扮作其身份演绎其故事，以博得他人欢笑。参军戏的内容以滑稽和调笑为主，人物角色一般有两个，一个叫参军，是被讥讽、调笑的对象，另一个叫苍鹘，伶俐机敏，专门戏弄参军，类似于今天的民间曲艺——相声。②《太平御览》收录的这出滑稽戏从形式上看是对参军的讥笑和讽刺，实则教育众人要正直本分做人，切忌贪污腐化、尸位素餐。哥尔多尼认为，喜剧的目的是根除社会罪恶，使坏习惯显得荒谬不堪。刘勰说："优旃之讽漆城，优孟之谏葬马，并谲辞饰说，抑止昏暴。是以子长编史，列传滑稽。"③ 惩恶扬善、抑止昏暴，是喜剧的一种重要社会功能，喜剧正是以此确立人生镜鉴，纠正顽固恶习，推进社会发展。

鲁迅说："悲剧将人生的有价值的东西毁灭给人看，喜剧将那无价值的撕破给人看。"④ 鲁迅先生言简意赅，一句话即抓住了喜剧和悲剧的核心特征。喜剧通过寓庄于谐的方式，将深刻的思想内容，包装在诙谐滑稽的外在形式中，以批判丑恶、讽刺卑下的表达技巧，撕破人性中丑陋或黑暗的一面，揭示的是良善的性情、积极的心态和健康的人格。在中国广大乡村地区，因受限于物质条件的不发达和精神生活的匮乏，农民群众的文化知识水平相对较低。相比城市居民，他们能接触到文化读本、科学读物、经典艺术要少之又少，倘若出现针对农村地区传播的文化艺术，农民往往视若珍宝。在中国传统文化中，寓教于乐、文以载道的美学追求一直受到儒家士大夫的推崇，他们创制艺术作品、传播时下文艺理念，都会照顾到基层百姓的精神需求。所以，他们通过民间艺术的载体，寄寓伦理教化，以实现鞭笞虚假、弘扬美好、惩恶扬善的目的，为百姓精神生活注入一股清流。譬如，花部是清朝年间广为流行的乡村戏曲，它记录离奇曲折的民间故事，说唱经典艺术桥段，表现现实世界的悲欢离合，在广大基层群众中有着较大的影响力。清人李斗《扬州画舫录》载："凡花部脚色，以旦、丑、跳虫为重……丑以科诨见长，所扮备极局骗俗态，拙妇騃男，商贾刁

---

① 李昉，夏剑钦等校点. 太平御览（第五册）[M]. 石家庄：河北教育出版社，1994.
② 侯宝林. 相声溯源 [M]. 北京：人民文学出版社，1982.
③ 周振甫. 文心雕龙注释 [M]. 北京：人民文学出版社，1981.
④ 鲁迅. 鲁迅全集（第一卷）[M]. 北京：人民文学出版社，2005.

赖，楚咻齐语，闻者绝倒。"①　花部的演员"以旦为正色，丑为间色，正色必联间色为侣"②，他们扮演的不是才子佳人、王侯将相，而是乡土群众"拙妇""刁赖"之类，表演时"制净丑之曲务带诙谐"③，以喜剧的形式演唱"鄙俚俗情"④，深受乡土群众喜爱。

黑格尔认为，喜剧的任务是要显示出绝对理性，"以防止愚蠢和无理以及虚假的对立和矛盾的现实世界中得到胜利"⑤，换言之，喜剧人物所追求的是一种脱离实际、无法实现的艺术形式，通过在其中不断地制造矛盾，进行大胆地夸张或扭曲化展示，从而暴露自己的可笑之处，最终使主体意志变得虚无化。事实上，抖包袱或插科打诨一直以来都是喜剧制造笑点的秘密武器，在荒谬的演出、惊奇的逻辑及怪异的陈述中，实现喜剧的基本目的。例如，天津快板是一门在我国北方民间广受欢迎的地方曲艺，它要求演员能抖包袱、会夸张，既要善于把握幽默词句，营造和谐氛围，又能运用铺陈手法，渲染剧情环境，刻画典型人物。如天津快板《武松打虎》选段：

> 哎！竹板儿这么一打呀，别的咱不说，
> 说一说，打虎英雄名叫武二哥。
> 话说这么一天，武松抄家伙，
> 他直奔景阳冈，他心里乐呵呵。
> 嘿！要说打虎，还是武二哥，
> 打了虎，出了名，我天下传颂。
> 可没走几里路，他心里暗琢磨：
> 这山上的老虎，到底多大个儿？
> 是公还是母？是高还是矬？
> 是一个，是两个，还是一大窝儿？
> 一个还好办，我跟它能比画，
> 要是上来七八个，我可打不过。

这段唱词句式

灵活，押韵和谐，包袱频出。如唱词"（老虎）是公还是母""（老虎）是高还是矬"等语句，幽默诙谐，使人忍俊不禁。在表演时，演员用三弦、

---

①　李斗. 扬州画舫录［M］. 汪北平，等，点校. 北京：中华书局，1960.
②　李斗. 扬州画舫录［M］. 汪北平，等，点校. 北京：中华书局，1960.
③　李渔. 闲情偶寄［M］. 杜书瀛，评注. 北京：中华书局，2007.
④　中国戏曲研究院. 中国古典戏曲论著集成（八）［M］. 北京：中国戏剧出版社，1959.
⑤　黑格尔. 美学·第三卷（下册）［M］. 朱光潜，译. 北京：商务印书馆，1981.

扬琴等乐器伴奏，再配以天津时调中的"数子"曲调，风格简洁晓畅、爽朗活泼，将严肃紧张的武松打虎场面进行喜剧化、生活化的演绎，局面轻松有趣，风格明快幽默，极具喜感。与经典大戏的庄严、肃穆、规整相比，地方民间小戏多以轻松、诙谐、自由见长。几个演员在舞台上，说着乡土气息浓郁的方言，唱着轻快动人的唱词，做着自由洒脱的舞台动作，往往几出戏下来，台下的观众早已喜笑颜开。如秧歌戏中步履蹒跚的推车老汉、耳朵上挂着一长串红辣椒的媒婆，戴着大头娃娃面具的丑角等，一上场就能勾起观者笑的欲望。我们欣赏东北二人转"双玩意"，看到一生一旦在台上说说笑笑、唱唱闹闹，舞动的手帕、流畅的话语、明快的动作，平白中见幽默，紧张里显活泼，充满了东北乡间儿女特有的喜感。再如，赣南采茶戏《上广东》一剧中阿祥哥向妹子借盘缠的对话：

> 妹子：你要借盘缠啊？
>
> 阿祥：是呀。
>
> 妹子：那我把你好有一比。
>
> 阿祥：比作何来？
>
> 妹子：好比十二月的蛤蟆。
>
> 阿祥：此话怎讲？
>
> 妹子：亏你表哥开得了口。
>
> 阿祥：表妹，你介（这）样话（说）表哥我也把你好有一比呀！
>
> 妹子：好比何来？
>
> 阿祥：好比正二三月的蛤蟆。
>
> 妹子：此话怎解？
>
> 阿祥：吐了介（那）口子泥，我就呱叽开得了口哇。

"十二月的蛤蟆"与"亏你开得了口"，"正二三月的蛤蟆"与"吐了介（那）口子泥"均是歇后语，妹子的意思是表哥的脸皮太厚，表哥的意思是两人关系很亲密，什么话都可以说。在这段对话中，民间艺人把蛤蟆的生活习惯，艺术化地融入舞台表演，贴切自然，精彩幽默，制造出意想不到的喜感。

后 记

美学自被提出以来就不断人类所探索，这样一门富有历史感又新鲜的学科之所以让人觉得古老是因为其有悠久的历史可以追溯，而其新鲜感则源于其被确立为独立的学科同其他学科相比时间尚短。从柏拉图、亚里士多德等学者的文学著作中就可知，人们对于美学的渴求和迷恋。而从鲍姆加开启美学之门那一刻起，哲人智者纷纷前赴后继地对世间万物的美学以及美学本身进行探究。人们搜罗更早期的有关于美学得文献著作，对这一学科的源起、结构及未来发展等诸多方面展开梳理和阐述。而本研究也正是追随前人的脚步，尝试以个人的理解和视角，来对传统乡村的美展开探索与思考。

美学可研究的范围非常广泛，本研究打破了传统美学对于艺术展开研究的范畴，从生活、艺术、文化等多个方面入手，加之个人理解对传统乡村美学进行深入研究。乡村可以说是人类群居聚落的开始，甚至可以说没有乡村就没有城市，由此可见，乡村对于人类发展的重要性。人们通过聚落群居最后形成乡村，而乡村的形态不仅展现出人类的智慧与生活的热爱，也体现出人们对于美的独特理解。在中国广袤的领土范围内，多民族的特点使我国文化形态纷繁复杂，也使中华文化独具魅力。从形式上看，本书虽已完结，但对于传统乡村美学的研究却不能止步于此。随着时代的发展变化，不论是文化、艺术，还是生活在美学方面仍然会随着时间的脚步和人们审美的发展而更加丰富。那么，对于传统乡村的美学也远不止于此，能通过当前对传统乡村美学的研究来探索传统乡村的古今变化，也正是本书的幸运之处。在此，也将再次感谢各位专家学者在专业知识方面的鼎力相助，在本书创作的过程中为我答疑解惑，共同探索。自知本书尚有不足之处，望在日后能够在不断的学习与探索中能够对哲学之美、中国之美、乡村之美有更加深刻的感悟。

参考文献

[1]阿诺德·柏林特.环境美学[M].张敏,周雨,译.长沙:湖南科学技术出版社,2006.

[2]埃伦·迪萨纳亚克.审美的人[M].北京:商务印书馆,2004.

[3]曾泽昌,曾庆池.赣南客家采茶戏剧作艺术概论[M].北京:中国戏剧出版社,2004.

[4]禅宗七经·金刚经[M].北京:宗教文化出版社,1997.

[5]陈宏谋.五种遗规[M].南京:凤凰出版社,2016.

[6]费孝通.乡土中国[M].北京:北京大学出版社,2006.

[7]郭昭第.国学智慧读本[M].北京:宗教文化出版社,2016.

[8]黑格尔.美学·第三卷下册[M].北京:商务印书馆,1981.

[9]卡尔松.环境美学:自然、艺术与建筑的鉴赏[M].杨平,译.成都:四川人民出版社,2006:44-46.

[10]雷蒙德·威廉斯.漫长的革命[M].上海:上海人民出版社,2013

[11]李道平.周易集解纂疏[M].北京:中华书局,1994.

[12]李景汉,张世文.定县秧歌选(全一册)[M].北京:撷华印书局,1933.

[13]李约瑟.文明的滴定——东西方的科学与社会[M].北京:商务印书馆,2016.

[14]李泽厚,刘纲纪.中国美学史:魏晋南北朝[M].合肥:安徽文艺出版社,1999.

[15]梁漱溟.乡村建设理论[M].上海:上海世纪出版集团,2006.

[16]钱穆.湖上闲思录[M].北京:生活·读书·新知三联书店,2011.

[17]钱仲聊.剑南诗稿校注[M].上海:上海古籍出版社,1985.

[18]王道亨.绘图地理五诀[M].北京:中医古籍出版社,2010.

[19]王锡荣.郑板桥集详注[M].长春:吉林文史出版社,1986.

[20]维特根斯坦.哲学研究[M].北京:商务印书馆,1996.

［21］宗白华．宗白华全集［M］.合肥:安徽教育出版社,1994.

［22］王伟.高等教育院校艺术专业学生就业创业理论与实践探索［M］.北京:地质出版社,2018.

［23］王伟."艺术创意"高层次人才培养策略研究［J］.美术大观,2018(12):126-127.

［24］徐姗,黄彪,刘晓明,等．从感知到认知北京乡村景观风貌特征探析［J］.风景园林,2013(4):73-80.

［25］白玉芹．立足实际,着眼未来——保证乡村公路建设、管理、养护协调发展［J］.科学与财富,2013(2):45-45.

［26］郭昭第．乡村美学的精神寄寓和想象重构［J］.美与时代(下),2018(07):17-23.

［27］简德彬．乡土何谓?——乡土美学引论之一［J］.吉首大学学报(社会科学版),2006(03):22-27.

［28］金惠敏.回不去的乡村美学——《返乡》与"在"乡［J］.艺术百家,2014(6).

［29］李嘉妍,阎瑾．未来乡村公众参与的初体验——记2015顺德均安关帝墟"未来乡村"互动活动［J］.价值工程,2016,35(28).

［30］渠岩．艺术乡建:重新打开的潘多拉之盒［J］.公共艺术,2018(05):30-32.

［31］王伟,曹杨.以能力培养为导向的环境艺术设计专业课程体系建设研究［J］.教育现代化,2018,5(28):147-148.

［32］邵楠,贾虎.汉代楼阁建筑技术及其对形制的影响［J］.中国建筑装饰装修,2022(02):112-113.

［33］王伟.师范类院校环境设计专业课程体系改革探索［J］.报刊荟萃,2018(10):160.

［34］王伟,石野飞,蒋丽.基于校企合作的设计类大学生创新创业能力长效培养机制［J］.科技风,2018(33):233.

［35］刘亮,王伟.高校艺术设计专业引入一体化教育模式的策略研究［J］.艺术品鉴,2016(09):291-292.

［36］刘亮,王伟.津京冀协同发展背景下唐山民间美术微文化产业［J］.文学教育(下),2016(03):179.

［37］刘亮,王伟.河北传统美术在"美丽乡村"建设中的独特作用与效果［J］.明日风尚,2016(09):150-151.

［38］王伟.京津冀协同发展背景下河北民间美术的产业创新对策研究［J］.美与时代（中），2016（01）：131-132.

［39］王伟,杨光.京津冀区域内河北美术类微文化协同发展探索［J］.产业与科技论坛,2016,15（06）：144-145.

［40］王伟.美术类微文化产业创新要素研究［J］.戏剧之家,2015（15）：249-250.

［41］王伟,杨光.京津冀协同发展视角下高校艺术专业师资人才协作交流途径探析［J］.中国市场,2016（30）：83-84.

［42］王伟,刘亮.微媒体背景下美术元素在茶叶包装上的应用［J］.福建茶叶,2017,39（02）：131-132.

［43］曹杨,王伟.师范类院校环境设计专业课程体系研究［J］.艺术品鉴,2018（05）：247-248.

［44］王伟.河北省文化创意领域大学生的创新创业支援策略体系研究［J］.明日风尚,2018（07）：182.

［45］王伟.乡村文化建设中群众自主性发挥的对策建议［J］.大众标准化,2021（23）：179-181.

［46］邵楠,贾虎.汉代楼阁建筑技术及其对形制的影响［J］.中国建筑装饰装修,2022（02）：112-113.

［47］刘霄.艺术乡建助推乡村振兴［J］.中国文艺家,2021（05）：193-194.

［48］程勇真.传统乡村美学消逝的趋势表征及反思［J］.中州大学学报,2015,32（03）：44-47.

［49］张凡,赵正正.新时代乡村美学的嬗变与影像化叙事表征——以电影《我和我的家乡》为例［J］.百家评论,2021（04）：123-130.

［50］黄为为．基于乡村美学理论的村落文化保护要素体系构建［D］.南京：南京大学,2017：29-31.

［51］赵广.空间视域下乡村美学的当代生成［D］.重庆：西南大学,2021.

［52］练庆林.乡村美学视域下传统文化与伦理重构的研究［D］.桂林：广西师范大学,2021.